PHYSIK IST, WENN'S KNALLT
PHANTASTISCH PHYSIKALISCH

MARCUS WEBER · JUDITH WEBER

PHYSIK IST, WENN'S KNALLT PHANTASTISCH PHYSIKALISCH

EXPERIMENTIERSPASS AUS DEM
ECHTEN LEBEN
MIT DEN PHYSIKANTEN

impian

Marcus und Judith Weber

PHYSIK IST, WENN'S KNALLT

Wie man selber Trockeneis herstellt und mit Käse einen Menschen schweben lässt – Experimentierspaß aus dem echten Leben mit den Physikanten

Mit einem Vorwort von Elton

Mit Illustrationen von Fides Friedeberg

Genehmigte Lizenzausgabe für Impian GmbH, Leverkusen, 2022
Copyright © 2019 und 2021 by Marcus und Judith Weber
Copyright © 2019 und 2021 Wilhelm Heyne Verlag, München, in der Penguin Random House Verlagsgruppe GmbH
Alle Rechte vorbehalten.

Umschlaggestaltung: Nele Schütz Design, unter Verwendung von Illustrationen von Shutterstock/Nadya_Art/ NeMaria
Fachlektorat: Prof. Dr. Stefan Heusler
Satz: Satzwerk Huber, Germering
Reproduktionen: Repro Ludwig, Zell am See
Druck und Bindung: CPI books GmbH, Leck
Printed in Germany

ISBN 978-3-96269-158-5

www.impian.de

Inhalt

Vorwort von Elton

Tach! Der Elton hier.

Aha! Erwischt! Beim Lesen! Soso.

Na ja, gibt Schlimmeres. Aber ein Buch über Physik? Freiwillig? Also noch vor 35 Jahren hätte ich gedacht, was für ein Freak. Eher hätte ich ein Telefonbuch gelesen – genauso langweilig, aber wenigstens gratis. Nee, mit Physik war ich noch vor meinem Stimmbruch durch. Eine einzige Enttäuschung, diese Naturwissenschaft.

Zum Ende der Grundschulzeit lagen all meine Hoffnungen auf dem Physikunterricht, der sich in der 5. Klasse erstmals auf dem Stundenplan ankündigte. Bis auf Sport hatten sich alle anderen Fächer bereits als ziemlich langweilig und lernintensiv entpuppt.

Aber Physik? Das musste einfach mein Lieblingsfach werden! Allein der Physikraum mit den ganzen Geräten und Apparaturen, dazu die speziellen Tische, mit Schaltern, Drehknöpfen und Kabeln, die hier und da heraushingen. Hightech! Wahnsinn! Und in Physik, hieß es, wird »richtig rumexperimentiert«! Das berichteten verschiedene Quellen übereinstimmend. Und da ich weder Zweifel noch Google hatte, glaubte ich den Quatsch.

Die allererste Stunde eröffnete mein Physiklehrer mit den Worten: »Die Physik lässt einen die Welt mit anderen Augen sehen!« Cool, das klang ja fast, als verleihe sie einem Superkräfte! Und dann, tatsächlich, kündigte er auch direkt das erste Experiment an.

Super! Jetzt geht's los, dachte ich, »richtig rumexperimentieren«! Wie aufregend! Was werde ich wohl als Erstes herausfinden? Ich sah mich schon als Entdecker der Unsichtbarkeitsformel oder Erfinder des Beamens in die Geschichte eingehen.

Kann alles passieren, man weiß ja bei Experimenten vorher nie, wie sie ausgehen. Darum macht man sie ja – dachte ich.

Und was machten wir? WIR BRACHTEN WASSER ZUM KOCHEN! Denn wenn Wasser kocht, verdampft es! Das tat es auch. Und das war unser »Experiment«. Wasser kochen!

Wir »experimentierten« mit einem Spielzeugauto auf der geneigten Ebene! Und siehe da, ja, es rollte hinunter! Ach was. Und ich hab all die Jahre versucht den Berg raufzurodeln!

UND DAS IST PHYSIK? JA! Ich dachte, das müsse ein Scherz sein.

Von wegen, »richtig rumexperimentieren«. In Physik werden Experimente durchgeführt, deren Ausgang man bereits kennt, um zu beweisen, dass dieses Experiment so ausgeht, wie man es vorher schon wusste. Man kann vielleicht noch ein, zwei Sachen berechnen, aber das war's auch. Nein, Physik ist nicht genauso langweilig wie die anderen Fächer bisher auch, Physik ist das allerlangweiligste. Physik war für mich gestorben.

Ganze 30 Jahre lang schenkte ich dieser Naturwissenschaft keine besondere Aufmerksamkeit. Warum auch. Sie änderte ja nichts an meinem Leben. Ich wurde trotzdem von der Erde angezogen, auch wenn ich mich nicht mit den ganzen Experimenten und Berechnungen zur Gravitation rumlangweilte. Für mich war Physik überflüssig und Zeitvergeudung.

Aber dann lernte ich sie kennen: die Physikanten! Und sie zeigten mir die Physik von einer anderen Seite. Über 30 Jahre hatte ich dieser Naturwissenschaft unrecht getan. Denn das Problem war nicht die Physik an sich, sondern ihr schlechtes Marketing, das mit langweiligen Experimenten in verstaubten Physikräumen dieser faszinierenden Wissenschaft nicht gerecht wurde.

Und mit den Physikanten hatte die Physik plötzlich ein PR-Team der Spitzenklasse. Die Physik selbst hatte sich nicht geändert, sowie Kaffee sich auch nie geändert hat. Doch so wie

Kaffeeketten über Nacht einen neuen Kaffee-Hype erzeugt hätten, so schafften es die Physikanten im Handumdrehen, mich für Physik zu begeistern. Mit Experimenten, die mir den Atem stocken ließen, mit so einfachen wie genialen Versuchen, durch die ich so vieles auf einmal verstanden hab. Allein weil Physik plötzlich Spaß gemacht hat, ob beim Zuschauen oder Mitmachen.

Mehr muss ich gar nicht sagen, denn alles andere wird jeder Leser dieses Buches ganz schnell selbst erleben und verstehen. Physik ist nicht, wenn's langweilig wird, Physik ist, wenn's knallt!

Elton

Rotweinflut im Wäschekeller –
wie alles anfing...

Als ich die rote Lache auf dem Kellerboden sah, wurde mir klar, dass die Physik die Kontrolle über mein Leben übernommen hatte. Zwischen Wäschekörben und der Truhe mit den Winterjacken breitete sie sich aus, lief in alle Ritzen und unter den Gefrierschrank.

»Ups«, sagte der Mann meiner Träume und schaute auf die halbe Rotweinflasche in seiner Hand und die Scherben auf seinen Pantoffeln. »Eigentlich sollte nur vorn der Korken rauspöppen.«

Eine halbe Stunde und zehn Meter Küchenpapier brauchten wir, um den Boden wieder sauber zu bekommen. Unter den Gefrierschrank kamen wir nicht.

»Wie genau ist das passiert?«, fragte ich, während ich den Müllsack für das triefende Küchenpapier aufhielt.

»Man kann den Korken aus einer Weinflasche ohne Korkenzieher rauspöppen, wenn man den Boden der Flasche sanft gegen die Wand haut«, sagte Marcus.

»Sanft?«, fragte ich und band den Müllsack zu. Aus einem kleinen Loch tropfte Wein.

»Tja«, sagte Marcus. »Müsste wohl sanfter sein.« Und er holte die nächste Flasche.

Seit diesem Abend wundert mich nichts mehr. Eine Badewanne voll Wackelpudding, Schweineblut im Gefrierschrank – was soll's. So ist das, wenn man einen Physiker heiratet. Schon an der Uni hatte Marcus immer wieder gedacht, dass man die Experimente in den Vorlesungen dringend entstauben und neu präsentieren müsste. Das tat er dann zusammen mit einem guten

Freund. In der Garage wurden die ersten bühnentauglichen Experimente gebaut. Inzwischen haben mehr als eine Million Zuschauer die Physikanten gesehen – auf Messen, an Schulen und Universitäten, auf Festivals, im Varieté, bei Unternehmen und im Fernsehen. Nicht nur Wissenschaftsaffine sind begeistert, sondern auch Menschen, die Physik in der Schule immer gehasst haben. Wie ich.

»Ist es bei euch zu Hause immer so superlustig?«, fragen uns Bekannte immer wieder. Wie es bei uns zu Hause ist? Das werden Sie in diesem Buch nicht erfahren – die Familie, in der die Geschichten in diesem Buch spielen, gibt es so nicht. Denn auch wenn das Leben angeblich die besten Geschichten schreibt: Es ist noch viel schöner, wenn man nachhilft.

Eines kann aber verraten werden: Wir kommen inzwischen gut miteinander klar, die Physik und ich. Denn sie bringt etwas mit sich: einen offenen Blick auf die Welt, die Neugier, Alltägliches wahrzunehmen und weiterzudenken. Kinder können das meistens, Erwachsene nicht immer. Das zu bewahren macht Spaß – auch wenn man Physik nicht immer geliebt hat.

Außerdem lernt man dank der Physik seine Grenzen kennen. Den Korken aus einer Flasche Wein rauszuklopfen, indem man die Flasche gegen die Wand schlägt, funktioniert beispielsweise nicht wirklich gut. Es geht, aber man braucht sehr viel Wein, bis man es kann. Um Flaschen an die Wand zu klopfen und sich das Chaos schön zu trinken.

Staubsauger, Föhne und andere Monster

»Wir waren total verzweifelt, weil unser Kleiner über Stunden geschrien hatte. Wir haben die App runtergeladen, und es hat keine fünf Sekunden gedauert, bis die Augen zugingen. WAHNSINN!«

»Seitdem ich diese App habe, schlafe ich wie ein Stein.«

Die App, die im Playstore diese Begeisterung auslöst, ist ein Staubsauger. Wenn man sie herunterlädt, dröhnt das Handy wie ein Sauger, und Babys schlafen ein. Der Werbetext verheißt: »Es gibt Geräusche, die sind so vertraut und beruhigend, dass wir uns entspannen, sobald wir sie hören. Der Staubsauger liefert eines dieser Geräusche.« Schließlich hätten wir ihn alle schon im Mutterleib gehört.

Vielleicht haben wir zu wenig Staub gesaugt, als ich mit Julia schwanger war. Wir waren Studenten und versuchten, die letzten Klausuren zu bestehen. Möglicherweise ist unser Fußboden dabei ein wenig zu kurz gekommen. Baby Julia jedenfalls empfand den Staubsauger nicht als vertrautes Geräusch, sondern als Monster. Sie schlief auch nicht beim Haareföhnen. Möglicherweise war in der Schwangerschaft auch meine Frisur etwas zu kurz gekommen. Wir versuchten zu putzen, wenn Julia eingeschlafen war. Es half nicht. Staubsauger an – Geschrei an. Staubsauger aus – Geschrei aus.

Besser ging es, wenn sie beim Staubsaugen im Tragetuch saß, in sicherer Höhe über dem gefährlichen Sauger. Vor unseren Bauch geschnallt schlief sie ein, schlief stundenlang, an uns gekuschelt wie ein kleiner Heizofen, beschützt vor den Haushaltsmonstern dieser Welt.

So erledigten wir unsere Hausarbeit etwa zwölf Kilo lang. Als Julia so viel wog, war sie etwas mehr als ein Jahr alt. Sie konnte krabbeln und ein paar Schritte laufen. Mein Rücken war vom Tragen so verspannt, dass ich gar nicht mehr laufen mochte. »Es muss eine andere Lösung geben«, meinten Marcus und ich. Wir schenkten Julia einen Kinderstaubsauger, damit sie neben uns her saugen konnte. Ein hässliches, rot-blaues Ding, das das Parkett zerkratzte und schrill kreischte. Zwei Staubsauger an – Geschrei an. Zwei Staubsauger aus – Geschrei aus.

Das Wunder geschah eines Tages, als Marcus staubsaugte. Julia saß zeternd auf dem Sofa, Marcus schob den Sauger über den Boden. Mit der anderen Hand räumte er die Spielsachen zur Seite, die ihm im Weg lagen in dem Zimmer, das eigentlich unser Wohnzimmer war. Zwischen Bauklötzen und Schleichpferden lag ein Luftballon, den wir am Tag zuvor am Wahlwerbestand der SPD vor dem Supermarkt geschenkt bekommen hatten.

Marcus wusste nicht, wohin mit dem Ballon, er hatte keinen Platz im Regal und für die Spielzeugkiste war er zu groß. Marcus nahm ihn und legte ihn ab – auf dem Abluftgebläse des Staubsaugers. Dort schwebte der Ballon in der Luft, drehte sich ein bisschen und fuhr sogar über dem Staubsauger mit. Auf dem Sofa verstummte das Schreien. Julia kletterte herunter und lief mit wackligen Schritten auf den Ballon zu, ein Strahlen im Gesicht. Jauchzend folgte sie dem Sauger durchs Wohnzimmer, stupste den Ballon an, und wenn er herunterfiel, setzte Marcus ihn wieder auf das Gebläse.

Schließlich war das Zimmer sauber. Marcus stellte den Staubsauger aus. Der Ballon trudelte zu Boden. »Da!«, schrie Julia und zeigte auf den Sauger.

Marcus saugte auch noch im Bad.

»Daaa!«

Marcus saugte das Schuhregal aus.

»Daaaaaa!«

Ab diesem Tag galten neue Regeln: Staubsauger an – Geschrei aus! Staubsauer aus – Geschrei an. Es war jetzt sehr sauber bei uns. Auch der Föhn durfte laufen – solange ein Ballon darauf schwebte. Dann konnte man nur nicht mehr die Haare föhnen.

Inzwischen hat Julia ein Handy. Ohne Staubsaugerapp, obwohl die ja auch für Ältere sehr entspannend sein soll. »Ich bin 14 und liebe den Ton einfach«, schreibt eine Nutzerin im Playstore. Julia nutzt das physikalische Prinzip, nach dem der Ballon auf dem Gebläse schwebt, lieber anderweitig. Wenn die Hausaufgaben zu langweilig sind, schraubt sie ihren Kuli auseinander. Sie nimmt den spitzen Teil, aus dem die Mine herauskam, legt den Kopf in den Nacken und pustet von unten durch. Oben in den Luftstrom legt sie einen Tischtennisball. Unter dem Schreibtisch liegt hinterher ein schmaler, silberner Plastikring, der zwischen die beiden Hälften der Kulihülle geschraubt war und den Julia beim Wiederzusammenbauen vergessen hat. Und die kleine Feder, die eigentlich um die Mine gehört. Beides saugen wir einfach weg.

 ## Experiment:
Der schwebende Tischtennisball

Was man physikalisch so alles mit einem Staubsauger machen kann, erklärt am besten der Physiker selbst. Das weiß Marcus einfach besser.

Sie brauchen (für Anfänger):
- einen Haartrockner
- 1-2 Tischtennisbälle

Sie brauchen außerdem (für ein Spiel):
- Drahtkleiderbügel und eine Möglichkeit, diese frei hängend zu befestigen (zum Beispiel an einer Wäscheleine oder an einer Schnur, die Sie durchs Wohnzimmer spannen)

Sie brauchen (für Fortgeschrittene):
- einen auseinanderschraubbaren Kugelschreiber und einen Tischtennisball

oder
- einen Knick-Trinkhalm und eine Styroporkugel, Durchmesser ca. 3 cm

oder
- eine Styroporkugel, Durchmesser ca. 3 cm, und viel Luft

oder
- ein starkes Industriegebläse und einen großen Wasserball

So geht's:
Richten Sie den Föhn nach oben, auf voller Stärke und mit Kaltluft (sollte Ihr Föhn keine Kaltluft haben, funktioniert das Experiment auch mit Warmluft). Am besten klappt es, wenn Sie einen Aufsatz benutzen, der oben schmal ist. Wer mag, kann auch als Verjüngung eine Tülle aus Papier basteln und an den Föhn kleben, sodass die Luft aus einer kleineren Öffnung strömt.

Legen Sie den Tischtennisball vorsichtig in den Luftstrom. Er schwebt! Neigen Sie den Föhn zur Seite und versuchen Sie, den Ball möglichst lange im schräger werdenden Luftstrom zu halten. Der Ball entfernt sich immer weiter vom Gebläse – bis er schließlich herunterfällt.

Bauen Sie sich einen Schwebe-Parcours! Hängen Sie einfache Drahtkleiderbügel mit einer Schnur von der Decke herab. Führen Sie den Föhn unter den Kleiderbügeln hindurch und lassen Sie Ihren Tischtennisball so durch die Bügel »klettern«.

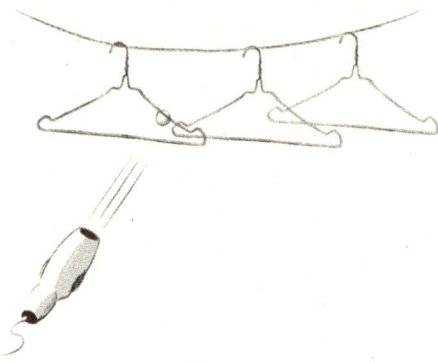

Probieren Sie, ob Sie zwei Bälle im Luftstrom balancieren können. Mir gelingt es immer nur für ein paar Sekunden, aber vielleicht sind Sie geschickter.

Wenn Sie viel Puste haben, probieren Sie es mit einem auseinandergeschraubten Kugelschreiber. Nehmen Sie die Innereien heraus, sodass Sie das Vorderteil als Düse nutzen können. Legen Sie den Kopf in den Nacken und pusten Sie kräftig hindurch. Versuchen Sie, den Tischtennisball auf dem schmalen Luftstrom schweben zu lassen.

Leichter geht es so: Eine kleine Styroporkugel (aus dem Bastelgeschäft) können Sie mit der Kugelschreiber-Düse viel höher pusten als den Tischtennisball. Noch bequemer geht es mit einem Knick-Strohhalm. Profis bauen mit einem Draht noch einen

Spiralkorb vorn um den Strohhalm, aus dem heraus man den Ball fliegen lassen kann – und in dem er wieder landet.

Was steckt physikalisch dahinter?

Zwei bemerkenswerte Dinge sind hier zu beobachten: dass der Ball so stabil schweben kann und dass er sich im schrägen Luftstrom weiter von der Düse entfernt.

Schauen wir erst einmal, warum der Ball überhaupt schwebt. Ihm geht es wie einem Elternteil in einer Familie: Es wird von mehreren Seiten gezogen und geschoben, und am Schluss passiert gar nix mehr. Physikalisch gesprochen: Die beiden Kräfte, die hier wirken, heben sich auf. Die Gewichtskraft (auch Schwerkraft genannt) zieht den Ball nach unten, die Luft aus dem Föhn drückt ihn nach oben. Der Ball pendelt sich auf der Höhe ein, wo sich die Gewichtskraft und die Staukraft aus dem Föhn genau aufheben.

Wenn Sie den Föhn schräg halten, wird es kompliziert. Im schrägen Luftstrom sackt der Ball durch die Gewichtskraft ein wenig Richtung Boden. So strömt die Luft deutlich schneller über ihn hinweg als unter ihm hindurch.

Warum fällt der Ball nicht runter? In den meisten Büchern wird dies mit dem Bernoulli-Effekt erklärt. Dieser besagt ganz grob, dass in einem schnelleren Luftstrom ein niedrigerer Druck herrscht. Hier hieße das: Über dem Ball strömt die Luft schneller als unter ihm. Der Luftdruck unter dem Ball ist also höher. Er wirkt der Gewichtskraft entgegen und stabilisiert den Ball im Luftstrom.

Leider lässt sich das Bernoulli-Prinzip bei unserem Föhn nicht korrekt anwenden. Es gilt nämlich nur, wenn die Luft in einem eng begrenzten Raum strömt, zum Beispiel in einem Rohr. Das ist bei unserem Föhn ja nicht der Fall. Hier ist so viel Luft drumherum, dass die Raumluft einen Unterdruck einfach ausgleichen würde.

Es muss also eine andere Erklärung her, warum der Ball nicht runterfällt! Physikalisch sauber wird die Sache, wenn man sich überlegt, was mit der Luft passiert, die am Ball entlanggleitet. Gase und Flüssigkeiten neigen nämlich dazu, sich von gekrümmten Oberflächen umleiten zu lassen. Lassen Sie mal einen Wasserstrahl aus dem Wasserhahn über die Rückseite eines Löffels fließen: Der Strahl folgt dem gewölbten Verlauf des Löffels und wird seitlich abgelenkt. Dies wird Coandaeffekt genannt.

Gleichzeitig spüren Sie, dass der Löffel ein wenig in den Stahl hineingezogen wird. Isaac Newton hat festgestellt, dass es zu jeder Kraft eine gleichgroße Gegenkraft geben muss – Actio gleich Reactio. Der Löffel übt eine Kraft auf den Wasserstrahl aus und lenkt ihn ab. Dadurch entsteht eine Gegenkraft: Der Strahl zieht den Löffel an sich heran.

So können wir auch die Strömung über dem Tischtennisball betrachten, wenn wir den Föhn schräg halten. Der Ball übt eine Kraft auf den Luftstrom aus und lenkt ihn ab. Gleichzeitig übt der Luftstrom eine Gegenkraft auf den Ball aus, und der Ball wird in Richtung des Luftstroms gezogen. Actio gleich Reactio.

Das Fazit lautet also: Nicht Bernoulli und sein Gesetz von schneller Strömung und niedrigem Druck halten den Ball im schrägen Strom. Diese Ehre gebührt der durch den Ball umgelenkten Föhnluft selbst, die den Ball stabil schweben lässt.

Warum wandert der Ball im schrägen Luftstrom vom Föhn weg?

Lassen Sie uns nun das zweite Phänomen klären, nämlich den größeren Abstand des Balls vom Föhn im schrägen Luftstrom. Kurz gesagt: Im geraden Strahl wird der Ball im Gleichgewicht gehalten durch seine Gewichtskraft und die Staukraft aus dem Föhn, die der Gewichtskraft entgegen wirkt. Der Ball schwebt an der Stelle, an der die beiden Kräfte genau gleich groß sind. Im schrägen Luftstrom wird der Ball zusätzlich durch die Ablenkung des Luftstroms und die entsprechende *Gegenkraft* gehalten. Diese Kraft möchte ich hier Coandakraft nennen. Weil die Coandakraft den Ball hält, braucht er weniger Staukraft aus dem Föhn, um zu schweben. Die Staukraft ist logischerweise nahe am Föhn größer als etwas weiter weg, wo der Luftstrom langsamer wird. Der Ball kann es sich leisten, etwas Abstand zu nehmen.

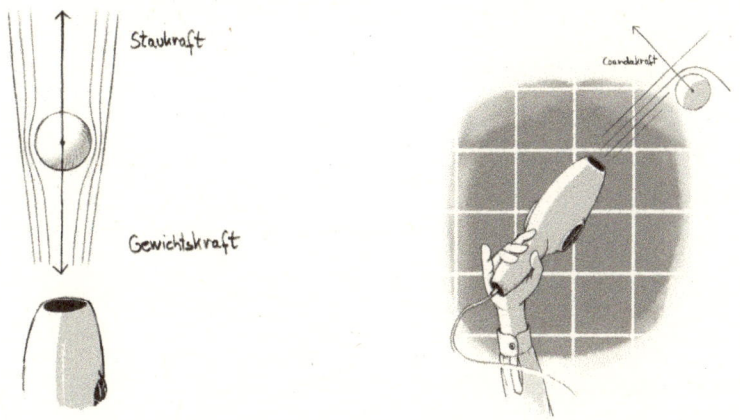

Wer es genauer wissen will, muss den Punkt berechnen, an dem sich Staukraft, Gewichtskraft und Coandakraft gegenseitig aufheben. Hier hilft uns die Mathematik. Mathematisch darf man Kräfte genauso behandeln wie Vektoren: Man darf sie als Pfeile zeichnen und parallel verschieben, um sie zu addieren. So findet man heraus, wie Kräfte in der Summe wirken.

In der Zeichnung auf der nächsten Seite könnten wir die Staukraft parallel hochschieben – die Richtung, in die sie wirkt, ist ja immer noch gleich. Wenn wir nun vom Ball einen Pfeil zeichnen zu dem Punkt, an dem unsere Staukraft endet, ist dieser Pfeil genauso lang wie der Pfeil für die Gewichtskraft. Und er zeigt in die entgegengesetzte Richtung! Dies ist also der Punkt, an dem sich alle Kräfte ausgleichen. Deshalb schwebt der Ball dort.

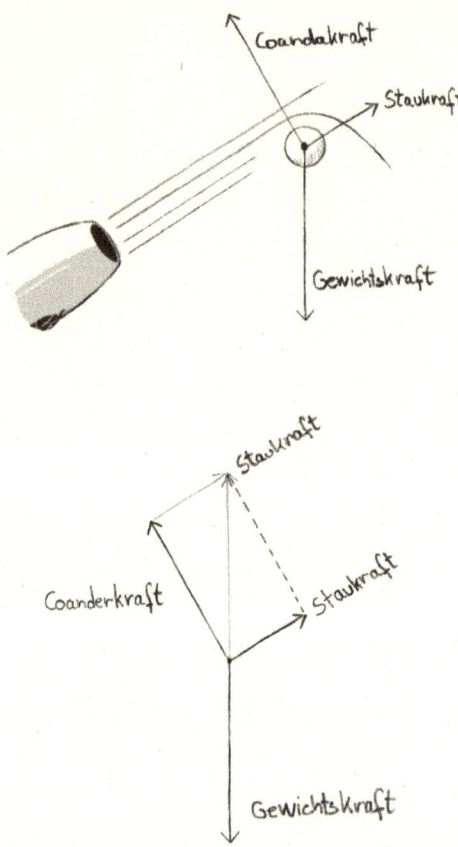

Bemerkenswert ist, dass der Staukraft-Pfeil jetzt kürzer ist als im Fall der senkrechten Strömung. Das muss so sein! Wäre die Staukraft größer, würde sie sich nicht mehr mit den anderen Kräften ausgleichen, und der Ball würde vom Gebläse weg beschleunigt. Einen stabilen Zustand kann es nur an der Stelle geben, wo die Staukraft kleiner ist – und das ist weiter weg vom Gebläse, nämlich dort, wo die Strömung langsamer wird.

Raketenparty

Eine Feier mit 100 Personen? Mit Essen und Getränken?

»Gern!« Der Wirt strahlt. »Dafür haben wir einen sehr schönen Raum. Sie sind herzlich willkommen.«

»Danke!«, sagt Marcus. »Wir wären dann sechzig Erwachsene und vierzig Kinder.«

Die Mundwinkel des Wirts geben der Schwerkraft nach. »Vierzig Kinder! Das geht nicht. Das ist zu unruhig.«

Deutschland braucht angeblich mehr Kinder. Aber ruhige Kinder, zu Hause bleibende Kinder, nicht feiernde Kinder. Wenn man eine Familienfeier als *Familien*feier plant, hat man Gelegenheit, sich ohne Entscheidungsdruck viele Locations anzuschauen.

Schließlich finden wir den perfekten Ort. Das Restaurant liegt in einem Wäldchen, vor der Tür lockt ein Wasserspielplatz. Der Koch hat sich einen Traum erfüllt: alles selbst gemacht, alles regional. Er ist ein großer Mann mit schwarzem Schnurrbart und tiefer Stimme, auf seiner Schürze sind Flecken, die von regionalen Brombeeren stammen können oder von einem regionalen Tier.

Ehrfürchtig nicken wir zu seinen Menüvorschlägen: Rinderfilet, 48 Stunden gegart, Kartöffelchen mit Wildkräuterkruste und Brombeerzabaione.

»Kann es auch Pommes geben?«, fragt Lucie dazwischen.

Der Koch zuckt, zwingt sich aber ein Lächeln ab. »Pommes machen wir aus Süßkartoffeln, mit Kräutersalz aus selbst gesammelten Kräutern. Schreibe ich mir auf.« Schwer erhebt er sich, um einen Stift zu holen.

Süß klingt gut, Kräutersalz auch, Lucie verabschiedet sich auf den Spielplatz. Beim Rausgehen lässt sie etwas Gelbes auf den freien Stuhl fallen, auf dem eben noch der Koch saß. Der kommt wieder, setzt sich, und ein Geräusch ertönt, als habe der Koch zu viel Kohl gegessen. Der große Mann erstarrt. Er hievt sich halb hoch, zieht das gelbe Ding unter sich weg und hält es hoch. Es ist ein Pupskissen, das liebste Spielzeug unserer Tochter. Ihr Patenonkel hat es ihr geschenkt, ein Marathonläufer mit Herz aus Gold und lebendiger Erinnerung an die eigene Kindheit. Seit Wochen rotiert das Pupskissen über unsere Stühle, niemand von uns fällt mehr darauf rein.

Der Koch schon. Er hält das Pupskissen hoch. Seine Stimme ist beängstigend ruhig: »Wie viele Kinder, sagten Sie, bringen Sie zur Feier mit?«

»Vierzig – so ungefähr«, sage ich.

Der Koch quetscht das Pupskissen platt wie ein Taschentuch. Ein langes Furzgeräusch ertönt. Seine Faust drückt noch einmal zu. Diesmal macht das Kissen kein Geräusch mehr. Pffft – nur noch Luft entweicht. Wir gehen dann mal.

Zu Hause ist die Stimmung im Keller. Lucie trauert um ihr Pupskissen, aus dem die Luft nur noch seufzend entweicht. Auch aus unserer Location-Suche ist die Luft raus. Wenn es doch zu wüst ist auf einer Party mit so vielen Kindern? Womit beschäftigen die sich die ganze Zeit? Vielleicht feiern wir einfach später. Viel später, wenn alle groß sind.

Unser letzter Versuch ist ein heruntergerocktes Haus, in dem ein Nachbarschaftsverein Bingoabende veranstaltet. Es gibt einen kleinen Garten. Und es gibt einen Hausmeister, Mitte 80, der gerade mit seinen Freunden würfelt. Wer verliert, muss einen Aufgesetzten trinken. Der Hausmeister hat heute kein Würfelglück, aber sehr gute Laune. 40 Kinder sind kein Problem, und die braun-orangen Vorhänge aus den 70er-Jahren sollen wir uns schön trinken. Wir unterschreiben sofort.

Bleibt die Frage: Womit beschäftigen sich 40 Kindern zwischen 2 und 16 Jahren den ganzen Abend? Unsere Kinder haben hundert Ideen: Schminkbude, Fußballtor, Cocktailbar zum Selbermixen.

»Jeder kriegt ein Pupskissen«, schlägt Lucie vor und drückt auf dem gelben Ding herum. »Pffft«, macht es. Abgelehnt.

Maximilian betrachtet das gelbe Kissen nachdenklich. »Die Luftraketen wären was für die Party!«

»Stimmt«, sagt Marcus, »Papierraketen. Das könnte allen gefallen. Und es ist kein Aufwand.«

Kurz gesagt: Es wird der Knaller. Drinnen feiern die Erwachsenen, draußen machen 40 Kinder (und einige Erwachsene) den Garten zur Raketenstartbahn.

Auf einem Biertisch werden DIN-A4-Blätter zusammengerollt und -geklebt. Als Startrampe dienen zwei Wärmflaschen, die per Schlauch mit einem Rohr verbunden sind, das nach oben zeigt. Auf das Rohr steckt man die Papierrakete.

»3 – 2 – 1!« Mit seinem ganzen Gewicht springt der erste auf die Wärmflasche, die Rakete zischt ab. Sie erreicht die unteren Äste einer Kastanie, die darüber – erst nach 15 Metern stoppt der Höhenflug und die Rakete schlägt wieder im Garten auf. Im Lauf der nächsten Stunden startet Rakete um Rakete. Innovationen sprechen sich herum: wie man die besten Leitwerke an die Seite baut, und in welchem Winkel man auf die Wärmflasche springen muss.

Erst als es dunkel wird, leert sich die Startrampe. Es ist spät. Wir hängen Leuchtluftballons auf – weiße Ballons, in denen kleine Leuchtdioden stecken. Schön anzugucken, sehr romantisch. Dachten wir, bis wir das »Bumm, bumm« aus dem Garten hören. Die Leuchtballons scheinen zu platzen! Alarmiert laufen wir zur Tür – und sehen Kinder mit Bastelscheren in der Hand, die in die Ballons stechen und die Leuchtdioden herausoperieren. Mit viel Tesafilm kleben sie sie vorn an die

Raketen, dann geht es los zur Startrampe. Am dunklen Himmel steigen leuchtende Raketen in die Luft, eine nach der anderen. Sie beschreiben elegante Kurven, einige schmücken leuchtend die große Kastanie. Auch romantisch, irgendwie.

Experiment: Die Papier-Rakete

Der Bastelaufwand ist winzig und die Raketen fliegen grandios!

Sie brauchen:
- Papier, DIN A4
- Schere
- Klebefilm
- 40 cm Installationsrohr, starr, M20 (Rohr zum Überputz-Kabelverlegen, gibt es in jedem Baumarkt). Auf dieses Rohr wird die Rakete zum Start gesteckt.
- kleine Säge
- Messer oder feines Schleifpapier

Wenn Sie auch eine richtige Abschussrampe bauen wollen (es geht auch ohne):
- 1 m Installationsrohr, starr, M20. Dieses Rohr verbindet die Rampe mit der Luftflasche zum Starten.
- Rohrbogen für Installationsrohr, 90 Grad
- PET-Einwegflasche, 1,5 Liter
- Holzplatte, ca. 20 cm x 20 cm
- Stabiles Klebeband, wie man es z.B. für Pakete benutzt

Die Rakete

Nehmen Sie das 40 cm lange Rohr und wickeln Sie ein Blatt Papier hochkant herum. Es darf nicht knalleng sitzen, sonst kann es später nicht gut darüber flutschen. Kleben Sie die Papierrolle zusammen.

Nun verschließen Sie ein Ende. Das geht einfach durch Umknicken, mit Klebefilm oder mit einem Hütchen aus Papier. Wichtig ist, dass der Verschluss einigermaßen dicht ist, damit keine Luft entweichen kann.

Jetzt können Sie die Rakete testen. Stecken Sie die Papierrakete auf das Installationsrohr und pusten Sie kräftig hinein! Die Rakete wird, wenn Sie sie nicht zu eng oder zu weit gebaut haben, schwungvoll losfliegen.

Nach kurzer Zeit aber beginnt die Rakete in der Luft zu taumeln. Wir brauchen Leitwerke!

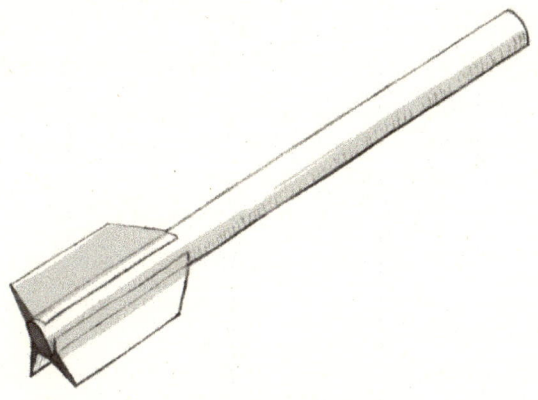

Schneiden Sie drei kleine Papierstreifen aus und kleben Sie sie als Leitwerke seitlich unten an die Rakete. Testen Sie die Rakete noch mal – Sie werden begeistert sein! Mit genügend Puste fliegt sie bestimmt 20 Meter weit!

Die Startrampe

Noch mehr Spaß machen die Raketen mit einer fußbetriebenen Abschussrampe. Als Luftreservoir dient eine PET-Einwegflasche.

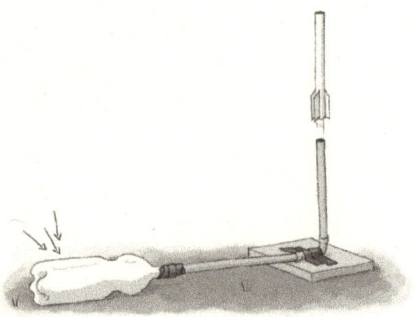

Verbinden Sie die Öffnung der Flasche mit dem einen Meter langen Stück Installationsrohr (nehmen Sie dafür ordentlich Klebeband).

Nun stecken Sie daran den Rohrbogen und das 40-cm-Stück Rohr, über dem Sie zu Beginn Ihre Rakete gewickelt haben. Den Fuß des Rohrbogens kleben Sie auf das Holzbrett, damit die Rampe nicht umkippt.

Nun noch die Rakete auf das Abschussrohr stecken und fest auf die Flasche springen! Es kann sein, dass die Flasche zwischen zwei Starts wieder rund geformt werden muss, um genug Luftreserve zu haben. Dies gelingt einfach, indem Sie von oben in das Rohr hineinpusten.

> **Sicherheit**
> Bitte seien Sie vorsichtig - schießen Sie nicht auf Menschen oder Tiere! Und passen Sie auf, dass niemand auf die Flasche springt, wenn Sie diese gerade aufpusten!

Was steckt dahinter?

Bemerkenswert an diesem Experiment finde ich vor allem, dass die Leitwerke die leichte Rakete so gut stabilisieren. Warum geht es eigentlich nicht ohne? Moderne Raketen sehen schließlich auch zylindrisch aus und fliegen wunderbar geradeaus.

Große Raketen haben etwas, was unsere Papierrakete nicht hat: Sie verfügen über einen eingebauten Antrieb. Der beschleunigt die Rakete extrem genau nach vorne. Weicht sie ein wenig vom Kurs ab, wird sie durch ein leichtes Umlenken des Schubs korrigiert. Unsere Papierrakete hat diese Möglichkeit nicht. Wenn sie sich ein bisschen quer zur Flugbahn neigt, drückt die vorbeiströmende Luft seitlich auf die Rakete – sie erzeugt ein Drehmoment. Weil die Rakete so leicht ist, hat sie dem wenig entgegenzusetzen.

Dazu kommt, dass die Strömung an der Raketenspitze anders verläuft als am Raketenende. Dadurch wird die Rakete noch weiter gekippt und fängt an zu taumeln.

Hier helfen nur Leitwerke. Am effektivsten wirken sie, wenn Sie sie schön weit hinten angebracht haben. Schauen wir uns den Flug mit Leitwerken an: Die Rakete fliegt los. Sobald sie sich quer zur Flugrichtung neigt, trifft die vorbeiströmende Luft hinten auf das Leitwerk. Hier hat sie viel Angriffsfläche. Das Hinterteil der Rakete wird dadurch wieder unter die Raketenspitze geschoben, und die Rakete richtet sich schön nach vorn aus. So können Sie mit einer getunten Papierrolle in Ihrer Nachbarschaft punkten.

Kondome, ganz jugendfrei

Marcus kommt aus der Dusche und prallt in der Schlafzimmertür zurück. Auf dem Bett sitzt Lucie und packt ein Kondom aus. Die Schublade des Nachttischs ist offen, um die Fünfjährige verstreut liegt der Inhalt der »Billy Boy«-Packung. Kondome in Grün, Rot, Gelb, Schwarz – es war wohl die Tutti-Frutti-Mischung. Lucie ist konzentriert dabei, ein Kondom in die Länge zu ziehen.

Marcus tritt den Rückzug an. Handtuch um die Hüfte festhalten, zwei leise Schritte rückwärts in den Flur, die Schlafzimmertür lautlos schließen – dann hallt sein Ruf durchs Haus: »Schaaaatz, kommst du mal!?«

Wir sind coole, aufgeklärte Eltern. Ist ja alles ganz natürlich. Wir sind ganz locker.

Okay, wir sind mittel-locker. Wir stehen vor dem Bett und sehen unserer Tochter zu, wie sie eine kleine Hand in das rote Kondom, Geschmacksrichtung Erdbeer, schiebt.

»Huuu, ich bin das Monster mit der roten Hand.« Sie lacht, wir lächeln steif.

»Gib her, Schatz, wir schmeißen das weg«, sage ich hilfsbereit. »Und dann kommst du frühstücken. Es gibt Nutella.«

Nutella gibt es nur am Wochenende, deshalb ist es eine Attraktion. Allerdings nicht so eine Attraktion wie Kondome.

»Gleich«, sagt Lucie und friemelt die nächste Packung auf. Ein durchsichtiges. »Wozu ist das?«, fragt sie und hält das Kondom hoch.

Ich seufze. Wer schon zweimal erklärt hat, woher die Babys kommen und wie man dafür sorgt, dass nicht immer neue Geschwister dazukommen, schafft das auch ein drittes Mal. Aber doch nicht morgens vor dem ersten Kaffee! Mein Liebster hat immerhin schon geduscht, er sollte wacher sein. Ich gucke ihn auffordernd an.

Marcus kann vor einem großen Publikum sprechen, komplizierte Dinge erklären, Witze machen, in Lederhosen tanzen, wenn es sein muss. Nun aber sagt er – nichts. Ich gucke eindringlicher.

»Papaaaaa! Wozu ist das!?«, nölt Lucie. Sie möchte alles ganz genau wissen. ALLES. Schön daran ist ihre Neugier auf die Welt. Anstrengend daran ist, dass sie wirklich alles GANZ genau wissen möchte, bis ins Detail. Aber ins Detail wollen wir jetzt nicht gehen.

»Jaaaa«, setzt Marcus an, »das ist ein Kondom. Damit... damit kann man ganz tolle Experimente machen!« Er nimmt das rote Kondom vom Bett, zieht es lang und hält es an Lucies Wange.

»Warm!«, sagt sie überrascht.

»Ja, toll, oder? Wenn man es loslässt, wird es wieder kalt.«

Das ist mir neu. Aber es stimmt. Zusammen ziehen wir die ausgepackten Kondome lang und lassen sie wieder zusammenschrumpfen.

Unsere Tochter strahlt. »Kann ich morgen eins mit in den Kindergarten nehmen? Das will ich der Lisa zeigen.«

Kann sie nicht. Aber die Geschwister darf sie holen, damit die auch mal Kondome lang ziehen können. Zu ihrer großen Verwunderung wollen die Großen nicht.

»Ihr seid so peinlich«, grummelt Maximilian und schließt seine Tür.

Und Julia zeigt Lucie einen Vogel.

Beim Frühstück wird gefachsimpelt, was man mit Kondomen noch alles machen kann. Wasser rein, klar. Geht gut, besonders jetzt im Sommer. Dann erinnert sich Marcus an ein spektakuläres Erlebnis, von dem Freunde vor Kurzem erzählten. Beim Sommerschlussverkauf in der Innenstadt kamen sie am Schaufenster eines Ladens vorbei, der Equipment für Zauberer und Jongleure verkauft – unter anderem glänzende Kugeln aus Acrylglas, die man in den Händen rotieren lassen kann, was bei der richtigen Beleuchtung magisch aussieht. Die Kugeln waren zu einer hohen Pyramide drapiert, vor einem roten Vorhang, umwabert von schwerem Rauch. Spektakulär!

Die Freunde standen eine Weile davor und bewunderten den Effekt, dann gingen sie in den Laden, um den Besitzer für die Deko zu loben. »Sieht super aus mit dem Rauch.«

»Rauch!?!«, schrie der Mann, riss den Feuerlöscher von der Wand und löschte sein Schaufenster.

Wenn Plastikkugeln bei Sonnenschein Brenngläser werden können, warum dann nicht auch Kondome? »Ich wette, man kann damit Feuer machen«, stachelt Marcus die Neugier der Kinder an. Er füllt etwas Wasser in ein Kondom und knotet es zu. Auf der Terrasse legt er die Kondom-Wasserbombe auf eine Zeitung. Dann dürfen alle ihr Nutellabrötchen mit rausnehmen.

»Alles klar bei euch?«, fragt eine Stimme von oben links, wo die Nachbarin aus dem Fenster hängt und so tut, als würde sie ihr Bettzeug lüften.

Die älteren Kinder werden rot, Lucie hat nur Augen für das Kondom. »Es brennt!«, schreit sie plötzlich, ohne vorher den Brötchenbissen runterzuschlucken.

Tatsächlich: Die Zeitung qualmt, dann züngeln kleine Flammen.

»Dann muss ich auf die nächste Zelttour ja keine Streichhölzer mitnehmen, sondern nur Kondome«, kündigt Marcus an.

»Igitt – ich fahre nicht mit«, verkündet Julia.

Und Maximilian fordert: »Kannst du jetzt endlich die ekligen Dinger wegräumen?«

Unsere Freunde haben für ihre Entdeckung des brennenden Schaufensters mehr Lob bekommen. Sie durften die Acrylkugeln umsonst mitnehmen. Marcus bekommt immerhin die verbliebenen Kondome zurück. Es sind nicht mehr viele. Und in den Nachttisch neben dem Bett darf er sie auch nicht mehr legen.

»Zu gefährlich«, findet Lucie. »Was, wenn die Sonne scheint und euer Schlafzimmer brennt?«

Bevor sie in die Schule kommt, nehmen wir uns vor, werden wir ihr alles erklären. Bis ins Detail.

Experiment: Das glühende Kondom

Sie brauchen:

- ein Kondom (ein Einmachgummi oder ein Gymnastikband funktionieren auch)

So geht's:

Halten Sie das Kondom an beiden Enden und ziehen Sie es schnell auseinander, so weit Sie können. Nun halten Sie es gestreckt an Ihre Oberlippe, denn hier kann man Temperaturunterschiede besonders gut fühlen. Wenn Sie das Kondom schnell genug auseinandergezogen haben, werden Sie feststellen, dass es tatsächlich wärmer geworden ist!

Lassen Sie das Kondom ein Weilchen gespannt, bis es sich wieder auf die ursprüngliche Temperatur abgekühlt hat. 10–20 Sekunden sollten reichen. Entspannen Sie das Kondom wieder und prüfen Sie die Temperatur erneut. Diesmal ist das Kondom kälter geworden!

Was steckt dahinter?

Gerne würde ich an dieser Stelle auf ein Gummiband-Wärme-Gesetz verweisen, aber so einfach ist es leider nicht. Kondome werden meist aus bearbeitetem Naturlatex hergestellt. Latex besteht aus langen Molekülketten, sogenannten Polymeren. Wenn man eine Kette lang ziehen könnte, wäre sie bis zu 0,01 mm lang. Allerdings sind die Molekülketten auf das Allerumständlichste zusammengeknotet und miteinander verwickelt.

Ohne weitere Bearbeitung ist Latex viskoelastisch. Das bedeutet, dass er nach dem Langziehen größtenteils wieder in die Ausgangsform zurückkehrt (wenn auch nicht komplett, da die Polymere aneinander vorbeigleiten können). Er bleibt also verformbar, ähnlich wie ein Kaugummi.

Im Jahr 1839 fand der amerikanische Chemiker Charles Goodyear zufällig heraus, dass Latex seine Eigenschaft ändert, wenn man ihn mit Schwefel aufkocht. Zwischen den Polymeren bilden sich Brücken aus Schwefel, die die Ketten so miteinander verbinden, dass sie ihre Lage zueinander behalten können, auch wenn sie stark gedehnt werden. Das Gummi war geboren!

Warum wird es nun aber warm, wenn man am Gummi zieht?

Die Temperatur eines Stoffes ist proportional zu seiner inneren Energie. Das habe ich als Kind kennengelernt: sehr heiße Herdplatte = sehr viel Energie = sehr große Brandblasen an den Händen. Kalte Herdplatte = keine Brandblasen.

Wenn ein Stoff Energie aufnimmt, setzt er diese in Bewegung um. Die Atome sausen durch die Gegend, schwingen hin und her und rotieren – und zwar um so doller, je mehr Energie sie haben. Welche Bewegungen möglich sind und welche nicht, hängt vom jeweiligen Stoff ab. Diese Einschränkungen nennt man Freiheitsgrade. In einem einatomigen Gas wie Helium beispielsweise können die Atome sich in drei Richtungen bewegen. Mehr geht nicht. Wassermoleküle hingegen haben mehr Freiheitsgrade: Sie können sich zusätzlich auch noch drehen und sie können schwingen. Im Gummi können sich die verworrenen Molekülketten zwar nicht von der Stelle bewegen, dafür schwingen sie umso doller, und zwar in alle möglichen Richtungen. Ein wildes Durcheinander, weil die Polymere so schön verknotet sind, ähnlich wie gekochte Spaghetti.

Wird nun von außen Energie zugeführt, indem man den Stoff zum Beispiel erwärmt, verteilt sich diese Energie auf die verschiedenen Freiheitsgrade. Je mehr Freiheitsgrade der Stoff hat, desto mehr Energie kann er aufnehmen.

Im entspannten Zustand hat das Gummi viele Freiheitsgrade, denn die Polymere können theoretisch in alle Richtungen schwingen – sie sind so flexibel wie eine gekochte Nudel. Wenn das Gummi gedehnt wird, passiert das Entscheidende: Die langen Moleküle werden auseinandergezogen und legen sich flach aneinander. Damit können sie in Längsrichtung viel schlechter schwingen. Dem Gummi ist ein Freiheitsgrad geraubt worden. Die Energie, die in den Schwingungen in der Längsrichtung steckte, muss aber irgendwo hin. Sie wird auf die restlichen Freiheitsgrade übertragen und sorgt dort für noch schnellere Schwingungen in seitlicher Richtung. Dadurch steigt die Temperatur.

Wenn wir das lang gezogene Gummi wieder entspannen, wirken dieselben Prinzipien. Wir halten das Gummi zunächst so lange gespannt, bis es wieder Raumtemperatur hat – wir warten also, bis die Moleküle sich ausgetobt haben und zur Ruhe gekommen sind. Dann entspannen wir das Gummi. Die Molekülketten liegen nun nicht mehr flach aneinander, es kommen also weitere Freiheitsgrade hinzu. Die wollen mit Energie gefüllt werden. Diese holt sich das Gummi aus den anderen Freiheitsgraden. Die gleiche Menge Energie verteilt sich nun auf mehr Freiheitsgrade. Die Temperatur sinkt, und zwar unter Raumtemperatur.

Wenn man viele Gummis immer wieder streckt und entspannt, ließe sich damit sogar eine Wärmekraftmaschine bauen. Nicht besonders effizient, aber lustig.

Karnevalsmuggel unter sich – Zauberstäbe selbst gemacht

Wir schieben die letzten Kinder aus der Tür und lehnen uns erschöpft dagegen. Der Kindergeburtstag ist überstanden! Es ist Anfang Februar, bei Schneeregen und Sturm fand die Feier drinnen statt. Wir haben ein Piepen in den Ohren wie nach einem Discobesuch. Das ist der Preis dafür, dass wir so altmodisch sind, Kindergeburtstage zu Hause stattfinden zu lassen, mit Topfschlagen, Mord in der Disco und Reise nach Jerusalem. Wir sinken aufs Sofa, ein Bier in der Hand, mit Blick auf den Esstisch, unter dem die Reste der Kuchenschlacht liegen. Es sieht aus, als hätten wir die Muffins direkt auf den Boden gebröselt.

Gerade bin ich eingedöst, als mich Lucies Stimme weckt.

»Mama, als was gehe ich zu Karneval?«

»Weiß ich nicht«, murmele ich. Karneval steht auf der Liste der lästigen Feste auf Platz zwei, direkt hinter Halloween. Vielleicht sind wir zu evangelisch dafür, vielleicht hat Karneval einfach das Pech, immer dann zu kommen, wenn wir gerade Weihnachten, Silvester und drei Kindergeburtstage abgefeiert haben. Karneval bedeutet, Kostüme ranzuschaffen, die nie wieder getragen werden. Karneval bedeutet einen Sack voll billiger Süßigkeiten, die niemand isst. Karneval nervt.

Ich öffne die Augen und sehe an Lucies Blick, dass sie schon weiß, als was sie sich verkleiden will.

»Ich gehe als Harry Potter!«, verkündet sie.

»Super!«, sage ich. Harry Potter klingt machbar: ein dunkler Umhang, Blitznarbe aus Kajal, ein Stock als Zauberstab.

»Aber ich will etwas Echtes zum Zaubern mitnehmen.«

»Im Keller steht noch der Zauberkasten. Da ist diese Plastikvase mit dem doppelten Boden drin.«

»Harry Potter zaubert nicht mit Plastikvasen!«, ruft Lucie empört. »Der lässt Sachen schweben oder macht Licht mit dem Zauberstab!«

»Hm«, murmle ich.

»Kann ich mal googeln? Bestimmt gibt es Harry-Potter-Zaubertricks zum Nachmachen!«

Klar kann sie googeln. Googeln bedeutet, dass wir noch eine Viertelstunde dösen können, bevor wir weiter über Karneval nachdenken müssen.

Ich wache wieder auf, als der Drucker anfängt, Papier auszuspucken. Seite um Seite, gefüllt mit Zaubersprüchen und Flüchen aus Harry Potter, »Alltagszauber«, lautet die Überschrift.

Ich streiche die an, die ich selbst gern können möchte: »Federleicht« treibt die Wäsche vor einem her in den Keller zur Waschmaschine. »Impervius« verhindert, dass Brillen beschlagen. Ich werfe einen Blick auf meinen Liebsten und streiche den »Hair Thickening Charm« an, den Zauber für volles Haar.

»Und wie macht man das?«, frage ich Lucie, die immer noch auf den Bildschirm starrt.

»Steht hier nicht«, brummelt sie.

Dafür finden wir einen Internetshop, der Plastikzauberstäbe mit Leuchtdiode an der Spitze verkauft: für 49 Euro, mit Fernbedienung für 59 Euro.

»Ich könnte einfach den Kater mitnehmen«, schlägt Lucie vor.

»Oder scharfes Salmiak«, sage ich, »das verteilst du als Kotzpastillen.«

Nicht lustig, findet Lucie. »Mama, du hast keine Ahnung von Karneval.«

Stimmt. Ich möchte einfach nur, dass meine Kinder Spaß haben und dass ich nichts teuer kaufen oder aufwendig basteln muss.

»Ich weiß aber, wer Ahnung hat«, sage ich. »Sophia und Günther!«

Unsere Ersatzgroßeltern haben vieles, was wir nicht haben: Zeit, handwerkliches Geschick – und ein Herz für Karneval. Sie gehen zu »Sitzungen«, verkleiden sich und sagen »Helau!«, wenn man sie um diese Jahreszeit anruft. Kurzum: Wenn jemand bereit ist, über einen echten Zauber zum Mitnehmen nachzudenken, dann Sophia und Günther!

Tatsächlich. »Sagenhaft!«, sagt Sophia begeistert und lädt Lucie für den nächsten Samstag zu sich ein.

Als wir unsere Tochter am Abend abholen, erkennen wir sie nicht wieder. Auf der Nase sitzt eine Brille, wie im Original mit Klebeband geflickt. Die Narbe auf der Stirn sieht erschreckend echt aus und der Umhang geht bis zum Boden.

»Wingardium Leviosa!«, ruft Lucie uns entgegen und schwenkt etwas, das wie ein kurzes Plastikrohr mit Holzgriff aussieht. Mit der anderen Hand wirft sie eine Art durchsichtige Qualle aus Folie hoch. Das Ding trudelt durch die Luft. Lucie wischt mit dem Stab unter der Folienqualle her, wedelt mit dem Arm – und die Folie schwebt auf uns zu.

Uns steht der Mund offen.

Sekundenlang hält Lucie die Folie in der Luft, dann scheucht sie sie gekonnt auf Marcus zu. »Stillhalten!«, kommandiert sie – und die Folie pappt sich an Marcus' Stirn. »Hat Günther für mich gebastelt«, verkündet Lucie glücklich.

Der Erfinder des Schwebestabs verbringt das Wochenende vor Karneval in der Werkstatt, denn natürlich wollen nun alle Kinder so einen Stab. Lucie lehnt es ab, als böse »Lucie Malfoy« zum Karneval zu gehen, und feiert als fröhlicher Harry Potter. Und wir karnevalsfeindlichen Eltern haben ein halbes Jahr Ruhe, bevor Halloween im Kalender steht und wir drei Kinder in elastische Binden wickeln, damit sie als Mumien durch die Nachbarschaft laufen können. Und billige Süßigkeiten sammeln, die niemand mag.

 ## Experiment: Die Tütenschwebe

Das Experiment mit dem besten Effekt/Anstrengungs-Verhältnis! »Magie« nahezu ohne Aufwand.

Sie brauchen:
- ein Stück hellgraues Installationsrohr (starr), Durchmesser ca. 20–30 mm. Gibt es in jedem Baumarkt, dient eigentlich dazu, elektrische Leitungen auf Putz zu verlegen.
- einen Müllbeutel aus HDPE (Polyethylen). Ganz normale weißlich durchsichtige, dünne Beutel. Alternativ funktioniert es auch prächtig mit Obsttüten zum Selbereinpacken aus dem Supermarkt.
- ein Stück Küchenpapier
- eine Säge
- ein scharfes Schälmesser oder ein Cuttermesser
- ein Schneidebrett als Unterlage

Eventuell zusätzlich (muss aber nicht sein):
- ein Aststück, eine Bohrmaschine und einen großen Bohrer
- einen Luftballon

Der Zauberstab

Sägen Sie vom Installationsrohr ein ca. 50 cm langes Stück ab und befreien Sie die Sägekante mit dem Messer vom Grat.

Schneiden Sie aus dem Müllbeutel ein rechteckiges Stück mit mehreren parallelen Schlitzen.

Legen Sie das Tütenstück glatt auf einen Tisch. Reiben Sie mit dem Küchenpapier mehrmals kräftig darüber, immer nur in eine Richtung! Jetzt ist die Tüte elektrisch geladen. Fassen Sie nicht mehr darauf, sonst wird sie wieder entladen.

Jetzt laden Sie den Stab auf: Nehmen Sie ihn in die Hand und reiben Sie mit dem Küchenpapier kräftig daran (hier darf man in beide Richtungen reiben). Wenn Sie jetzt ein leichtes Knistern hören, machen Sie alles richtig, dann erzeugen Sie nämlich bereits hohe Spannungen. Wichtig: Die Hand, die reibt, darf den Stab nicht berühren, nur das Küchenpapier. Sonst entfernen Sie die Ladungen wieder vom Stab.

Nun kommt der große Moment: Nehmen Sie das Folienstück mit zwei Fingern vom Tisch auf und werfen Sie es mit Schwung in die Luft. Halten Sie den Stab darunter. Wie von Zauberhand schwebt das Tütenstück nun – und Sie können sie mit dem Stab lenken!

Damit es souverän aussieht, müssen Sie ein bisschen üben. Manchmal fliegt die Tüte auf einen Gegenstand, ein Möbelstück oder einfach auf Sie zu und bleibt dort hängen. Macht nichts! Laden Sie Stab und Folie mit dem Küchentuch neu auf und lassen Sie sie noch mal schweben!

Der noch schönere Karnevals-Zauberstab
Wenn Sie den Stab noch verschönern wollen, um ihn zum Beispiel karnevalstauglich zu machen, versehen Sie ihn mit einem Griff. Sehr elegant ist Günthers oben erwähnte Erfindung: Sie suchen sich ein 10 cm langes und ca. 4-5 cm dickes Stück Ast und bohren ein zum Stab passendes Loch hinein. Nun noch den Stab hineinstecken und fertig!

Die Version für Faule und FreundInnen von Überraschungen
Statt mit dem Installationsrohr funktioniert das Experiment auch mit einem Luftballon, besser noch mit einem langen Modellierluftballon (Sie wissen schon, die Ballons, aus denen man Pudel formen kann). Auch die Ballons lassen sich mit dem Küchenpapier aufladen und dienen dann als Ersatz-Zauberstab.

Überraschend ist diese Variante deshalb, weil sie meistens funktioniert, aber nicht immer. In geschätzten 5 von 100 Fällen lädt sich der Ballon beim Reiben nämlich spontan andersherum auf. Die Folie wird nicht mehr abgestoßen, sondern klatscht an den Ballon. Wenn das passiert, laden Sie alles noch mal auf – mit hoher Wahrscheinlichkeit klappt es beim nächsten Mal wieder. Warum das mit dem Aufladen so merkwürdig ist? Ich erkläre es Ihnen weiter unten.

Was steckt dahinter?
Wer hätte es nicht sofort gedacht: die Reibungselektrizität! Oder, wie Kenner sagen, die Triboelektrizität, weil »tríbein« das grie-

chische Wort für »reiben« ist. Wenn man allerdings ganz genau sein will, braucht man sich das Fachwort nicht zu merken. Denn streng genommen haben wir es mit »Kontaktelektrizität« zu tun.

Wenn man unterschiedliche Dinge aneinanderreibt, presst man die Oberflächen sehr eng aneinander – die Materialien haben viel Kontakt. Im Fall von Küchenpapier und Folie muss man kräftig reiben, damit Elektrizität entsteht, bei anderen Materialien reicht schon eine leichte Berührung.

Aber was passiert nun bei unserem Zauberstab? Vorausschicken möchte ich, dass die Forschung über elektrostatische Phänomene ein Buch mit sieben Siegeln ist. Wie stark ein Material aufgeladen wird, hängt von der Luftfeuchtigkeit ab, von der Temperatur, von der Stärke des Kontaktes, von der Oberfläche und wahrscheinlich auch davon, wie gut der Forscher letzte Nacht geschlafen hat. Kurz: Es ist ziemlich viel Alchemie dabei.

Die Grundlage: Alle Stoffe bestehen aus Atomen. Atome haben einen positiv geladenen Atomkern. Um diesen Kern, so haben wir alle es mal in der Schule gelernt, bewegen sich negativ geladene Elektronen. Genau genommen kann man diese Bewegungen aber gar nicht präzise beobachten. Deshalb sprechen Physiker lieber von Ladungswolken. Im Normalzustand halten sich positive und negative Ladungen die Waage. Deshalb sind Stoffe normalerweise neutral, also nicht geladen.

Gibt ein Stoff (zum Beispiel durch Reibung) Elektronen an einen anderen Stoff ab, überwiegt die positive Ladung seiner Atomkerne – der Stoff ist nun positiv geladen. Der andere Stoff, der die Elektronen aufnimmt, wird negativ geladen, denn er hat nun Elektronen zu viel.

Stoffe lassen sich ihre Elektronen unterschiedlich gerne stehlen. Die Bereitschaft, Elektronen abzugeben, nennen Wissenschaftler Elektronenaffinität. Sie haben verschiedene Materialien ihrer Elektronenaffinität nach sortiert. Die daraus entstandene

Reihenfolge heißt »Triboelektrische Reihe«. Am positiven Ende dieser Reihe stehen Dinge, die ihre Elektronen gern abgeben und dadurch positiv geladen werden. Am negativen Ende stehen Stoffe, die besonders an ihren Elektronen hängen und gern noch welche dazubekommen. Sie sind dann negativ geladen.

Hier die Triboelektrische Reihe in der Übersicht (fett gedruckt sind die Stoffe, die bei unserem Experiment eine Rolle spielen):

Positives Ende: menschliche Hand / Asbest / Kaninchenfell / Glas / Glimmer / menschliches Haar / Nylon / Wolle / Pelz / Blei / Seide / Aluminium / **Papier** / Baumwolle / Stahl / Holz / Bernstein / Siegellack / Hartgummi / Nickel, Kupfer / Messing, Zink, Silber / Gold, Platin / Schwefel / Azetatseide / Polyester / Polyurethan / Polystyren / **Polyethylen** / Polypropylen / **PVC** / Latex / Silizium / Teflon: Negatives Ende

Unsere Plastikfolie (aus Polyethylen) und das Installationsrohr (aus PVC) stehen in dieser Reihe rechts vom Papier. Das Rohr und die Folie nehmen also gern Elektronen auf, das Küchenpapier gibt lieber welche ab. Reiben wir das Küchenpapier an der Folie und am Stab, gehen Elektronen vom Papier auf Stab und Folie über. Beide werden negativ aufgeladen. Wunderbar, so sollte es sein! Denn zwei gleiche Ladungen stoßen sich ab. Deshalb können wir mit dem negativ geladenen Stab die negativ geladene Folie in der Luft halten.

Damit das Experiment funktioniert, muss noch eine andere Kleinigkeit gegeben sein. Das aufzuladende Material darf nicht leitfähig sein. Moment mal! Ist das nicht ein Widerspruch? Aufgeladen werden und keinen Strom leiten können? Überhaupt nicht!

Beim Reiben gehen Elektronen vom Küchenpapier auf den Stab über. Weil der Stab nicht leitfähig ist, bleiben die Elektronen komplett an der Oberfläche und können da erst einmal nicht weg. Wäre der Stab elektrisch leitfähig, würde das Experiment scheitern: Durch das Reiben sind ja nun eigentlich zu viele Elektronen auf den Stab gewandert. Diese Elektronen stoßen sich gegenseitig ab. Sie wollen sich so weit wie möglich voneinander entfernen – am besten also vom Stab abfließen. Das gelingt ihnen nicht, weil der Stab eben *nicht* leitet.

Die Elektronen bleiben also gezwungenermaßen an ihrem Platz, bis der Stab mit etwas Leitfähigem in Kontakt kommt, zum Beispiel Ihrer Hand. Da Ihr Körper zu mindestens zwei Dritteln aus Wasser besteht und eine Menge Salze enthält, sind Sie ein ganz passabler elektrischer Leiter. Außerdem sind Sie in der Regel elektrisch neutral. Vom menschlichen Körper fließen überschüssige Ladungen einfach in die Erde ab – es sei denn, Sie tragen Gummistiefel oder Schuhe mit Sohlen, die nicht leiten. Dann bekommen Sie ab und an einen kleinen Stromschlag an Türklinken oder beim Öffnen Ihrer Autotür.

Zurück zum Zauberstab: Reiben Sie nun also mit Ihrer Hand am aufgeladenen Stab entlang, ergreifen die Elektronen gerne die Gelegenheit, sich vom Stab zu verkrümeln. Deshalb fassen Sie den Stab besser nur unten an, wo Sie ihn nicht gerieben haben. Noch besser: am Astgriff!

Das Küchenpapier ist nur sehr schwach leitfähig. Ein bisschen aber leitet es schon – glücklicherweise, denn unbemerkt holt es sich beim Reiben permanent einen kleinen Nachschub an Elektronen aus unserem leitfähigen Körper und gibt ihn an den Stab weiter. Wenn Küchenpapier gar nicht leiten würde, könnten wir irgendwann den Stab nicht mehr damit aufladen, egal, wie kräftig wir reiben.

Der unberechenbare Ballon

Wieso kommt es nun bei der Variante mit dem aufgeladenen Ballon manchmal zu einer Überraschung? Ganz ehrlich: Ich weiß es nicht! Das eint mich mit mehreren Experten auf dem Gebiet der Elektrostatik von Kunststoffen, mit denen ich gesprochen habe. Ich fand schließlich einen aufschlussreichen Artikel, der sich ausschließlich damit befasste, Ordnung in die Triboelektrische Reihe zu bringen. Dem Autor zufolge gibt es viele sich widersprechende Reihen, die zudem nicht immer reproduzierbar sind.

Ein Beispiel: In einem Versuch wurden Teflonkugeln eine Minute lang in einer Schale aus Polypropylen gerollt. Wie zu erwarten, luden sich die Teflonkugeln negativ auf und das Polypropylen wurde positiv. Als die Kugeln aber noch länger gerollt wurden, kehrte sich die Ladung um! Das steht im krassen Widerspruch zur Triboelektrischen Reihe. Passiert ist es trotzdem.

Was lernen wir daraus? Das merkwürdige Verhalten des Latexballons reiht sich ein in die widersprüchlichen Phänomene der Elektrostatik. Und mit unserem Wissen um den Ballon sind wir absolut auf dem aktuellen Stand der Wissenschaft! Trotzdem: Wenn Sie, liebe Leserin, lieber Leser, eine Idee haben, warum der Ballon sich mal positiv und mal negativ auflädt, melden Sie sich bitte bei uns. Nicht nur wir, sondern die ganze Wissenschaftscommunity wird Ihnen dankbar sein.

Die Kür:
Das Luftballon-Ballett

Bei allem Lamentieren über die Probleme der Elektrostatik sollten wir das Experimentieren nicht vergessen. Hier noch ein überraschendes Experiment!

Sie brauchen:

- zwei Luftballons
- ein Blatt Küchenpapier
- 2 Meter Garn
- Klebefilm
- ein Feuerzeug

Blasen Sie beide Ballons auf. Knoten Sie die Ballons an die beiden Enden des Fadens. Kleben Sie den Mittelpunkt des Fadens an die Decke, sodass die Ballons auf gleicher Höhe herunterhängen und sich berühren. Reiben Sie mit dem Küchenpapier möglichst großflächig über beide Ballons und laden Sie sie damit auf. Nun sollten die von der Decke hängenden Ballons sich voneinander abstoßen. Zünden Sie ein Feuerzeug an und halten Sie es ca. einen halben Meter unter den Zwischenraum zwischen den Ballons. Nach kurzer Zeit nähern sich die Ballons wieder einander an und berühren sich.

Was steckt dahinter?

In der Flamme des Feuerzeugs entstehen Temperaturen von bis zu 1400°C. Bei so hohen Temperaturen sind die an der Flamme beteiligten Stoffe (unter anderem Wachs, Sauerstoff, Kohlendioxid und Wasserdampf) nicht nur gasförmig, sondern nehmen den Zustand des Plasmas an.

In einem Plasma bewegen sich Moleküle und Atome schnell – so schnell, dass sich Elektronen aus ihren Atomen bzw. Molekülen lösen. Zurück bleiben Rest-Atome und Rest-Moleküle, Ionen genannt. Die Ionen sind geladen, und zwar meistens positiv, da ihnen ja mindestens ein Elektron fehlt.

Kommt nun das Plasma der Feuerzeugflamme in die Nähe des elektrischen Feldes, das wir zwischen den Ballons erzeugt haben, marschieren die positiv geladenen Ionen in Richtung der negativ geladenen Ballons. Hier neutralisieren sie die negative Ballonhaut. Die Ballons sind wieder neutral und treiben langsam aufeinander zu, bis sie sich erneut berühren.

Der Käse-Lift

Das Tolle am Physikantenberuf ist, dass man mit Essen spielen darf. Eine Wanne Wackelpudding zum Drüberlaufen, Eis aus Schweineblut, Colapudding aus Superabsorber – all so was. Die Physikantenkinder durften nicht mit Essen spielen. Bis sie auf die Idee kamen, Alkohol zu machen.

»Warum dürfen Kinder kein Bier trinken?«, fragt Lucie beim Abendbrot.

Da ist Alkohol drin, erklärt Marcus, davon werden Kinder krank.

»Ich mag aber Bier!«, sagt Lucie.

Das stimmt. Neulich durfte sie den Schaum probieren. Fand sie lecker – wir zogen das Glas erschrocken wieder weg.

Heute hat Lucie Besuch von Sam, ihrem Freund aus der Nachbarschaft. Er darf zum Abendessen bleiben. Sam ist ein Kind, das die Eltern gern als »sehr aufgeweckt« beschreiben. Andere sagen, er kommt kaum zur Ruhe. Nun sitzt er am Großfamilientisch und friemelt mit fettigen Fingern eine Scheibe Scheiblettenkäse aus der dünnen Folie, in die sie verpackt ist. Dieser Käse, fiesestes Schmelzkäsezeug, ist der Renner bei den Kindern. Wenn sie ihr Brot gegessen haben, dürfen sie eine Scheibe Käse pur essen. »Eine Scheibe *nur*«, nennen sie das.

Heute legt Sam die Scheibe auf sein Brettchen und schneidet sie in kleine Quadrate, wie Schachfelder. Dann in noch kleinere Quadrate und noch kleiner, bis sie so klein sind, dass sie am Brettchen verschmieren. »Alkohol!«, ruft er. »Ich mache Alkohol!« Mit dem Messer schabt er etwas Scheiblettenkäseschmiere ab. »Ich *esse* Alkohol!«

Ein Riesenerfolg. »Ich auch! Ich auch!«, schreit Lucie und greift nach dem Scheiblettenkäse. Innerhalb von Minuten sind beide Brettchen voll von schmierig gelbem »Alkohol«. Immer, wenn sich die Vierecke wirklich nicht kleiner schneiden lassen, ruft Sam: »Und jetzt essen wir den Alkohol!«

Marcus weiß, was von ihm erwartet wird. »Oh nein!«, ruft er brav. »Alkohol ist nichts für Kinder!«

Worauf Sam das Messer mit dem Käse triumphierend in den Mund schiebt.

So geht es seitdem Abend für Abend. Alkohol. Auch ohne Sam.

»Nein, Alkohol ist nichts für Kinder!«, rufen wir pflichtbewusst.

»Doch!«, schreit Lucie, und dann wird der Schmelzkäse triumphierend vom Brettchen gekratzt und gegessen.

Eines Abends scheint sich der Scheibenkäse in Marcus' Kopf irgendwie zu etwas Neuem zusammenzufügen. Er wickelt eine Scheibe Scheiblettenkäse aus, dann eine zweite.

»Papa nimmt sich *zwei* Scheiben *nur*!«, schreit Lucie. »Ich will auch zwei!«

Marcus nimmt sogar acht. Acht Scheiben Käse packt er aus und legt sie auf einem großen Schneidbrett aneinander. Ein Feld aus gelbem Käse.

»Papa, machst du auch Alkohol? Ganz viel?«, fragt Lucie begeistert.

Aber Papa macht keinen Alkohol. Er macht eine viel größere Sauerei. In die Mitte der Scheibenkäseplatte knüllt er ein Stück Zeitung. Dann zündet er die Zeitung an und stülpt schnell einen Topfdeckel darüber. Die Flammen ersticken, es stinkt nach verkohltem Scheiblettenkäse.

»Lecker«, sage ich.

Mein Mann strahlt. »Zieh mal den Deckel ab!«

Ich ziehe mit wenig Elan. Der Deckel geht nicht ab. Ich ziehe kräftiger, dann mit aller Kraft. Ich will keine Topfdeckel in Scheibenkäse. Keine Chance: Der Deckel bleibt, wo er ist, sehr zur Freude meines Mannes.

»Ist das nicht cool? Daran kann man bestimmt einen Menschen hochziehen, so fest sitzt das! Wer will sich dranhängen?«

»Ich, ich!«, schreien die Kinder, und einer nach dem anderen darf sich am Brettchen festhalten, während Marcus den Topfdeckel nach oben zieht.

Ich räume dann schon mal den Tisch ab. Und streiche Scheiblettenkäse von der Einkaufsliste auf der Küchentheke.

Experiment: Das Topfdeckel-Vakuum

Sie brauchen:

- eine Packung Scheibenkäse
- einen Topfdeckel, am besten ohne Loch und am Rand flach. Manche haben ein Loch, durch das Dampf entweichen soll. Mit denen geht es auch, wenn man das Loch mit Klebeband zuklebt.
- etwas Papier (z. B. Zeitung)
- ein Stück Pappe
- ein Feuerzeug oder Streichhölzer
- Aluminiumfolie
- ein Kunststoff-Schneidbrett oder eine andere glatte Oberfläche (z. B. eine Tortenplatte)

So geht's:

Schneiden Sie die Käsescheiben in Hälften. Legen Sie sie auf dem Schneidbrett in einem Kreis aus, sodass sie leicht überlappen. Der Käse-Kreis muss so groß sein, dass der Deckel daraufpasst und der Käse später als Dichtung dienen kann. Es darf also etwas Käse am Rand hervorgucken.

Schneiden Sie ein Stück Pappe aus, das etwa in den Käse-Kreis hineinpasst. Die Pappe soll das Schneidbrett vor der Hitze des Feuers schützen. Dann legen Sie ein Stück Aluminiumfolie darüber, ebenfalls als Schutz vor dem Feuer. Knicken Sie die Kanten der Folie nach oben.

Zerknüllen Sie eine Seite Zeitungspapier und legen Sie sie auf die Folie. Zünden Sie das Papier an und warten Sie, bis es richtig brennt. Dann decken Sie Ihr Feuer beherzt mit dem Deckel ab und ersticken es. Drücken Sie den Deckel kräftig auf den Käse! Nur so hält er wirklich dicht. Ein paar Sekunden warten, dann können Sie loslassen. Der Deckel hält auf der Platte fest, und Sie werden es, vor allem wenn er abgekühlt ist, nicht mehr schaffen, ihn zu lösen, ohne den Griff abzureißen.

Was steckt dahinter?

Wie so oft: Der Luftdruck ist schuld. Der Topfdeckel schneidet dem brennenden Papier die Sauerstoffzufuhr ab. Unter dem Deckel kühlen die heißen Verbrennungsgase ab. Dabei verringern sie ihr Volumen. Daher sinkt der Druck unter dem Topfdeckel.

In meinen Versuchen habe ich ein Druckmessgerät an den Topfdeckel geschraubt (zum Kochen nehmen wir den jetzt nicht mehr). Wir konnten messen, dass der Druck um bis zu ein Drittel sinkt, also von ca. 1000 Millibar Umgebungsdruck auf bis zu 700–800. Von oben drückt weiter der normale Luftdruck auf den Deckel. Deshalb kann man ihn nicht mehr abheben.

So viel Kraft hat die normale Luft?

Um die Kraft abzuschätzen, mit der die Luft den Topfdeckel anpresst, muss man sich klarmachen, was Druck eigentlich bedeutet: Kraft pro Fläche. In diesem Fall die Gewichtskraft, mit der die Luft auf die Erde drückt.

Bei uns drückt die Luft mit einer Kraft von 10 Tonnen auf jeden Quadratmeter Boden. Das entspricht 1000 Millibar, abgekürzt mbar – etwa dem Gewicht von sieben normalen Autos!

Wenn der Druck um 200 mbar sinkt, bedeutet das zwei Tonnen Gewichtskraft weniger auf einen Quadratmeter. Ein Topfdeckel ist natürlich keinen Quadratmeter groß, deshalb ist die Kraft, die auf ihn wirkt, etwas kleiner, aber immer noch groß genug: Ein normaler Topfdeckel mit 26 cm Durchmesser hat eine Fläche von etwa einem Zwanzigstel Quadratmeter. Das heißt, die Kraft, die auf den Topfdeckel wirkt, ist ein Zwanzigstel von zwei Tonnen: 100 kg! Mit der Kraft von 100 kg wird der Deckel auf die Unterlage gepresst. Wer ihn abziehen möchte, muss also quasi 100 kg aufheben.

Das würde theoretisch einen weiteren Versuch ermöglichen: Wenn Sie den Deckel mit Käserand und Feuer an Ihre Zimmerdecke drücken würden, könnten Sie sich daran hängen, vorausgesetzt, der Deckel ist sehr stabil und sie haben vorher nicht den Käse vom letzten Versuch aufgegessen. Ansonsten funktioniert es ganz sicher mit einem größeren Deckel!

Ein ähnliches Experiment haben wir in der ARD-Fernsehsendung »Wer weiß denn sowas XXL« vorgeführt: Wir haben Käse auf einen Topfdeckel gelegt, darauf ein Stück Zeitung verbrannt und einen zweiten Deckel darauf gepresst. Mit einem Tragegurt und einer Aufhängung an der Studiodecke war es möglich, Elton dank der Kraft der Käsedeckel in die Luft zu heben und dort schweben zu lassen.

Hier hat sich auch gezeigt, wie wichtig es ist, dass man den Deckel wirklich gerade und komplett in den Käse drückt: Beim ersten Versuch lagen die Deckel nicht genau aufeinander. Die Vorrichtung hing ein wenig schief. Elton fiel herunter und der Käse auf ihn. Beim zweiten Mal hat dann aber alles geklappt – und ein Fernsehkoch, der in der Sendung zu Gast war, lobte sogar noch den leckeren Scheibenkäse!

Nun aber das Wichtigste! Wenn Sie den Deckel wieder entfernen wollen, wovon ich ausgehe, können Sie gleich mehrere Methoden nutzen: Sie können warten, bis der Käse vergammelt ist und Luft von außen unter den Topf dringt. Ein bisschen schneller geht es, wenn man den Deckel beispielsweise mit einem Lötbrenner erhitzt und so den Luftdruck unter dem Deckel wieder ansteigen lässt. Die Praktiker werden sicher den Gebrauch eines Messers vorziehen, damit den Deckelrand ein klein wenig anlupfen – und pfffff...

Gott würfelt nicht – bittere Niederlagen am Spieltisch

»Fußball ist ein einfaches Spiel: 22 Männer jagen 90 Minuten lang einem Ball nach, und am Ende gewinnen die Deutschen«, hat der englische Fußballer Gary Lineker gesagt.

Memory ist auch ein einfaches Spiel: Drei Kinder decken Karten auf und am Ende gewinnt Julia. Immer. Sie gewinnt tatsächlich jedes Mal, und im Unterschied zum englischen Fußballprofi kann die kleine Schwester das nicht gelassen hinnehmen. »Das ist unfair!«, beschwert Lucie sich. »Warum gewinne ich nie?«

Nun ist es grundsätzlich nicht leicht, das kleinste von drei Geschwistern zu sein. Wo immer man hingeht – die anderen waren schon da. Lucies Ziel ist es deshalb, den Memory-Fluch zu brechen. Der mütterliche Trostversuch (»Deine Schwester ist doch auch viel älter als du«) läuft ins Leere. »Du bist noch älter und kannst es noch schlechter«, kontert Lucie. Auch wahr.

Überraschend kommt ihr eine Freundin zu Hilfe: Sie recherchiert für eine Radiosendung zum Thema »Das Gehirn« und nimmt die Kinder mit zu einer Hirnforscherin. Dort können sie alle Fragen stellen, die ihnen einfallen. Neben Fragen wie »Warum ist Vokabeln lernen so langweilig?« kann Lucie auch ihre wichtigste Frage stellen: »Wie kann ich endlich meine große Schwester im Memory besiegen?«

Eine Lerndiagnose später ist klar: leider gar nicht. Die große Schwester ist stark im visuellen Lernen und merkt sich, was sie sieht. Die kleine Schwester ist stark im auditiven Lernen. Sie merkt sich, was sie hört – und Memorykarten hört man nicht.

Die Hirnforscherin hat einen Tipp: »Du musst dir laut vorsprechen, was du aufdeckst.«

Ab jetzt klingt Memory, aus der Küche gehört, wie eine wirre Deutsch-Lern-CD: »Der Apfel mit Wurm«, hört man Lucie leiern, »der Apfelbaum – der Apfel ohne Wurm – der Apfel mit Wurm.«

»Das nervt!«, motzt Maximilian.

»Ich soll das aber! Der Apfel mit Wurm ... der Birnbaum.«

»Ich soll das auch«, ätzt Maximilian. »Ich nehme die quadratische Karte oben links ... ich nehme die quadratische Karte von unten in der dritten Reihe in der Mitte ...«

»Mamaaa, die ärgern mich!!!«

Wir schwenken um auf Würfelspiele. Bei Malefiz sollten Groß und Klein ähnliche Chancen haben. Wenn man es nach den Regeln spielen würde.

»Das ist langweilig«, verkündet Maximilian schon nach einer Runde. »Lasst uns neue Regeln ausdenken. Die Spielregeln sind für uns da und nicht wir für die Spielregeln.«

Diese Philosophie sorgt für Konflikte, wenn man einen Physiker in der Familie hat. »Regeln sind doch Regeln«, protestiert Marcus, »so wie Naturgesetze. Und die ändert man auch nicht!«

Aber wie so oft im Leben siegt das Chaos, und das Malefizspiel wird durch ein paar kreative Regeln ergänzt. So darf jeder mit einem »Anführer« spielen, einem Nilpferd oder einem Erdmännchen aus dem Überraschungsei. Diese großen Figuren haben mehr Rechte als die kleinen Männchen, dürfen weiter setzen und sind deshalb oft zuerst im Ziel.

Zwei Tage lang geht alles gut. Das Malefizbrett läuft heiß, mal gewinnt das Nilpferd, mal das Erdmännchen, die kleinen Männchen nie. Bis eines Abends Lucies Nilpferd einen Schritt vor dem Ziel steht, direkt gegenüber von Julias Affen. Wer die nächste 1 würfelt, gewinnt.

Julia nimmt den Würfel in die Faust und drückt sie gegen die Lippen. »Eine Eins, eine Eins, eine Eins«, flüstert sie. Sie würfelt – eine Zwei.

Lucie nimmt die Würfel. Der erste Sieg über die große Schwester ist zum Greifen nahe! Sie faltet die Hände. »Lieber Gott, bitte mach, dass ich eine Eins kriege.« Sie nimmt den Würfel, schüttelt die Hand und wirft. Eins!

»Jaaaa!« Der Jubelschrei ist umwerfend.

Noch lauter allerdings schreit Julia: »Ey! Wir spielen ohne Beten!!«

Experiment: Wahrscheinlichkeiten von Schnick, Schnack, Schnuck bis Backgammon

Hier erfahren Sie endlich, wie Sie gegen Ihre Kinder gewinnen!

Sie brauchen:
- 4 Würfel
- Krepp-Klebeband
- einen Filzstift

So geht's:
Basteln Sie sich 4 individuelle Würfel mit ganz besonderen Zahlen. Dazu bekleben Sie die Flächen der normalen Würfel mit dem Kreppband und malen neue Zahlen darauf, und zwar so:

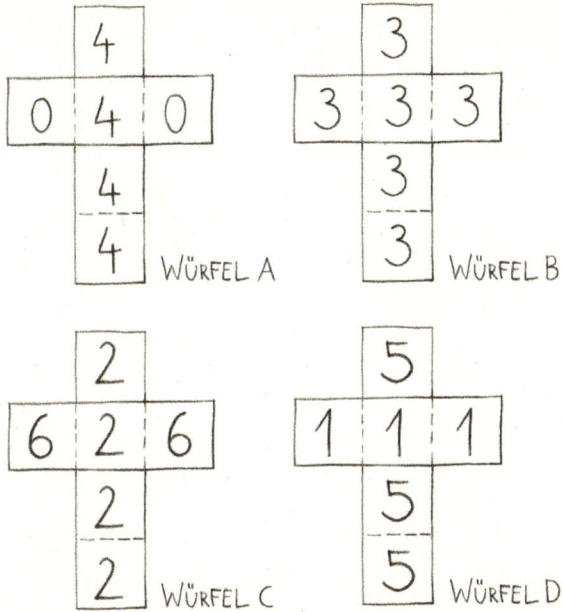

Nun würfeln Sie immer mit zwei Würfeln. Wer die höchste Zahl hat, gewinnt. Lassen Sie zuerst Würfel A gegen Würfel B antreten. Er wird, wenn Sie häufiger würfeln, in etwa zwei Dritteln der Fälle gegen Würfel B gewinnen.

Lassen Sie nun Würfel B gegen Würfel C antreten. B schlägt C, genauso wie Würfel C Würfel D besiegt.

Würfel A sollte damit nun eigentlich der allerstärkste Würfel sein, oder? Aber mitnichten! Würfel D schlägt Würfel A. Es gibt also zu jedem Würfel einen anderen, der ihn besiegt!

Wenn Sie gern gewinnen, können Sie sich diese Tatsache zunutze machen: Lassen Sie irgendjemanden einen der vier Würfel wählen und suchen Sie sich den passenden Siegerwürfel. Ich habe es ausgerechnet: Wenn Sie 20-mal gegeneinander würfeln, liegt das Risiko, dass Sie verlieren, nur bei etwas mehr als 6 Prozent.

Was steckt dahinter?

Um herauszufinden, mit welcher Wahrscheinlichkeit ein Würfel gegen einen anderen gewinnt, müssen wir abzählen, welche möglichen Würfelergebnisse es geben kann. Bei zwei Würfeln gibt es sechs mal sechs Möglichkeiten.

Nehmen wir zum Beispiel den Wettkampf von Würfel C gegen Würfel D: Hier gewinnt C immer, wenn eine 6 fällt. Würfel D hat ja keine 6. Wenn C eine 6 würfelt, ist es also egal, welche seiner Zahlen Würfel D anzeigt – verloren hat er trotzdem. Und Würfel C hat ja sogar zwei Sechsen! Das sind zusammen zwölf Ergebnisse, bei denen C immer gewinnt.

Neben den beiden Sechsen hat Würfel C noch vier Zweien. Mit denen gewinnt er nur, wenn Würfel D eine Eins zeigt. Das ist in drei Fällen so, denn drei Einsen sind auf Würfel D. Mit seinen vier Zweien gewinnt C also in insgesamt zwölf Fällen (vier mal drei).

Alles zusammen macht das 24 Siege für Würfel C – bei 36 möglichen Fällen. Würfel C siegt also mit einer Wahrscheinlichkeit von zwei Dritteln oder 66,7 %. Man sieht das gut in dieser Tabelle:

Wenn Sie die Zahlen der anderen Würfel-Paarungen auf die gleiche Art und Weise miteinander vergleichen, werden Sie auch da auf die gleichen Wahrscheinlichkeiten kommen.

Schnick, Schnack, Schnuck

Was können wir von diesen speziellen Würfeln lernen, die der berühmte amerikanische Statistiker Bradley Efron erfunden hat? Sie sind *intransitiv*. Das bedeutet: Obwohl Würfel A Würfel B schlägt, Würfel B Würfel C und so weiter, bedeutet das *nicht*, dass Würfel A auch Würfel D schlägt. Bei den meisten offensichtlichen Sachverhalten ist das anders. Sie sind *transitiv*: Wenn Julia größer ist als Maximilian und Maximilian größer als Lucie, dann ist Julia auf jeden Fall auch größer als Lucie.

Ein Beispiel für ein intransitives Verhältnis ist das bei uns zu Hause sehr beliebte Spiel »Schick, Schnack, Schnuck« oder »Stein, Schere, Papier«: Jeder von drei Gegenständen besiegt jeweils einen anderen und wird vom dritten geschlagen. Das perfekte Spiel, um schnell und einfach zu klären, wer den Biomüll hinausbringt. Wir lieben das Spiel besonders, weil Lucie als sehr kleines Kind kurzzeitig Schwierigkeiten mit den Lauten »Sch« und »K« hatte. Bei der Frage, wer sie ins Bett bringen sollte, schlug sie zuckersüß vor: »Spielt doch Snit, Snat, Snut.«

Ein Spaß für Größere ist die Freestyle-Version: Jeder denkt sich etwas aus, was er darstellt, und dann schaut man, was stärker ist. So lassen sich die Kinder sehr schöne Gesten für Krokodile, Ritter und Pistolen einfallen. Die Stellungen der Arme und Hände für »Atombombe« und »Urknall« lassen sich allerdings nicht mehr so leicht unterscheiden. Und spätestens mit dem Urknall geht, wie wir herausgefunden haben, auch der intransitive Charakter des Spiels verloren.

Mensch ärgere dich nicht

Spielt man »Mensch ärgere dich nicht«, muss man dauernd bangen, rausgeworfen zu werden. Gibt es einen Trick, der hilft, mit geringerer Wahrscheinlichkeit abgezischt zu werden? Leider nein. Der einzige Kniff ist wohl der offensichtliche: Stellen Sie sich nicht vor andere Figuren.

Immerhin können wir ausrechnen, wie lange es im Schnitt dauert, innerhalb von drei Würfen eine Sechs zu bekommen, um auf das Startfeld ziehen zu dürfen. Haben wir nur einen Wurf, beträgt die Wahrscheinlichkeit genau 1/6, denn eine von sechs Zahlen auf dem Würfel ist eine Sechs. Bei drei Würfen hintereinander bleibt die Wahrscheinlichkeit leider genauso niedrig. Denn jeder Wurf ist unabhängig von den anderen – es ist ja bei jedem Wurf wieder nur eine Sechs auf dem Würfel. Das bedeutet leider, dass Sie selbst nach 20 vergeblichen Versuchen immer noch eine Wahrscheinlichkeit von nur 1/6 haben, ihre Figur aus dem Haus zu bewegen.

Wir müssen also anders rechnen: Mit welcher Wahrscheinlichkeit würfeln wir dreimal hintereinander *nicht* die Sechs? Ganz einfach: Bei einem Wurf würfeln wir mit einer Wahrscheinlichkeit von 5/6 keine Sechs. Bei zwei Würfen ist die Wahrscheinlichkeit 5/6 mal 5/6 und bei drei Würfen schließlich 5/6 mal 5/6 mal 5/6. Das ergibt 125/216 beziehungsweise 57,9 %. Das bedeutet: Sie werfen mit 57,9%iger Wahrscheinlichkeit dreimal hintereinander *keine* Sechs. Oder andersherum: Nur in 42,1% der Fälle schaffen Sie mit drei Würfen mindestens eine Sechs. Fühlen Sie sich also nicht ungerecht behandelt, wenn Sie als Einziger noch keine Figur aufs Feld gebracht haben.

Backgammon

Während uns also bei »Mensch ärgere dich nicht« die Wahrscheinlichkeitsrechnung höchstens ein bisschen beruhigt, kann sie beim Backgammon wirklich helfen. Wer das Spiel nicht kennt, dem sei kurz erklärt, dass es mit zwei Würfeln gespielt wird. Zwei Spieler versuchen, ihre eigenen Spielsteine in entgegengesetzter Richtung ins Ziel zu bringen. Einzeln stehende Spielsteine dürfen hinausgeworfen werden. Da bei diesem Spiel zwei Würfel zum Einsatz kommen, von denen entweder die einzelnen Würfel oder deren Summe zählen, sind nicht mehr alle Ergebnisse gleich wahrscheinlich!

Schauen wir zuerst, wie wahrscheinlich eine bestimmte Summe beider Würfel ist. Eine Zwei können Sie nur mit einer einzigen Kombination erreichen, nämlich wenn Sie zwei Einsen werfen. Die Wahrscheinlichkeit dafür beträgt 1/6 mal 1/6, also 1/36 oder 2,78%.

Eine Sieben hingegen können Sie mit mehreren Paaren erreichen: 1 und 6, 2 und 5, 3 und 4, 4 und 3, 5 und 2, 6 und 1. Es gibt also 6 von 36 Möglichkeiten, bei denen die Summe sieben lautet. In Wahrscheinlichkeiten ausgedrückt sind das 6/36 oder 16,67%. Bis hierhin würde man sagen: Wenn ich mich entscheiden kann, wohin ich meinen Spielstein stelle, nehme ich lieber ein Feld, das mein Gegner mit einer Zwei erreichen kann als mit einer Sieben.

Die Lage wird beim Backgammon aber dadurch verkompliziert, dass die Augenzahlen der beiden Würfel auch einzeln gesetzt werden dürfen. Damit steigt die Wahrscheinlichkeit für die Zahlen von eins bis sechs deutlich.

Wie groß ist beispielsweise mein Risiko, von meinem Gegner mit einer Drei hinausgeworfen zu werden? Der Gegner kann dafür mindestens eine 3 werfen oder eines der Paare 1 und 2, 2 und 1. Ob man eine Drei wirft, berechnen wir genauso wie die Sechs bei »Mensch ärgere dich nicht«: Die Wahrscheinlichkeit, mit zwei Würfeln mindestens eine Drei zu werfen, beträgt 30,56%. Dazu kommt die Wahrscheinlichkeit, dass Ihr Gegner eines der beiden Paare aus 1 und 2 wirft – 5,56%. Addiert beträgt also die Gefahr, dass ein drei Felder entfernter Stein uns schlägt, 36,12%.

Wenn man das für alle möglichen Zahlen durchrechnet, kommt man zu folgendem Ergebnis: Der tödlichste Abstand zum Gegner beträgt sechs Felder. Hier ist Ihr Stein mit einer Wahrscheinlichkeit von 44,45% dem Rauswurf geweiht. Stellen Sie Ihre Steine also lieber weiter als sechs Felder vom Gegner entfernt ab – je weiter, desto besser. Ist das nicht möglich, sollten Sie sie so nah, wie es geht, vor den Gegner stellen. Hier lässt sich die Gefahr mit 30,56% gerade noch ertragen.

Außerdem kommt es ja noch darauf an, *von wem* man rausgeschmissen wird. Gerade für Paare ist es nicht leicht, konfliktfrei miteinander zu spielen. Ein Bekannter erzählt gern die Geschichte, wie seine Ehe beim Scrabble in die Brüche ging. Und ein hinreißendes Paar, das uns sehr am Herzen liegt und seit Jahrzehnten verheiratet ist, spielt seit der Hochzeitsreise nicht mehr miteinander. Er hatte sich geweigert, ihr den allerersten Sieg im Schach zuzugestehen, weil sie vergessen hatte, »Schach« zu sagen.

Ganz so schlimm ist es bei uns nicht. Backgammon allerdings spielt Judith nicht gern mit mir. Sie behauptet, ich würde immer mehr Päsche würfeln als sie. Rechnerisch ist das natürlich Unfug, was meine Frau aber nicht gelten lässt. »Wenn die Zahl der Päsche kompletter Zufall ist, kann es ja sein, dass du einfach immer zufällig mehr Päsche würfelst«, argumentiert sie. Dagegen lässt sich schwer etwas einwenden. Kurze Zeit führten wir eine Pasch-Strichliste, waren dafür aber auf Dauer zu faul. Ein guter Freund, promovierter Statistiker, half mir schließlich, den finalen Beweis zu führen: Er schuf eine Formel, mit der man berechnen kann, wie hoch die Wahrscheinlichkeit ist, dass ich wirklich doppelt so viele Päsche würfele wie Judith. Das Ergebnis überrascht nicht: Es ist statistisch nahezu unmöglich, dass ich ein vom Glück verfolgter Gustav Gans des Backgammon bin. Die Chancen, Päsche zu würfeln, ist für beide Spieler gleich.

Im Alltag hilft uns das nicht. Bei jedem Pasch ruft Judith: »Siehst du!« Wir spielen deshalb lieber Karten.

Memory

Lassen Sie uns nun zum Schluss endlich das Spiel betrachten, bei dem es angeblich nur aufs Gedächtnis ankommt: Memory. Zunächst einmal scheint es gar nichts mit Wahrscheinlichkeitsrechnung zu tun zu haben. Aber weit gefehlt! Jedes Mal, wenn Sie eine Karte aufdecken, gibt es eine gewisse Wahrscheinlichkeit, dass Sie oder Ihr Gegner deren Zwilling schon gesehen haben.

Sie decken ja pro Zug zwei Karten auf. Kommt Ihnen die erste bekannt vor? Super, dann decken Sie den zugehörigen Zwilling auf, und Sie haben Ihr Paar. Kommt Ihnen aber erst die zweite Karte bekannt vor? Pech, dann geht das Paar im nächsten Zug wohl an den Gegner – besonders, wenn es sich dabei um Ihr Kind handelt, gegen das Sie sowieso immer verlieren.

Moment: verloren haben! Denn es lässt sich leicht vermeiden, mit der zweiten Karte unverhofft ein Paar zu enttarnen. Decken

Sie von nun an immer zuerst eine Ihnen unbekannte Karte auf. Wenn Sie mit dieser kein Paar finden können, decken Sie als zweite Karte eine auf, die Sie vorher schon einmal umgedreht hatten. Damit vergewissern Sie sich einerseits, welche Motive unter den bereits einmal aufgedeckten Karten schlummern. Andererseits machen Sie Ihrem Gegner keine Geschenke. Probieren Sie es aus, es klappt tatsächlich!

Wenn Sie nun auch noch Gedächtnistricks nutzen und sich Geschichten um die Motive herum ausdenken, die Sie aufdecken, dringen Sie in die Welt der Memory-Turnierspieler vor. Die haben eine ganze Reihe von Tricks auf Lager, wie sie sich die Motive merken.

Als kleine Zugabe verrate ich Ihnen noch meine Lieblingsvariante des Memoryspiels: Klatsch-Memory! Alle Karten liegen verdeckt in einem unordentlichen, breiten Haufen. Der Reihe nach deckt jeder Spieler immer eine Karte auf und lässt sie offen liegen. Irgendwann taucht zwangsläufig eine passende Zwillingskarte auf, und dann heißt es reagieren! Wer mit seiner Hand zuerst die bereits aufgedeckte passende Karte berührt, erhält das Paar. Im Zweifelsfall entscheidet die unterste Hand, wer das Paar bekommt. Wer falsch klatscht, muss ein Paar wieder zurück auf den Haufen werfen.

Alles klar? Dann viel Spaß beim einzigen mir bekannten Gesellschaftsspiel, bei dem man blaue Flecke bekommen kann.

Gänsehaut – Styropor und wie man damit fertig wird

Ich stehe in unserer gelben Mülltonne und trampele darin herum. Das Styropor unter meinen Füßen quietscht, als sich die Platten aneinanderreiben. Die Härchen auf meinen Armen richten sich auf, eine Welle von Gänsehaut rollt hinauf bis zu meinen Schultern. Vorsichtig beginne ich zu hüpfen, dann zu springen. Auf und ab! Auf und ab! Die Styroporplatten schaben kreischend an der Wand der Mülltonne entlang. Meine Gänsehaut wird härter. Ich schwanke, als der Müll unter mir ein paar Zentimeter absackt.

Ich starre nach oben, auf die Bäume am Waldrand: Wenn ich das Styropor nicht sehe, ist das Geräusch vielleicht weniger grauenvoll? Es gab ja mal durchsichtige Pepsi, die nicht gekauft wurde, weil die Colatrinker sie ohne Farbe nicht erkannten. Vielleicht funktioniert das auch mit Horrorgeräuschen?

Tut es nicht. Das Quietschen des Styropors zieht mir bis ins Zahnfleisch. Ich beiße die Zähne zusammen. Das muss doch passen! Die gelbe Tonne ist so voll, dass der Deckel offen steht. Geleert wird die Tonne erst in zwei Wochen.

In unserer Stadt bekommt jeder Haushalt eine bestimmte Anzahl Mülltonnen, je nachdem, wie viele Leute in einem Haus wohnen. Wir haben eine große gelbe Tonne für Müll mit dem Grünen Punkt und zwei Restmülltonnen. Was bitte sollen wir da reinschmeißen? Windeln tragen die Kinder nicht mehr, Obst- und Gemüsereste kommen auf den Kompost, und Papier kommt in den Container. Die Restmülltonnen sind immer halb leer. Die gelbe Tonne beschweren wir mit einem Backstein, damit die Obst-Plastikschalen unter dem halb geöffneten Deckel nicht wegwehen. Das klappt, solange wir nicht zu viel Milch trinken oder Joghurt essen – oder, wie jetzt, einen Computer kaufen. Dann kollabiert unser Müllkonzept.

Der Computer kam in einem Karton, so groß wie ein Sarg. Wir mussten ihn darin suchen. Er lag verkantet in großen Styroporplatten, darüber knubbelte sich ein Kubikmeter Knackfolie mit Luftblasen. Alle Ecken und Ritzen waren voll mit »Verpackungschips«, einer Art Erdnussflips aus Styropor.

Die Knackfolie zu entsorgen war einfach: Maximilian und Lucie bekamen je ein langes Küchenmesser. Sie knieten vor dem Karton und schlachteten die Luftpolster hin, mit wütenden Stichen und Hieben. »Das tat gut«, sagte Maximilian schließlich zufrieden. Er richtete sich auf, wischte sich imaginären Schweiß von der Stirn und stach sein Messer lässig in die Seite des Kartons. »Da kann man richtig Dampf ablassen.«

»Wenn ich Aggressionen abbauen will, backe ich«, sagte ich. »Diesen Käsekuchen mit dem Boden aus zerkleinertem Zwieback. Der Zwieback kommt in einen Gefrierbeutel, dann drischt man mit dem Nudelholz darauf, bis er zerbröselt ist.«

»Den Kuchen essen wir ja ziemlich häufig«, sagte Maximilian.

»Heute backe ich nicht«, sagte ich, »heute zerquetsche ich das Styropor in der Mülltonne. Das baut auch Aggressionen ab.«

Leider ist das Gegenteil der Fall. Ich presse, drücke und trommele auf die oberen Schichten. Das Styropor bewegt sich nicht. Ich wippe und hüpfe, das Styropor kreischt. »Krach ein! Krach ein«, skandiere ich in Gedanken im Takt meines Hüpfens. Habe ich das laut gesagt?

Als ich aufschaue, lehnt Marcus im Türrahmen, die Kinder hinter ihm. »Alles gut bei dir?«

Maximilian bietet an: »Wir hätten dir Knackfolie übrig lassen können zum Schlachten.«

»Die Folie konnten wir falten und wegwerfen«, nörgele ich. »Aber das Styropor kriege ich nicht klein!« Demonstrativ hopse ich ein paarmal auf und ab.

Marcus guckt nachdenklich. »Dabei besteht Styropor doch hauptsächlich aus Luft.«

»Ich kann mit dem Messer reinstechen.« Lucie schaut unternehmungslustig. Schon bei dem Gedanken kriecht die Gänsehaut meine Arme hoch.

»In der Show lösen wir Styropor mit Aceton auf«, überlegt Marcus. Richtig: Auf der Bühne wird eine Art Schminkkopf aus Styropor aufgebaut, gekauft im Bastelladen. Dann gießt Marcus Aceton darauf, der die Nase wegätzt.

Ich sehe unsere gelbe Tonne vor mir: wie wir einen ganzen Kübel Nagellackentferner hineinschütten, wie es zischt und wie das Styropor, das eben noch stärker war als ich, zusammenschrumpelt und verdampft, bis am Boden der Tonne nur noch einsam und klein unsere Milchpackungen liegen – und wie meine Gänsehaut sich glättet und wir der Müllabfuhr in zwei Wochen lässig zurufen: »Die Tonne müssen Sie nicht abholen, die ist noch nicht voll!«

Möglichst würdevoll steige ich aus unserer Wertstofftonne. Im Haus hat Julia Aceton aus dem Keller geholt. Sie gießt ein wenig in unser Litermaß. Es wird halb voll, ein scharf riechender Drink. Feierlich wirft Julia einen Styroporflip hinein. Die Flüssigkeit brodelt, als würde Wasser kochen – und das Styroporteil ist weg! Verschwunden! Im Aceton wabert ein Klumpen weißlicher Schleim.

»Jetzt ich!« Lucie hat eine ganze Handvoll Styroporchips geholt und streut sie in das Litermaß, alle auf einmal. Zu viel, denke ich, Verstopfung, wie in der Mülltonne! Aber unten im Aceton brodelt es tapfer, oben sackt der Berg Styropor immer weiter ab, bis alle Chips zu Styroporschleim geworden sind.

»Wie viel Styropor schafft denn so ein bisschen Aceton?«, frage ich verwundert.

»Im Prinzip unbegrenzt«, erklärt Marcus, »es löst ja nur die Luft heraus.«

Ein Traum!

»Da! Da! Und da!«, ruft Maximilian im Takt, während er einen Styroporchip nach dem anderen in die tödliche Flüssigkeit schnippt. Es blubbert, es brodelt, es quietscht *nicht*! Der ätzende Cocktail schluckt Chip um Chip. Schließlich ist der Karton leer.

Maximilian springt noch darauf, bis der Karton so platt ist, dass er in den Container passt. »Siehst du, Mama«, sagt er zufrieden, »*so* kann man auch Aggressionen abbauen.«

Experiment: Styropor verschwinden lassen

Ein eleganter »Zaubertrick« oder ein bestialisches Vergnügen, je nachdem, wie Sie es angehen. Außerdem wird hier das Geheimnis der Styropor-Kügelchen gelüftet, die immer überall herumliegen, wenn man etwas aus Styroporplatten auspackt.

Sie brauchen:
- 1 Liter Aceton (gibt es im Baumarkt)
- Styropor (oder Polystyrol-Hartschaum, für die weniger Markenbewussten unter Ihnen), gerne als 40-mm-Platte oder als Perücken-Kopf. Der Hartschaum sollte möglichst grobporig sein.
- ein 1-Liter-Glaskrug
- ein Eimer

- eine große Glas- oder Metallschüssel
- ein Brotmesser oder Styroporschneider
- Handschuhe
- Schutzbrille

Sicherheit

Aceton ist sehr leicht entzündlich und reizt Haut und Schleimhäute. Passen Sie auf, dass keine offenen Flammen in der Nähe sind, und atmen Sie die Dämpfe nicht ein.

So geht's:

Trennen Sie von der Styroporplatte mit dem Messer eine Stange ab. Der Querschnitt sollte 40 x 40 mm oder 50 x 50 mm groß sein – jedenfalls so, dass die Stange sich leicht von oben in den Glaskrug schieben lässt. Je länger die Stange ist, desto besser. Mit Styroporkleber können Sie für einen noch besseren Effekt sogar mehrere Stangen aneinanderkleben.

Füllen Sie den Glaskrug zu etwa drei Vierteln mit Aceton. Falls Sie das Experiment vor Publikum machen: Stellen Sie den Glaskrug in einen Eimer, damit Ihr Publikum ihn nicht sehen kann.

Nun nehmen Sie die Stange und führen sie unter Aufbringung aller magischen Gesten, über die Sie verfügen, in das Aceton hinein. Das Styropor wird sich im Aceton zügig auflösen, und Sie können die ganze Stange in kurzer Zeit im Glaskrug verschwinden lassen. Zurück bleibt eine Schicht aus Kunststoff-Pampe am Boden des Gefäßes.

Auch wenn das Aceton sich ein wenig eingetrübt hat, können Sie es bedenkenlos wieder in das Acetongefäß zurückkippen und noch viele Male für diesen schönen Trick verwenden. Oder Sie benutzen es einfach, um Farbrückstände zu entfernen. Wie langweilig!

Wenn Ihnen nach einem brutal aussehenden Experiment ist, besorgen Sie sich einen Styroporkopf für kleines Geld im Internet oder vielleicht auch auf dem Flohmarkt. Dekorieren Sie den Kopf fröhlich und verpassen Sie ihm eine alte Sonnenbrille. Stellen Sie den Kopf in eine große Schüssel und übergießen Sie ihn langsam mit Aceton. Der Kopf löst sich Schicht für Schicht auf, als würden Sie einen Horrorfilm drehen.

Was steckt dahinter?

Zunächst ein paar Worte zum Thema Styropor. Was wir üblicherweise Styropor nennen, ist ein Markenname des Chemieriesen BASF. Ganz allgemein heißt das Produkt banal Polystyrol-Hartschaum. Polystyrol ist die Basis des Schaums – und der Kunststoff, aus dem auch Joghurtbecher gemacht sind. Die Fertigung sieht interessant aus. Man beginnt mit kleinen Polystyrol-Kügelchen, in die eine geringe Menge Pentan eingebracht wurde. Pentan hat die praktische Eigenschaft, schon bei 36 °C gasförmig zu werden. Wenn die Kügelchen mit Wasserdampf erhitzt werden, wird der Kunststoff weich, das Pentan wird zu Gas und schäumt die Kügelchen auf ein Vielfaches des ursprünglichen Volumens auf. Diese Schaumperlen lässt man dann abkühlen. Dabei wird das Polystyrol wieder fest und das Pentan flüssig. Zurück bleiben viele Hohlräume, in die dann Luft eindringt.

Das Praktische an den so entstandenen Schaumperlen ist, dass man sie anschließend sehr leicht in jede beliebige Formen füllen kann. Die Form wird erneut mit Wasserdampf erhitzt. Die Schaumperlen kleben dadurch zusammen, werden noch ein bisschen größer und nehmen noch mehr Luft auf, sodass der fertige Schaumstoff nach dem Abkühlen bis zu 98 % aus Luft besteht. Jetzt wissen Sie endlich, wo die Kügelchen herkommen, die sich beim Zerbrechen von Schaumplatten lösen. Weniger lästig werden sie dadurch nicht, aber zumindest können Sie dabei ein bisschen klugscheißen...

Was bewirkt das Aceton?

Was passiert nun, wenn Aceton mit dem Kunststoff in Kontakt kommt? Zunächst muss man wissen, dass das Polystyrol aus langen Molekülketten besteht. Die Molekülketten halten einander fest, weil sie an verschiedenen Stellen immer wieder leicht positiv oder negativ geladen sind und sich so gegenseitig anziehen. Dieser Zusammenhalt ist allerdings eher schwach.

Aceton ist ein polares Lösungsmittel, also eines mit unterschiedlichen Ladungen. Ähnlich wie Wasser hat das Acetonmolekül eine V-Form. An der unteren Spitze des »V« liegt ein Sauerstoffatom mit eher negativer Ladung, die beiden oberen Enden des V sind eher positiv geladen. Das Aceton mogelt sich zwischen die Kunststoff-Molekülketten. Dort dockt es an und bricht die Ketten auf. Sie verlieren den Halt untereinander und die Luft aus der Schaumstruktur kann blubbernd entweichen. Das Polystyrol schrumpft auf ein Fünfzigstel seiner ursprünglichen Größe zurück – als schleimige Polystyrol-Aceton-Masse am Boden unseres Gefäßes.

Wenn Sie das Aceton nach dem Versuch abgießen und den Schleim zum Beispiel auf ein Backblech streichen, entweicht nach und nach das restliche Aceton, und Sie erhalten ein schönes Stück Polystyrol-Plastik. Wenn es Ihnen gefällt, können Sie natürlich die Masse auch in Backförmchen gießen und alle möglichen Plastikformen herstellen. Der Fantasie sind keine Grenzen gesetzt! Wer's mag...

Alternativ entsorgen Sie den Rest des Experiments einfach in der gelben Wertstofftonne – es handelt sich ja um gewöhnlichen Kunststoff.

Eines meiner frühesten Chemie-Erlebnisse hatte ich übrigens, als ich mit etwa zehn Jahren versuchte, mit Alleskleber verschiedene Styroporteile zusammenzukleben. Statt aneinanderzuhalten, verschwand zu meinem Entsetzen das Styropor an der Klebestelle. Ich war ehrlich empört, hatte mich der Kleber doch bis dahin nie im Stich gelassen. Heute kenne ich den Grund: Der Kleber enthielt Essigsäureethylester. Das ist, ebenso wie Aceton, ein polares Lösungsmittel und kann auch für das Styropor-Verschwinde-Experiment benutzt werden. Viel Spaß!

King of the Road – Hoverboard und Co.

Wir wohnen in einer Spielstraße. Die Autos schleichen um Bobby Cars herum und um unseren Kater, der sich auf der Straße sonnt. Nur der Paketbote rast, als wäre der Teufel hinter ihm her. Bestimmt ist sein Tacho mit der Firmenzentrale verbunden, und er wird entlassen, wenn seine Durchschnittsgeschwindigkeit unter 60 km/h sinkt.

Ohnehin bedeutet »Spielstraße« nicht, dass langsam gefahren wird: Auf dem E-Bike rast unser Pfarrer mit seinem Hund vorbei, mal zieht er den Hund, mal umgekehrt. Kinderhorden auf Rollern, Gokarts und Rädern kesseln die langsam fahrenden Autos ein, überholen, bremsen sie aus. Allen voran Ingo, zehn Jahre alt, er wohnt zwei Häuser weiter. »Ich bin schneller als du!«, brüllt er ins offene Fenster eines Audi und hält mit seinem BMX-Rad auf den Wendehammer zu. Dort bremst er so hart, dass sein Rad hinten hochkommt. »Willst du ein Rennen?«

Ingo ist der Influencer unter den Kindern in der Straße. Was er hat, wollen alle anderen auch haben. Ingo stellt kleine Videos von sich und seinen Fahrzeugen auf YouTube, »(K)ingo« nennt er sich da. Unsere Kinder schauen sich an, wie Ingo auf seinem BMX-Rad Tricks macht, wie er Inlineskates fährt oder Gokart. Dann fahren sie auch BMX-Rad, Inlineskates oder Gokart.

Wir sehen das entspannt. Wir können fast jeden Fahrzeugwunsch bedienen – mit drei Kindern unterschiedlichen Alters besitzen wir einen Fuhrpark aus Plastik und Alu. Du brauchst ein Waveboard? Kein Problem: in die Garage klettern, Spinnweben abwischen, fertig!

Entsprechend zuversichtlich klingt Maximilian, als er von der Haustür in die Küche ruft: »Mama, kannst du mir ein Hoverboard aus der Garage holen?«

»Ein was?«

»Ein Hoverboard! So ein Skateboard, das von selbst fährt.«

Ich könnte spontan nicht *alles* aufzählen, was in den Tiefen unserer Garage verstaubt, aber ich bin sicher, dass kein selbstfahrendes Skateboard darunter ist.

»Haben wir nicht«, rufe ich über die Schulter.

Entsetztes Schweigen. Dann: »Wir haben kein Hoverboard?«

»Nein.«

»Aber ich brauche das. Ingo hat auch eins.«

»Wir müssen nicht alles haben, was Ingo hat«, antworte ich mit dem Totschlagargument aller hilflosen Mütter. Die Haustür knallt hinter meinem Sohn zu. Ich gucke aus dem Küchenfenster. Auf der Straße wird ein Junge an unserem Haus vorbeitransportiert. Es ist (K)ingo. Er steht auf einem schwarz-grünen Board, das von selbst vorwärtsrollt. Wenn man nur seinen Oberkörper anschaut, sieht es aus, als stünde er auf einem Fließband. Neben ihm fährt Maximilian auf seinem Skateboard und macht ein Gesicht, als wäre es peinlich, mit dem Fuß Schwung zu geben.

Beim Abendessen versucht Maximilian, seinen technikaffinen Vater auf seine Seite zu ziehen.

»Ein Hoverboard ist so cool«, erklärt er. »Wie in deinem alten Film neulich.« Vor zwei Wochen hat Marcus mit den Kindern *Zurück in die Zukunft* angeschaut, Marty McFly mit seinem schwebenden Skateboard.

Marcus horcht auf – allerdings wird draußen vor dem Fenster genau in diesem Moment wieder (K)ingo vorbeitransportiert. »Das Board schwebt ja gar nicht«, wendet Marcus ein.

Maximilian fasst sich an den Kopf. »Logisch schwebt das nicht. Wie denn auch?«

»Och, das geht bestimmt«, kontert sein Vater. »Wenn du rausfindest, wie, bauen wir dir eins, das schwebt.«

Ich trete unter dem Tisch nach ihm. Oberste Erziehungsregel: Immer halten, was man verspricht. Zweite Regel: Gut überlegen, was man verspricht. Mit Regel eins hat Marcus keine Probleme. Legendär ist der Nordseeurlaub, in dem er wie nebenher zu den Kindern sagte: »Ich gebe jedem fünf Euro, der ins Wasser geht und taucht.« Es war Ende März, die Luft hatte 14 Grad, das Wasser weniger. Innerhalb einer Stunde froren Julia und Maximilian im eiskalten Wasser. Lucie lag gerade mit Fieber im Bett und verlangte, auch ins Wasser gelassen zu werden, um Geld zu verdienen. Sie argumentierte zwei Tage lang, bis sie ausgehandelt hatte, zwei Euro fünfzig Vorschuss zu bekommen – und den Rest, wenn sie gesund genug wäre, ins eisige Wasser zu gehen.

Am Morgen nach dem Hoverboard-Gespräch findet Marcus eine Nachricht von Maximilian auf seinem Handy. Sendezeitpunkt: 02:33 Uhr. Text: »Hier.« Angehängt ist ein Link zu einem YouTube-Video. Darin sitzt ein Junge in einer Spielstraße, die unserer gar nicht so unähnlich ist, auf einer runden Sperrholzscheibe, in der von oben ein Laubbläser steckt. Eine Hand kommt ins Bild und stellt den Laubbläser an. Es dröhnt, das Holzbrett wackelt und hebt sich zentimeterweise in die Luft. Die Hand fasst den Jungen an der Schulter und schiebt. Er gleitet über die Straße. Er schwebt.

Ein Wochenende lang verschwinden Vater und Sohn in der Werkstatt. Als sie wieder herauskommen, zerren sie ein schwarz lackiertes Hovercraft hinter sich her. Dann hockt sich Maximilian auf einen roten Klappstuhl in der Mitte. Ein Laubbläser hebt die Platte samt Fahrer an, sie schwebt elegant über der Straße. »Und jetzt der Antrieb!«, ruft Marcus strahlend. Er stellt einen Feuerlöscher zwischen Maximilians Beine, den Schlauch mit der Düse befestigt er hinter ihm an der Bodenplatte. »Und los!«

Unter Zischen und Sprühen schwebt das Hovercraft die Straße hinab. Maximilian grüßt würdevoll die anderen Kinder – beson-

ders Ingo, der auf dem schwarzen Hoverboard hinter ihm her-
rollt und den Daumen nach oben reckt.

 ## Experiment: Das Hovercraft

Treiben Sie ein bisschen mehr Aufwand für dieses Experiment
und Sie werden belohnt! Mit einem Gefährt, um das Ihre Nachbarn Sie beneiden. Wer braucht schon ein SUV?

Sie brauchen:

- eine runde Holzscheibe, 12 mm stark, mit ca. 120 cm
  Durchmesser (selber aus einer Holzplatte sägen oder
  im Baumarkt sägen lassen)
- einen Ring aus Holz, 12 mm stark, mit ca. 120 cm
  Durchmesser und einer Breite von ca. 10 cm (ebenfalls
  selber sägen oder im Baumarkt sägen lassen)
- 40 Holzschrauben, mit denen Sie Ring und Scheibe an-
  einanderschrauben können, ohne dass die Spitzen der
  Schrauben hindurchragen

- eine runde Scheibe aus Sperrholz, 6 mm, mit ca. 12 cm Durchmesser
- 4 Schrauben zum Befestigen der kleinen an der großen Scheibe
- eine stabile Abdeckplane, gewebt, gibt es im Baumarkt und hat oft Metallösen an den Ecken, mindestens 1,5 m x 1,5 m groß
- eine Stichsäge
- ein starkes, akkugetriebenes Laubgebläse. Wir verwenden ein Makita DUB183Z. Es klappt aber auch mit preiswerteren Gebläsen, das haben wir getestet!
- zwei Holzbretter, ca. 20 cm x 20 cm und ca. 3 cm dick
- Passende Schrauben, um die beiden Holzbretter auf der runden Platte befestigen zu können.
- eine Bohrmaschine mit Bohreinsätzen, 6–10 mm
- ein Cuttermesser
- breites Gewebe-Klebeband (Duct-Tape, Gaffa o.ä.)

Als Sonderzubehör:
- ein billiger Plastik-Gartenstuhl
- einen CO_2-Feuerlöscher

So geht's:
Sägen Sie in die große Holzscheibe 30 cm vom Rand entfernt ein Loch. Es soll so groß sein wie die Auslassöffnung Ihres Gebläses.

Legen Sie die Holzscheibe auf die Folie und schneiden Sie die Folie rund zurecht, mit einem 20 cm größeren Radius als dem der Holzscheibe.

Klappen Sie die überstehende Folie rundherum auf das Brett. Dabei knicken Sie die Folie nicht direkt an der Brettkante ab, sondern lassen zwischen dem in der Folie entstehenden Knick

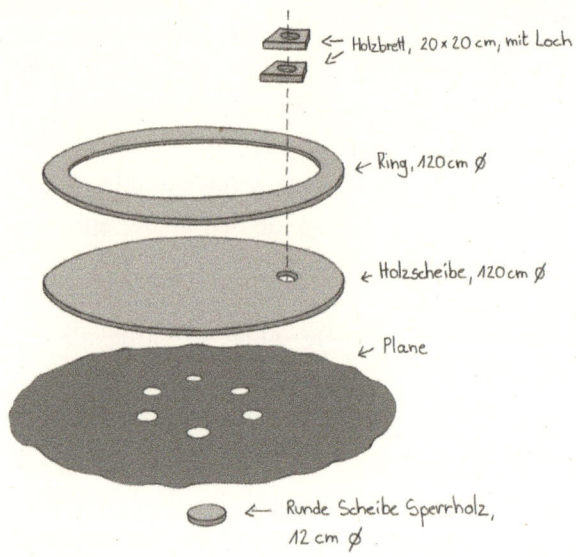

Holzbrett, 20 x 20 cm, mit Loch

Ring, 120 cm ⌀

Holzscheibe, 120 cm ⌀

Plane

Runde Scheibe Sperrholz, 12 cm ⌀

und der Brettkante etwa 4 cm Abstand. Kleben Sie die Folie mit dem Klebeband provisorisch am Brett fest.

Schrauben Sie nun den Holzring auf die Platte, sodass die Folie fest eingequetscht wird. Dazu sollten Sie kreisförmig etwa alle 10 cm eine Schraube setzen.

Wenden Sie die Konstruktion, sodass die Folie obenauf liegt. Schneiden Sie sechs Löcher in die Folie, angeordnet in einem Sechseck und ca. 15 cm vom Mittelpunkt der Platte entfernt. Jedes Loch soll 4,5 cm groß sein. Durch diese Löcher strömt später die Luft unter das Hovercraft.

Fixieren Sie nun mit 4 Schrauben die kleine Holzscheibe zwischen den Löchern in der Mitte der Platte, um die Folie in der Mitte am Brett zu halten.

Drehen Sie nun die Folie wieder nach unten und widmen Sie sich der Gebläse-Halterung. Dazu sägen Sie in beide quadratischen Bretter ein Loch, das der äußeren Form des Luftausgangs entspricht. Schrauben Sie die Bretter übereinander auf das an-

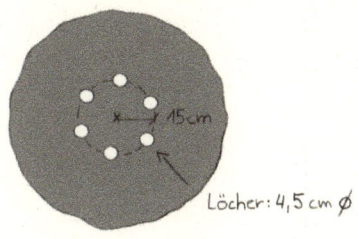

Löcher: 4,5 cm ⌀

fangs gesägte Loch der großen Scheibe und stecken Sie das Gebläse hinein. Fertig! Sie können das Hovercraft in Betrieb nehmen!

Setzen Sie sich mittig aufs Brett und starten Sie das Gebläse. Die Folie füllt sich mit Luft, und nach wenigen Sekunden bildet sich ein Luftpolster darunter. Lassen Sie sich nun von Ihren Kindern durch die Gegend schieben und genießen Sie den Spaß!

Es klappt nicht?

- Die Folie bläst sich nicht auf? Womöglich lag das Luftloch am Anfang flach auf dem Boden. Steigen Sie erst auf das Hovercraft, nachdem sich die Folie gefüllt hat.
- Das Hovercraft schwebt nicht? Eventuell ist das Gebläse zu schwach, die Folie undicht oder die Halterung des

Gebläses lässt Luft entweichen. Kleben Sie die undichten Stellen einfach mit Klebeband zu.

Reicht Ihnen das noch nicht?

Dann verbessern Sie den Komfort! Schrauben Sie den Gartenstuhl an seinen Füßen auf das Brett und erfreuen Sie sich an der Aussicht, während Sie von Helfern immer wieder wie beim Air-Hockey hin und her geschubst werden. Schließlich haben Sie quasi null Reibung auf dem Boden.

Sie sind antriebslos? Besorgen Sie sich ein zweites Akku-Gebläse. Setzen Sie sich auf das Hovercraft und starten Sie das Gerät. Wenn es sehr kräftig ist, kann es für einen schönen Vortrieb sorgen. In unseren Tests ist uns das allerdings nur mit sehr großen, professionellen Laubgebläsen gelungen. Mit einem kleineren Gebläse können Sie aber dennoch punkten: Halten Sie das Gerät am langen Arm von sich weg und richten Sie den Strahl im 90-Grad-Winkel zur Seite. Sie machen eine Pirouette!

Ist Ihnen alles zu langsam? Besorgen Sie sich einen 5-kg-CO_2-Feuerlöscher und schrauben Sie den Löschschlauch ab. Stellen Sie den Löscher zwischen Ihre Beine und richten Sie die Auslassöffnung nach vorne, also von Ihnen weg. Klemmen Sie den Feuerlöscher mit Ihren Beinen nun sehr, sehr fest und drücken den

Sicherheit

Der Strahl aus dem CO2-Löscher ist kalt, was sinnvoll ist, denn er soll ja Feuer löschen. Achten Sie darauf, dass weder Sie noch andere Menschen hineinfassen oder ihn aus kurzer Entfernung abbekommen. Und natürlich sollten Sie auf eine freie Fahrbahn achten.

Hebel. Eine gewaltige CO_2-Trockeneiswolke entweicht aus dem Löscher und verleiht Ihnen eine ansehnliche Beschleunigung. Leider rückwärts, weswegen Sie sich vorher um einen freien Rückraum bemühen sollten.

Was steckt dahinter?

Sie sind nun stolzer Besitzer eines Hovercrafts. So nannte der britische Ingenieur Christopher Cockerell das Luftkissenfahrzeug, dessen Funktionsprinzip er 1955 erfand. Seine Erfindung war die Grundlage für die großen Luftkissenboote, die bis zum Jahr 2000 als Hochgeschwindigkeitsfähren zwischen Dover und Calais den Ärmelkanal überquerten. Erstaunlicherweise geht die Erfindung des ersten Luftkissenbootes jedoch auf einen Bürger eines heute nicht mehr als Seefahrernation bekannten Landes zurück: den Österreicher Dagobert Müller von Thomamühl, der 1915 als Marineoffizier in Österreich diente. Müller konnte mit seiner Erfindung wegen großer technischer Probleme allerdings keinen Erfolg feiern.

Die Funktionsweise ist schnell erklärt: Luft wird unter das Fahrzeug geblasen und bildet dort ein Luftkissen, das das Boot trägt. Zur Fortbewegung dienen in der Regel weitere Propeller, die Luft nach hinten pusten. Die Herausforderung bestand anfangs darin, die gewaltigen Luftmengen, die man zum Schweben brauchte, immer weiter zu minimieren. Zwei wichtige Kniffe halfen dabei: Zum einen wird die Luft nicht einfach mittig unter das Boot geblasen, sondern unter dem Boot zunächst nach außen und dann erst nach unten. Der zweite Trick ist der Einsatz einer Gummischürze, die das Luftkissen noch besser gegen Unebenheiten am Boden oder auf dem Wasser abdichtet.

Bei unserem Hovercraft pusten wir die Luft der Einfachheit halber durch die Löcher in der Mitte direkt nach unten, hier hinken wir also technisch hinterher. Trick Nummer zwei machen wir uns allerdings zunutze, weil unsere Folie das Luftkissen nach unten zumindest so gut abdichtet, dass man mit dem Hovercraft kleine Hindernisse wie Teppich- oder Fliesenkanten überwinden kann.

Zugegeben, es macht richtig Spaß, mit dem Hovercraft Kinder durch die Gegend zu schubsen oder sich selbst über die Straße schieben zu lassen. Aber das wirkliche Vergnügen geht doch erst los, wenn man sich die Physik dahinter vor Augen führt, oder?

Wie stark muss das Gebläse sein, um einen Erwachsenen schweben zu lassen?

Dazu müssen wir erst einmal festhalten, was überhaupt die Stärke eines Gebläses ausmacht. Die Leistungsfähigkeit von Laubgebläsen wird oft mit der Ausblasgeschwindigkeit bzw. mit dem eingesaugten Volumen pro Stunde angegeben. Das nützt uns aber nicht viel, wenn wir wissen wollen, ob das Gebläse genügend Druck aufbauen kann, nun einen Erwachsenen anzuheben. Jeder weiß, dass aus einem Föhn eine Menge Luft herauskommt, aber auch, dass es ein Leichtes ist, den Föhn vorn mit der Hand zu verschließen. Der Staudruck ist einfach sehr klein.

Ich habe den Staudruck unseres Gebläses gemessen. Mangels eines professionellen Druckmessgerätes habe ich eine »Schlauchwaage« benutzt: Ich füllte einen 3 Meter langen, durchsichtigen Schlauch zur Hälfte mit Wasser und hängte ihn wie ein »U« auf. Dann verband ich ein Ende des Schlauchs mit dem Gebläse und ließ es mit voller Kraft hineinpusten. »Volle Kraft« hört sich gewaltig an, war aber weniger, als ich dachte: Das Wasser wurde auf der einen Seite lediglich um 27,7 cm nach oben gedrückt (und auf der anderen Seite logischerweise um 27,7 cm nach unten). Das Gebläse hat also die Wassersäule um insgesamt 55,4 cm bewegt. Eine physikalische Faustregel besagt, dass jeder Zentimeter einem Millibar Staudruck entspricht. Unser Gebläse hat somit 55,4 Millibar Druck erzeugt. Nicht besonders viel – es ist ja auch leicht, das Gebläse vorne einfach zuzuhalten.

Aber aufgepasst: Genau wie beim Käse-Experiment müssen wir die Fläche berücksichtigen, auf die der Druck wirkt. Dann sieht die Sache schon ganz anders aus! Unser Staudruck wirkt auf eine Holzplatte von ca. 1,13 m². Um die gesamte auftreibende Kraft zu berechnen, müssen wir den Staudruck mit dieser Fläche multiplizieren: 55,4 Millibar mal 1,13 m². Heraus kommt eine Kraft von 6141 Newton – das entspricht einem Gewicht von 626 kg! Rein theoretisch reicht also der Staudruck locker aus, um unsere Familie inklusive Großeltern anzuheben! Kein Wunder, dass es beim Geburtstag meines Schwiegervaters nur mit dem Jubilar darauf wunderbar funktioniert hat.

Allerdings müssen wir noch berücksichtigen, dass die Luft unter dem Hovercraft nicht nur gestaut wird, sondern auch wieder nach außen dringt. Durch die Reibung der Luft unter der Folie geht uns Druck verloren. Nichtsdestotrotz zeigt die Rechnung, dass sich Erwachsene locker auf das Hovercraft setzen können. Neben dem Staudruck ist es natürlich auch hilfreich, wenn möglichst viel Luft aus dem Gebläse kommt, es also einen recht großen Volumenstrom hat. Dann kann die Luft das Hovercraft nicht nur anheben, sondern auch leicht über den Boden gleiten lassen.

Fährt es auch auf dem Wasser?

Ob das Hovercraft untergehen würde, können wir leicht ausrechnen. Ich schätze einmal die Masse des mit Ihnen besetzten Hovercrafts auf 100 kg. Wenn Sie es auf Ihren Baggersee setzen, verdrängt jedes Kilo Hovercraft ein Kilo Wasser – genau einen Liter. Das ganze Hovercraft verdrängt also 100 Liter Wasser. Diese Wassermenge teilen wir durch die Auflagefläche des Gefährts (1,13 m²). Heraus kommt der Tiefgang unseres Hovercrafts: nur 8,8 Zentimeter!

Das ist erfreulich wenig, und vielleicht denken Sie schon an eine spektakuläre Hovercraft-Tour über das nächste Baggerloch. Unglücklicherweise ist aber die Platte des Hovercrafts, das wir für unsere Show benutzen, inklusive des Folienluftkissens nur fünf Zentimeter hoch. Es fehlen 3,8 Zentimeter – unser Gefährt würde schlicht und einfach sinken, inklusive des elektrischen Gebläses.

Als Maßnahme gegen den feuchten (und teuren) Ausgang des Experiments empfehle ich Ihnen, der Folie unter dem Brett relativ viel Spiel zu lassen, damit diese sich stärker aufbläst und Sie mehr Höhe gewinnen. Dann sollte es klappen. Bitte schicken Sie uns ein Foto, wenn Sie damit auf Ihrem Badesee fahren!

Da Sie sich schon die Mühe gemacht haben, das Luftkissenfahrzeug zu bauen, haben Sie es meiner Ansicht nach verdient, Ihr Gefährt mit etwas wirklich Großem zu messen: mit dem Ärmelkanal-Hovercraft, dem Saunders Roe Nautical 4 MKIII, abgekürzt SR.N4.

Was den Tiefgang angeht, spielen beide Fahrzeuge in der gleichen Liga. Befindet sich das SR.N4 nicht in Fahrt, sinkt es gerade mal 24 cm ins Wasser ein. Wenn es mit seiner Höchstgeschwindigkeit von 129 km/h übers Wasser gleitet, sollte der Tiefgang zu vernachlässigen sein, weil das Wasser gar keine Zeit hat, vom Boot verdrängt zu werden.

Wie sieht es mit der Leistung aus? Das SR.N4 verfügt über vier Motoren à 3800 PS. Das sind zusammen 11190 Kilowatt. Unser Hovercraft hat einen »Motor« (nämlich das Gebläse) mit einer Leistung von ca. 0,5 Kilowatt (also 500 Watt). Allerdings nutzt es das Gebläse ja nur für den Auftrieb. In unserer Show nehmen wir gern einen CO_2-Feuerlöscher, um das Fahrzeug mit einer beeindruckenden Dampfwolke über die Bühne zu feuern. Welche Leistung bringt dieser Feuerlöscher? Um das herauszufinden, haben wir unser Hovercraft in Action gefilmt. Im Video war zu sehen, dass der Feuerlöscher 2,6 Sekunden gesprüht hat (das ist kurz, aber wir wollten ja nicht von der Bühne fallen). Damit ist das Hovercraft drei Meter weit gefahren. Es wiegt 100 Kilogramm – was man natürlich nicht im Film sieht. Aus diesen Daten haben wir berechnet, welche Leistung der Feuerlöscher bringt. Dabei setzen wir voraus, dass der Feuerlöscher das Hovercraft die ganze Zeit mit der gleichen Kraft antreibt und dass es gleichmäßig immer schneller wird. Wir vernachlässigen außerdem die Luftreibung, was bei dieser kleinen Geschwindigkeit in Ordnung geht. Das Ergebnis: Unser Feuerlöscher treibt das Hovercraft mit einer Leistung von 0,1 Kilowatt (100 Watt) an. Das klingt nicht viel, ist aber etwa so viel, wie Sie brauchen, um gemütlich Fahrrad zu fahren.

Insgesamt hat unser Hovercraft eine Leistung von 0,6 Kilowatt (600 Watt, davon 500 aus dem Gebläse und 100 aus dem Feuerlöscher). Um einen fairen Vergleich mit dem SR.N4 durchzuführen, müssen wir das Gewicht des Originals einbeziehen. Das SR.N4 wiegt voll beladen maximal 320 Tonnen, also 3200-mal so viel wie unser Hovercraft. Wenn wir dessen Leistung mit 3200 multiplizieren, kommen wir auf 1920 Kilowatt. Immerhin ein Sechstel des großen Hovercrafts mit seinen 11190 Kilowatt! Dieses Ergebnis macht Sinn: Zum einen liegen beide Werte in der gleichen Größenordnung, und das ist für einen Physiker schon die halbe Miete. Wir haben also offenbar keinen groben Unfug gerechnet.

Zum anderen ist es vernünftig, dass der hochgerechnete Wert unseres Hovercrafts geringer ausfällt als der einer Schnellfähre. Denn mit Feuerlöschern werden Sie ja nicht wirklich schnell. Und auch 3200 Feuerlöscher auf dem Dach des SR.N4 würden das Fahrzeug wohl nicht auf die Höchstgeschwindigkeit von 129 km/h bringen – obwohl die optische Wirkung eines Hovercrafts mit 3200 Feuerlöschern auf dem Dach sicherlich ein großes Medienecho erzeugen würde. Wenn auch nur für 15 Sekunden...

Eine große mediale Berichterstattung hätte der Reederei Hoverspeed bestimmt geholfen. Im Jahr 2000 stellte sie ihren Betrieb zwischen Dover und Calais auf Highspeed-Katamarane um. Die konnten zwar mehr Fahrzeuge und Passagiere transportieren, brauchten aber statt einer halben Stunde nun eine Dreiviertelstunde für die Strecke. Uns als Hovercraft-Fans ist das natürlich zu langsam. Es überrascht daher nicht, dass die Passagierzahl sank. 2005 ging die Firma pleite.

Auferstanden vom Handyfriedhof

»Bing!«

Wir schauen uns genervt an.

»Bing!«

Ab einem gewissen Alter scheint das Handy an der Hand fest-gewachsen zu sein. Es piepst in einem fort: neues Katzenvideo online, eine Nachricht auf WhatsApp. Selbst beim Essen liegt das Handy neben dem Teller.

»Bing!«

»Opa, tu doch mal das Handy weg!«, schimpft Julia.

»Ich will nur mal eben...« Opa legt die Gabel zur Seite und aktiviert das Display. Ein Foto von einem Kuchen, den eine Be-kannte gebacken hat.

»Unser Essen ist auch lecker«, merke ich an.

»Am Tisch dürfen wir keine Handys haben!«, belehrt Lucie ihren Opa. »Außer wir machen Assi-Essen.«

Da hat sie recht: Wir essen grundsätzlich offline. Ein paarmal im Jahr erquengeln sich die Kinder eine Ausnahme: ein »As-si-Essen«. Beim Assi-Essen darf jeder auf dem Handy Videos gucken. Gegessen wird Tiefkühlpizza oder Ravioli aus der Dose. Die Kinder lieben es.

Wir Eltern versichern uns jedes Mal gegenseitig, dass wir den Anblick der eingestöpselten, nicht mehr ansprechbaren Kinder unmöglich finden. Dann machen wir einen Wein auf und unter-halten uns endlich einmal in Ruhe. Ab und zu sagen wir unver-mittelt den Namen eines Kindes, um zu testen, wie frei wir spre-chen können. In der Regel sehr frei.

Opa schiebt das Handy in die Brusttasche seines Hemdes.

»Bing!«

Andere Freunde kommentieren den Kuchen.

»Stell es doch wenigstens lautlos«, fordert Marcus genervt.

»Weiß nicht, wie das geht.«

Julia grinst. »Wir legen das Handy in den Kühlschrank. Da hat es keinen Empfang.«

»Oder in die Mikrowelle«, schlägt Maximilian vor, »dann explodiert es.«

»Wenn das Handy explodiert, explodiere ich auch«, kontert Opa. Gelächter am Tisch.

Marcus lacht nicht mit. »Vielleicht passiert dem Handy in der Mikrowelle gar nichts. Können wir ja mal probieren.«

»Nach dem Essen!«, ranze ich ihn an.

Selten haben die Kinder ihren Brokkoli schneller aufgegessen. Innerhalb von Minuten ist der Tisch abgeräumt. Dann versammeln wir uns um die Mikrowelle.

Marcus erklärt, was er vorhat: »Wenn wir wollen, dass dem Handy nichts passiert, müssen wir es richtig verpacken.«

»Wollen wir denn, dass ihm nichts passiert?«, wende ich ein.

Marcus ignoriert mich. Er holt eine Rolle Alufolie und gibt jedem Kind ein Stück. »Knüllt das bitte zusammen.«

Die Alubälle kommen in die Mikrowelle. 30 Sekunden, volle Wattzahl. Blitze zucken durch das Gerät.

»Ihr passt aber schon auf, dass am Ende nicht das Handy heile ist, aber die Mikrowelle kaputt?«, frage ich.

Die Mikrowelle ist mir ans Herz gewachsen. Kinder können darin Essen warm machen, ohne das Haus anzuzünden. Das ist mit unserem Gasherd nicht immer garantiert. Aber davon später mehr.

»Es blitzt nur, weil das Alu die Energie aus der Mikrowelle ableitet«, beruhigt mich Marcus. »Wenn wir also das Handy komplett in Alu packen, dürfte ihm eigentlich nichts passieren.«

Als Aluverpackung kommen infrage: drei Meter Alufolie, in die das Handy gewickelt wird (die Lieblingslösung der Kinder), ein kleiner Topf mit Kunststoffgriff oder unsere Metallbutterdose. Ich bin für die Butterdose, denn in dem Topf koche ich immer Nudelsoße. Ich will keinen Handymatsch darin.

Unterstützt werde ich vom Opa meiner Kinder, der einen Test vorschlägt: »Nehmt erst mal die Butterdose. Mit Butter drin. Wenn die Butter schmilzt, kriegt Ihr mein Handy nicht.«

Das sehen wir ein. Julia stellt die Butterdose in die Mikrowelle und drückt auf »on«. Zwanzig Sekunden dreht sich die silberne Dose auf dem Glasteller, etwas Butter fließt unter dem Deckel hervor. Opa legt schützend die Hand über die Brusttasche seines Hemdes, in der das Handy steckt.

Zweiter Test: Alufolie. Mit Verve wickeln Maximilian und Lucie ein Stück Folie ab. In die Mitte kommt der Rest feste Butter, den Marcus aus der Butterdose gerettet hat. Nach 20 Sekunden riecht man – nichts, es quillt auch nichts heraus. Nach 30 Sekunden nehmen wir die Folie aus der Mikrowelle. Die Butter ist weich, aber noch streichfest.

»Da brauchen wir den Kochtopf ja nicht mehr auszuprobieren«, sage ich erleichtert.

Aber der naturwissenschaftlich gebildete Teil der Familie will die Testreihe durchziehen. Leider ist keine kühle Butter mehr da. Aus dem Gefrierschrank fischt Marcus das Erdbeereis, das es zum Nachtisch geben sollte. Ein Löffel voll kommt in den Topf und der Deckel darauf. Den Rest löffeln die Kinder direkt aus der Packung.

Der Topf mit dem Eis dreht sich in der Mikrowelle. 10 Sekunden, 20 – es stinkt leicht nach verschmortem Plastik. Der Griff? Ich werde unruhig, aber einen Abbruch des Versuchs lehnt Marcus ab. »Solange das Eis nicht schmilzt, ist alles im grünen Bereich.« Endlich das erlösende Piepen der Mikrowelle. Der Topf sieht gut aus. Und das Eis – ist immer noch Eis.

Mein Mann strahlt. »Jetzt das Handy!«

Opa drückt sein Smartphone fester an sich. »Nimm doch dein eigenes.«

»Das brauche ich noch«, widerspricht Marcus.

»Ich meins auch.«

Großzügig legt Maximilian sein Handy auf den Tisch. »Ihr könnt meins nehmen. Wenn es kaputtgeht, kauft ihr mir ein neues. Ich möchte eh das neue iPhone.«

»Netter Versuch«, sage ich. »Wir nehmen eins vom Handyfriedhof. Da sind ja genug.«

Ich ziehe Latschen an und mache mich auf den Weg – zehn Stufen runter in den Keller und in die hinterste Ecke, wo ein Karton auf dem Regal steht. Der Handyfriedhof. Auch Menschen jenseits der sechzig gehen mit der technischen Entwicklung, und die älteren Mitglieder unserer Familie haben deutlich häufiger neue Smartphones oder Laptops als die jüngeren. Da die alten meistens »noch gut« sind, mögen sie sie nicht wegwerfen. Weiterbenutzen möchten sie sie aber auch nicht. Dann bekommen wir sie – »für die Kinder«.

Einige geerbte Elektrogeräte nutzen die Kinder wirklich: Maximilian hat einen Fernseher in seinem Zimmer, der eine ganze Wand einnimmt. Kurz dachten wir, er müsste dafür sein Bett abschaffen. Die meisten Handys liegen aber im Kellerfriedhof und warten auf ihre Auferstehung.

Ich greife nach einem großen, weißen Smartphone mit goldenem Rand. Es passt gerade so in den Topf. 30 Sekunden, volle Power. Andächtig nimmt Marcus es heraus und legt es auf den Tisch. Gibt die PIN ein, die auf einem Stück Tesakrepp auf der Rückseite steht – das Handy leuchtet auf. Es funktioniert!

Begeistert wirft Marcus das Handy in die Luft und fängt es mit der anderen Hand wieder auf. Von rechts nach links, von links nach rechts. Er wirbelt das Handy herum wie einen Pfannkuchen, den man wendet. Dann trudelt es komisch in der Luft, und

Marcus bekommt es mit der linken Hand nicht richtig zu fassen. Mit einem satten »Knack« landet es auf dem Boden, das Display nach unten.

Maximilian hebt es auf. »Wie beim Marmeladebrötchen«, kommentiert er, »es landet immer mit der Marmeladenseite nach unten.« Über das Display zieht sich ein Spinnennetz aus Rissen.

Marcus ist in seiner Jongleur-Ehre gekränkt. »Warum fliegt das nicht stabil?« Er hebt einen der Bauklötze auf, die verstreut auf dem Wohnzimmerboden liegen, und wirft ihn in die Luft, angedreht wie das Handy. Fängt ihn wieder auf. Wirft ihn, fängt ihn wieder auf. Der Bauklotz dreht sich artig um die Mittelachse und landet kontrolliert wieder in der Hand. Jetzt noch mal das Handy: Es trudelt in der Luft, wieder knallt es auf den Boden.

»Du hast das Handy kaputt gemacht!«, ruft Lucie empört. »Das sollte ich mal kriegen, wenn ich zehn bin!«

Marcus guckt zerknirscht. »Wir holen dir ein anderes vom Friedhof. Und wenn es so weit ist, weißt du immerhin, dass du dein Handy in die Mikrowelle legen darfst, aber auf keinen Fall werfen.«

Das langweiligste Experiment der Welt: Das rotierende Handy

Damit sie mich richtig verstehen: Ich finde das Experiment SPEKTAKULÄR! Allerdings bin ich vermutlich der einzige Mensch auf der ganzen Welt, der so denkt, schließlich habe ich schon die Verantwortlichen mehrerer Fernsehshows davon zu überzeugen versucht, das Experiment in die Sendung zu bringen, aber jedes Mal bin ich gescheitert. »Langweilig!« – »Nicht deutlich genug!« – »Unspannend! Zu kompliziert!« So äußerten sich die Produzenten oder Redakteure.

Pah! Sehen Sie selbst, wie viel spannende Physik in einem so simplen Gegenstand wie einem Handy – oder einer Tafel Schokolade – steckt.

Sie brauchen:

- ein Handy
  Es muss nicht mal funktionsfähig sein. Alternativ nehmen Sie einen anderen nahezu quaderförmigen Gegenstand, dessen Kanten unterschiedlich lang sind, wie ein kleines Tablett, eine Tafel Schokolade, einen Ziegelstein oder eine TV-Fernbedienung.

Ich gehe bei diesem Experiment einfach mal davon aus, dass Sie in der Lage sind, Gegenstände sicher zu fangen, und dass Sie tatsächlich Ihr Handy benutzen, um dem Geheimnis des rotierenden Handys auf die Schliche zu kommen. Trotzdem sollten Sie die Flugversuche nicht in der Küche über Ihrem Marmorfußboden, sondern lieber über Ihrem weichen Sofa machen.

Jetzt geht's aber los! Schnallen Sie sich an!

Ihre Aufgabe ist es nun, das Handy möglichst stabil durch die Luft rotieren zu lassen – um seine Hauptträgheitsachsen. Bitte lassen sie sich durch diesen Fachbegriff nicht abschrecken wie manche Fernsehredakteure. Es ist nämlich ganz einfach, wenn man das Experiment in drei Schritten macht.

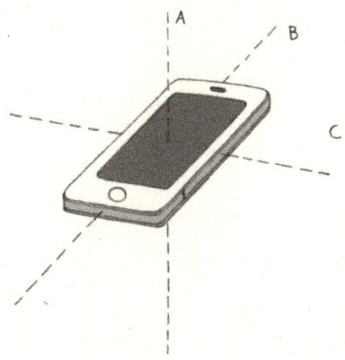

1. Halten die das Handy so, als wäre es ein Buch, das Sie aus dem Regal ziehen: am schmalen »Rücken«. Fassen Sie nun die obere Ecke des schmalen, gedachten »Handy-Buchrückens« zwischen Daumen und Zeigefinger, und schleudern Sie das Handy an dieser Ecke nach oben. So dreht sich das Handy ziemlich stabil, ohne zu eiern.

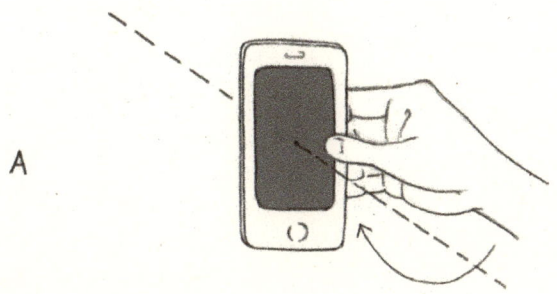

2. Halten Sie das Handy im Querformat vor sich. Fassen Sie es dabei mit beiden Händen rechts und links an, als wäre es ein Controller für eine Spielkonsole (nicht den Competition pro von früher, sondern eher die Steuerung einer Play Station). Nun drehen Sie das Handy mit Daumen und Zeigefingern gehörig an und werfen es dabei hoch. Nicht so ganz einfach, aber machbar. Das Handy dreht sich nun um die Längsachse. Und zwar ziemlich stabil, ohne zu eiern.

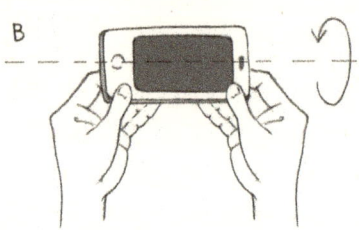

3. Legen Sie das Handy längs auf die Handfläche Ihrer starken Hand. Nun werfen Sie das Handy hoch, als wäre es ein Pfannkuchen, den Sie durch Hochwerfen in der Pfanne wenden möchten. Versuchen Sie, das Handy einmal ganz sauber um diese Achse zu drehen und wieder aufzufangen. Es wird Ihnen vermutlich nur selten gelingen, denn das Handy lässt sich um diese Achse einfach nicht stabil drehen. Es ist physikalisch ausgeschlossen! Ist das nicht SPEKTAKULÄR? Eine scheinbar so einfache Sache, aber die Physik macht Ihnen einen Strich durch die Rechnung. Mit einem Pfannkuchen ist es schon nicht leicht, aber mit einem Handy absolut unmöglich.

Was steckt dahinter?

Ich muss ein bisschen ausholen: Wenn man einen Gegenstand durch die Luft schleudert, spricht man von einer »kräftefreien Rotation«, weil keine äußeren Kräfte auf den Körper wirken, die die Drehung beeinflussen. Am leichtesten lässt sich so etwas im Weltraum verwirklichen – aber für den Anfang ist ein Wurf über einem Sofa auch ganz okay.

Wie leicht sich ein Gegenstand in Rotation versetzen lässt, wird durch sein Trägheitsmoment beschrieben. Eine Murmel hat ein relativ kleines Trägheitsmoment, lässt sich also spielend leicht drehen. Schwerer ist es da schon mit einer Bowlingkugel oder wenn wir versuchten, die Kugel, auf der wir leben, die Erde, in ihrer Drehung zu beschleunigen.

Es kommt beim Trägheitsmoment also darauf an, wie schwer der Körper ist, aber auch darauf, wie weit die Massen vom Schwerpunkt entfernt sind. Lassen Sie uns einen Fußball (offizielles Gewicht: 430 Gramm) mit einer gleich schweren, massiven Stahlkugel vergleichen. Weil diese erstens nicht hohl wie der Fußball ist und zweitens aus einem viel schwereren Material besteht, beträgt der Durchmesser der Stahlkugel bei gleichem Gewicht nur 4,7 cm – der des Fußballs 22 cm. Mit ein paar recht einfachen Formeln lässt sich berechnen, dass das Trägheitsmoment des Fußballs 34-mal so groß ist wie das der Kugel. Das liegt daran, dass der Fußball viel größer ist und seine Masse auch außen in der Hülle liegt.

Fußball und Kugel sind, wenn sie in vernünftiger Qualität hergestellt wurden, sehr symmetrische Körper. Bei beiden ist es daher egal, um welche Achse sie gedreht werden. Ganz anders sieht es bei allen anderen Gegenständen aus: Sie haben verschiedene Achsen, um die sie sich unterschiedlich leicht drehen lassen. Nehmen wir einen zylindrischen Gegenstand, etwa einen Besenstiel: Aus Erfahrung wissen wir, dass es viel mehr Kraft erfordert, ihn der Länge nach um den Mittelpunkt herumzuschleudern, als ihn quer zu halten und um die Längsachse zu drehen. Der Besenstiel hat also unterschiedliche Trägheitsmomente, je nach Rotationsachse.

Mit ein bisschen Mathematik kann man die Trägheitsmomente für jeden Gegenstand eindeutig berechnen, egal, wie kompliziert er geformt ist. Dazu muss man die drei Achsen ermitteln, die Sie oben in der Zeichnung sehen:

1. die Achse mit dem größten Trägheitsmoment. Beim Handy ist das die »Buchrückenachse« (A). Um diese Achse dreht sich das Handy zwar stabil, aber man braucht verhältnismäßig viel Kraft dafür.

2. die Achse mit dem mittelgroßen Trägheitsmoment, beim Handy die »Pfannkuchen-Wende-Achse« (C). Um diese Achse dreht sich das Handy gar nicht stabil.

3. die Achse, um die sich der Gegenstand am *leichtesten* dreht, beim Handy die »Controller-Achse« (B).

Mit diesen drei Achsen kann man jede Drehung jedes Körpers berechnen, egal, wie schief und krumm man ihn durch die Luft schleudert, und egal, ob es sich um ein Handy oder die Internationale Weltraumstation handelt. Die drei Achsen werden »Hauptträgheitsachsen« genannt.

Warum aber trudelt das Handy nun beim »Pfannkuchenwenden« in der Luft? Niemand wirft ganz genau gerade. Wenn Sie das Handy werfen, dreht es sich niemals ganz exakt um eine der Hauptträgheitsachsen, sondern weicht immer leicht davon ab. Bei kleinen Abweichungen von den Achsen A und B bleibt die Drehung trotzdem stabil. Bei Achse C jedoch führen kleinste Abweichungen unweigerlich zu einer unregelmäßigen Drehung. Der Versuch, das Handy stabil um diese mittlere Achse zu drehen, ist physikalisch genauso aussichtslos wie der, den Eiffelturm stabil auf seine Spitze zu stellen, oder etwas praxisnäher: einen spitzen Bleistift. Es geht einfach nicht.

Ein Gefahrenbericht zum Schluss

Eine Bekannte berichtete neulich, dass sie ihrem Sohn nach der Schule immer das Handy abnahm, damit er in Ruhe Hausaufgaben machen konnte. Eines Tages warf er ihr lässig das Handy zu. Es geriet ins Trudeln und traf die Mutter mit einer Ecke genau ins Auge. Der Augenarzt war nicht überrascht – besonders bei diesem Handymodell seien die Ecken so geformt, dass sie genau in eine Augenhöhle passten. Seien Sie also vorsichtig oder nehmen Sie ein an den Ecken abgerundetes Handy.

Doch nun zurück zu unserem Handy-Test in der Mikrowelle.

Experiment:
Das Handy in der Mikrowelle

Der Test für Einsteiger
Sie brauchen:

- eine Butterdose aus Metall
- Butter aus dem Kühlschrank
- eine Mikrowelle
- Topflappen

Stellen Sie die gefüllte Butterdose in die Mikrowelle (mit Deckel drauf natürlich). Lassen Sie die Mikrowelle 30 Sekunden lang auf voller Leistung laufen. Nehmen Sie die Butterdose, eventuell mit einem Topflappen, wieder heraus. Wenn der Deckel Ihrer Butterdose einigermaßen dicht schließt, sollte die Butter immer noch fest sein oder zumindest fast so fest wie vorher.

Die Variante für Menschen, die sich eventuell ein Leben ohne Handy vorstellen können
Sie brauchen:

- ein Handy
- einen Metalltopf mit Deckel, in den das Handy hineinpasst. Der Topf sollte nur aus Metall bestehen.
- eine Mikrowelle
- gute Nerven

Legen Sie das Handy in den Topf. Stellen Sie den Topf samt Deckel in die Mikrowelle und machen Sie den 30-Sekunden-es-wird-schon-klappen-denn-es-steht-ja-im-Buch-Test, natürlich bei voller Leistung!

Eigentlich ist das ein langweiliges Experiment, denn auch hier wird der Topf vielleicht ein kleines bisschen warm, Ihr Handy sollte aber noch genauso funktionieren wie vorher. Ziemlich sicher wird Ihr Gerät, wenn Sie es dem Topf entnehmen, keinen Empfang aufweisen. Das ist normal, denn im Topf herrscht Funkstille. Der Empfang kommt außerhalb des Topfes von selbst wieder. Und nein, die Mikrowelle geht nicht davon kaputt.

Was steckt dahinter?
Beim Lesen der Beschreibung ist in Ihrem Kopf vielleicht schon der Begriff »Faraday-Käfig« aufgepoppt. Mit Recht: Eine stabile Wand aus Metall lässt keine elektromagnetische Strahlung durch. Das weiß jede Physikstudentin und jeder Physikstudent. Wer aber nicht daran gedacht hatte, war der Verfasser dieses Kapitels. In unserem Büro hatten wir ein sehr großes Whiteboard aufgehängt. Toll für uns, denn so konnten wir unsere Büroabläufe besser planen. Merkwürdigerweise hatten wir danach nur noch sehr schlechten WLAN-Empfang. Auf den Zusammenhang zwischen beidem kam ich nicht etwa selbst und auch kein ande-

rer Physiker – es war unser IT-Administrator, ein Experte, der jeden Rechner wieder zum Laufen bringt. Wir hatten das Whiteboard schlicht auf die Rückseite der Wand gehängt, an der der WLAN-Router befestigt war. Der Router mühte sich nun vergeblich, sein Signal durchs metallische Whiteboard ins Büro zu senden.

Was passiert aber genau in einem Stück Metall, wenn es von einer elektromagnetischen Welle getroffen wird? Zunächst müssen wir kurz klarstellen, was elektromagnetische Wellen überhaupt sind. Die Strahlen in der Mikrowelle, das Signal Ihres Handys, das Licht einer Taschenlampe oder Radiowellen: All das sind elektromagnetische Wellen. Im Vakuum breiten sie sich mit Lichtgeschwindigkeit aus und unterscheiden sich dort nur dadurch, dass die Wellen unterschiedlich lang sind. Treffen elektromagnetische Wellen aber auf Materie, verhalten sie sich unterschiedlich. Licht und Handystrahlung dringen nicht durch einen Aluminiumkoffer, Röntgenstrahlung schon. Wir haben es im Folgenden nur mit elektromagnetischen Wellen zu tun, deren Wellenlänge größer als die des Lichts oder genau gleich groß ist. Röntgenstrahlen sind damit raus.

Elektromagnetische Wellen sind ein ziemlich kompliziertes Phänomen. Man kann sie als viele kleine elektrische und magnetische Felder betrachten, die miteinander gekoppelt sind. Sie schwingen senkrecht zu der Richtung, in die sie sich ausbreiten. Wenn solch eine Welle auf ein Metall trifft, versetzen die magnetischen Felder die Elektronen im Metall[1] in Schwingung. Je leitfähiger das Metall ist, desto folgsamer schwingen die Elektro-

---

1 Ein Metall – egal, ob Stahl, Kupfer, Silber oder Quecksilber – zeichnet sich dadurch aus, dass sich Elektronen darin sehr gut bewegen können. Bei nicht leitenden Stoffen wie Glas oder Kunststoffen sind die Elektronen bestimmten Atomen zugeordnet und weniger beweglich.

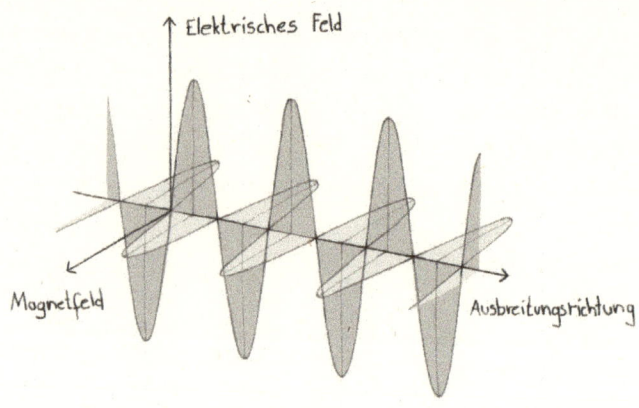

nen, und zwar mit genau derselben Frequenz wie die eindringen-
de Welle. Die Welle hat sie also voll unter Kontrolle, zumindest
an der Oberfläche.

Wenn Elektronen schnell schwingen, werden sie zu Sendern:
Wie Mini-Antennen strahlen sie nun selbst elektromagnetische
Wellen ab. Diese Wellen sehen wiederum genauso aus wie die,
welche die Elektronen in Bewegung versetzt haben. Die Oberfläche unseres Topfes sendet nun also genau die Welle los, die sie
empfängt. Das bedeutet nichts anderes, als dass die Strahlung
aus der Mikrowelle vom Topf reflektiert wird.

Warum durchdringt die Mikrowelle das Metall nicht?

Die im Metall erzeugte Welle unterscheidet sich in einem wesent-
lichen Punkt von der aus der Mikrowelle. Die seitliche (transver-
sale) Schwingungsrichtung kehrt sich im Metall um. Stellen Sie
sich die Mikrowellen so vor, wie Kinder sie malen: schön gleichmäßig auf und ab. Da, wo die elektromagnetische Welle aus der
Mikrowelle einen Berg hat, hat die Welle im Metalltopf ein Tal.
Deshalb annullieren sich die beiden Wellenlinien. Die Butter in
der Butterdose oder das Handy im Topf bekommen also von den
Mikrowellen nichts mit.

Würde die Schwingungsrichtung nicht umgekehrt, würden sich die Wellen im Metall nicht auslöschen. Im Gegenteil, die Welle würde von allein immer stärker werden. Das findet man leider in der Praxis nicht. Schade eigentlich, denn wenn es so wäre, hätten wir Energie gewonnen, und zwar ohne zusätzliche Energie hineinzustecken. Da macht uns also die Physik einen Strich durch die Rechnung. Energie bleibt grundsätzlich erhalten.

Physikalisch passiert dasselbe, wenn Sie versuchen, in einem Fahrstuhl zu telefonieren. In der Regel sind Aufzüge rundum aus Metall gebaut und Handywellen haben kein Durchkommen. Wie verhält sich das, wenn es Lücken in der Metallkonstruktion gibt? In der Tür der Mikrowelle ist ja in der Regel sogar ein Lochblech! Dabei kommt es auf die Wellenlänge an. Ihre Mikrowelle arbeitet mit einer Wellenlänge von etwa 12 Zentimetern. Bei kleinen Löchern wie denen im Blech der Tür werden diese Wellen fast vollständig vom Metall reflektiert. Solange die Löcher deutlich kleiner sind als die Wellenlänge, ist die Welt also in Ordnung.

Sollten Sie im Aufzug telefonieren wollen, sei Ihnen gesagt, dass die Wellenlängen beim Mobilfunk im Bereich von 15 bis 30 Zentimetern liegen. Bohren Sie also nicht zu kleine Löcher in die Metallwand, sondern sägen Sie lieber gleich ein ganzes Fenster heraus. Wenn Sie das geschafft haben, ähnelt der Fahrstuhl in physikalischer Hinsicht einem Auto oder einem Flugzeug. In dem können Sie telefonieren, denn die Wellen gelangen ohne viel Mühe durch die Fenster. Langwelligeren (nicht langweiligeren!) Störungen wie Blitzen sind die Lücken aber zu klein, und die Insassen bleiben von ungewollten elektrischen Erlebnissen verschont.

Unsere Butterdose zu Hause hat seit dem Experiment übrigens an einem Rand des Deckels einen kleinen dunklen Fleck. Hier haben die Mikrowellen die Elektronen im Metall derart in Bewegung gesetzt, dass kleine Blitze übergesprungen sind. Dem Mikrowellenherd selbst geht es fantastisch.

Männersachen, Frauensachen

Zwei Dinge haben mir meine Eltern geschenkt, als ich mit 18 von zu Hause auszog: eine Waschmaschine und einen Akkubohrer. Bring uns nicht jedes Wochenende einen Sack Wäsche, sagten diese Geschenke. Und: Du brauchst keinen Mann, um ein Regal anzudübeln. Das kannst du selbst.

Ich habe mich riesig gefreut, ehrlich. Der Akkubohrer lag perfekt in der Hand, und wenn das Regal zu schwer für den Dübel war und aus der Wand brach, reparierte ich es mit Blitzzement. Tolles Zeug: anrühren, ins Loch schmieren, und fünf Minuten später kann man wieder bohren. Ich bin handwerklich weder interessiert noch begabt, aber Bohrer und Blitzzement waren genau mein Fall: schnell, einfach und schmerzfrei, wenn etwas schiefging. Ich war autark, was Arbeiten in meiner Wohnung anging.

Zwanzig Jahre später stehe ich im Keller und schreie: »Das gibt's doch nicht! Wo ist er?!« Mein Akkubohrer ist weg. Der Platz, wo er immer lag, ist zugewuchert mit Verlängerungskabeln und einem Vorrat an Energiesparbirnen.

Marcus poltert die Treppe herunter, erschrocken von meinem Geschrei.

»Wo ist mein Bohrer?«

»Das kleine Teil? Den habe ich mit in die Werkstatt genommen. Ich habe doch die Hilti hier.« Mein Mann zeigt auf einen großen, roten Plastikkoffer, in dem ein Bohrer ruht, groß wie ein Maschinengewehr, mit einem Rückstoß, der einen umzuwerfen droht. Ein Männergerät.

»Ich bohre aber nicht mit der Hilti!«, gifte ich. »Ich will meine Bohrmaschine!«

»Du bohrst doch gar nicht«, stellt Marcus trocken fest.

Leider hat er recht. Über die Jahre hat sich bei uns schleichend Konservatismus breitgemacht. Der Mann im Haus bohrt die Löcher für die Regale, die Frau kocht das Essen. Wir wünschen es uns eigentlich anders. Schließlich sind wir eine moderne Familie, Gleichberechtigung ist Erziehungspflicht. Das fängt im Kindergarten an (»Auch die Jungs basteln ihre Laterne selbst!«), geht in der Grundschule weiter (»Auch Mädchen können Fußball spielen«) und gipfelt in der Pubertät (»Mein Sohn, ich zeige dir, wie die Waschmaschine funktioniert«).

Leider kommt es im Großfamilienalltag hauptsächlich auf eines an: den Tsunami der Anforderungen zu überleben, ohne zerschmettert zu werden. Und so macht jeder, was ihm am schnellsten von der Hand geht: Ich koche, Marcus bohrt Löcher für Regale. Wenigstens die Waschmaschine bedienen wir beide.

In den nächsten Wochen starte ich eine nicht repräsentative Umfrage im Freundeskreis: Fast alle sind mit den Jahren konservativer geworden, was die Aufgabenverteilung angeht. Nur einer unserer Freunde, Lehrer für Philosophie und Geschichte, ist verheiratet mit einer Tischlerin. Sie verlegt Parkett, während er nicht mal weiß, wo er zu Hause einen Schraubenzieher findet.

Auf der Geburtstagsfeier meiner Freundin Hannah stelle ich die Ergebnisse meiner Umfrage zur Diskussion. Wir sitzen in der Küche, das dritte Bier auf dem Tisch. Politisch korrekt kritisieren wir unsere eigene Rollenverteilung.

»Sollte ja eigentlich nicht so sein«, murmelt einer.

»Ist so unmodern«, ergänzt eine andere.

Auf der Treppe patschen nackte Füße zu uns herunter. Larissa, sechs Jahre, blinzelt ins Licht, mit wirren Haaren und einem Stoffkrokodil im Arm. Hannah und ihr Mann Thorsten schauen sich an – keiner hat Lust, jetzt hochzugehen und sie wieder ins Bett zu bringen.

»Komm auf meinen Schoß«, sagt Thorsten schließlich, »du darfst mitfeiern.«

Larissa bekommt eine Bionade und ist stolz wie Oskar. Ernsthaft hört sie dem Gespräch zu. Dann dreht sie sich zu Hannah um. »Mama, gibt es denn Sachen, die Männer besser können als Frauen?«

Stille. Wir können hören, wie Hannah denkt. Dann grinst sie. »Es gibt sogar Dinge, die nur Frauen können.«

»Ich weiß«, sagte Larissa gelangweilt, »Kinder kriegen.«

»Nein, Streichholzschachteln umschubsen.«

Hannah stellt ihr Bier ab und sucht in der Schublade neben dem Herd nach einer Streichholzschachtel. Sie muss eine Weile wühlen, dann wird sie fündig. Hannah kniet sich hin und stellt die Schachtel etwa einen halben Meter vor sich hin – genau so weit, dass ihre Finger die Schachtel noch berühren, wenn sie die Unterarme vor ihre Knie auf den Boden legt.

Hannah richtet sich auf und verschränkt die Arme hinterm Rücken. »Jetzt aufgepasst, Jungs!« Sie beugt sich vor und schubst die Streichholzschachtel mit der Nase um. Ganz einfach geht das, fließend und ohne Wackeln.

Dann steht sie auf und reicht die Schachtel mit großer Geste ihrem Mann. »Nachmachen!«

Thorsten sieht aus, als würde er gern das Bier seiner Frau durch Bionade ersetzen.

»Papa, mach!«, sagt Larissa.

Er hebt sie von seinem Schoß, kniet sich hin, positioniert die Streichholzschachtel, beugt sich vor – und plumpst bäuchlings auf die Küchendielen. Gegröle in der Küche, Larissa strahlt ihre Mutter an.

Jetzt wollen wir anderen auch. Eine Freundin nach der anderen schubst souverän die Schachtel um, die meisten Schwierigkeiten hat erstaunlicherweise Britta, unsere Triathletin. Sie ist muskulös und wiegt geschätzte 50 Kilo. »Dir fehlt das ausgleichende Gewicht an der Hüfte«, lästern wir.

Die Männer versagen allesamt, unabhängig von Statur und Größe.

Am nächsten Abend schaue ich meinem Mann beim Abwaschen zu. »So eine Hilti«, sage ich, »funktioniert doch im Grunde genauso wie mein kleiner Akkubohrer?«

»Ja, wieso?«

»Fürs nächste Regal bohre ich die Löcher. Wer eine Streichholzschachtel umschubsen kann, kann auch mit einer Hilti umgehen.«

Experiment: Streichholzschachteln umschubsen

Sie brauchen:
- eine durchschnittlich gebaute Frau
- einen durchschnittlich gebauten Mann
- eine Streichholzschachtel, einen Bauklotz oder einen anderen, ähnlich geformten und ähnlich großen Gegenstand

Sollten Sie ab und zu Yoga machen, wird Ihnen dieses Experiment vertraut vorkommen. Falls Sie Yoga hassen, denken Sie einfach nur an die Physik, die Ihr Leben ein weiteres Mal bereichert, während Sie für das Experiment auf die Knie gehen. Das meine ich wörtlich. Knien Sie sich auf den Boden. Beugen Sie Ihren Oberkörper vor. Als Yoga-Freundin oder -Freund möchten Sie nun die Arme entweder gerade nach vorn oder seitlich neben

Ihren Körper legen, um in die Stellung des Kindes zu kommen, aber wir machen es ein wenig komplizierter: Legen Sie Ihre Unterarme mit den Händen flach vor sich auf den Boden, und zwar so, dass Ihre Ellenbogen Ihre Knie berühren und die Linie der Beine verlängern. Nun lassen Sie sich eine Streichholzschachtel direkt vor Ihren Mittelfinger aufrecht hinstellen. Damit ist das Experiment vorbereitet.

Richten Sie den Oberkörper wieder auf und verschränken Sie die Arme auf dem Rücken. Versuchen Sie nun, die Schachtel umzustoßen, und zwar mit der Nase! Was einfach klingt, erweist sich als nahezu unmöglich, wenn sie ein Mann sind. Sie werden die Schachtel entweder gar nicht erreichen oder aber unverrichteter Dinge nach vorne kippen.

Als Mitglied des weiblichen Geschlechts hingegen sollte Ihnen diese Aufgabe leichtfallen. Sie werden in der Lage sein, die Nasenspitze gezielt zur Oberkante der Streichholzschachtel zu führen und diese unter dem Applaus der Männer zum Umfallen zu bringen.

Was steckt dahinter?

Ich muss die Frauen enttäuschen und die Männer beruhigen. Was manche für weibliche Geschicklichkeit oder gar Superkräfte bzw. für männliche Plumpheit halten, ist allein eine Frage des Schwerpunktes. Der Schwerpunkt ist der Punkt, an dem man sich die ganze Masse des Körpers versammelt denken könnte. Ob Sie als Mensch auf einer Waage stehen oder als kleiner, gleich schwerer Punkt, ist egal. Ob Ihre Kinder in Menschengestalt auf einer Wippe spielen oder als Miniaturen mit gleicher Masse im Schwerpunkt – egal. Ob die ISS als komplexe Raumstation um die Erde kreist oder als schwerer Klumpen am Schwerpunkt – für die Bewegung des Gesamtsystems ist das egal.

Nicht egal ist es hingegen, *wo* sich Ihr Schwerpunkt befindet. Wenn Sie stehen, befindet sich Ihr Schwerpunkt niemals vor Ihren Zehen oder hinter Ihren Fersen, denn dann würden Sie umkippen. Wenn Sie auf einem Fuß balancieren, muss Ihr Schwerpunkt genau über der Fläche Ihres Standfußes liegen. Noch schwieriger wird die Übung, wenn Sie die Standfläche verkleinern und auf den Zehenspitzen stehen. Ihre Fuß- und Beinmuskulatur hat dann viel zu tun, weil Ihr Schwerpunkt hin und her bewegt werden muss, um ihn über der winzigen Standfläche zu halten.

Handstandartisten verbringen Jahre damit, ihren Schwerpunkt immer wieder genau über ihren Handflächen zu halten. Egal, ob ein Künstler, auf einer Hand stehend, alle Gliedmaßen von sich streckt oder sich komplett verknotet: Der Schwerpunkt befindet sich genau über seiner Handfläche. Wenn nicht, fiele er einfach um.

Warum fallen Männer bei der Streichholz-Aufgabe aber nun um und Frauen nicht?

Auf den ersten Blick ließe sich vermuten, es verhielte sich genau andersherum, weil Frauen Brüste haben und Männer eher selten. Bei genauem Hinsehen wird aber klar, dass der gesamte Körperbau entscheidend für den Erfolg der Frauen ist. Der Körperschwerpunkt befindet sich bei Menschen etwa in Höhe des Bauchnabels. Allerdings trägt bei Männern der Oberkörper mehr zur Gesamtmasse bei als bei Frauen, bei denen Hüften und Oberschenkel einen größeren Anteil haben. Anders gesagt: Männer haben eher ein breites Kreuz, Frauen eher breitere Hüften. Daraus folgt, dass der Schwerpunkt bei Frauen im Vergleich zur Körpergröße wenige Zentimeter niedriger liegt als bei Männern. Das erlaubt ihnen, den Schwerpunkt hinten zu behalten und die Schachtel umzuschubsen.

Dieser Unterschied ist allerdings recht klein und bildet sich erst in der Pubertät deutlicher aus. Deshalb funktioniert das Experiment auch nicht immer. Als wir es vor Jahren mit mehreren Zuschauern im Fernsehstudio durchführten, gelang es nahezu niemandem, die Schachtel umzustoßen. Wir wurden schon nervös, denn es gab kein Ersatz-Experiment. Zum Glück erkannten wir, dass sowohl die männlichen als auch die weiblichen Testpersonen mitten im Teenageralter steckten. Keine breiten Schultern, keine breiten Hüften und keine gute Grundlage für ein erfolgreiches Fernsehexperiment. Abhilfe schuf schließlich eine sorgfältigere Auswahl der Testpersonen.

Seit einigen Jahren macht ein anderer ähnlicher Geschlechtertest von sich reden. Die Aufgabe lautet wie folgt: Stellen Sie einen Papierkorb oder einen Eimer direkt vor eine Wand. Positionieren Sie sich in zwei Fußlängen Abstand vor der Wand und beugen Sie sich im 90-Grad-Winkel vor, sodass Ihre Stirn die Wand berührt. Greifen Sie nach dem Papierkorb und versuchen Sie, sich mit ihm aufzurichten. Die Beine müssen dabei gestreckt bleiben. Sie ahnen das Ergebnis: Die Frauen schaffen es, die Männer nicht. Der Grund ist der gleiche wie oben: Männer sind oberkörperlastig.

Ich empfehle Ihnen, das Experiment mit allen Familienmitgliedern zu testen, rate allerdings dringend davon ab, es als Beweis dafür zu betrachten, dass Männer einfach nicht zum Müllrausbringen gemacht sind.

Oma und das Tote Meer

»Papa, bringst du uns was mit?«

Drei Kinder drängen sich um den Laptop, über dessen Bildschirm ein verpixeltes Bild von Marcus ruckelt. Wir skypen mit Jordanien. Dort zeigt Marcus Experimente in einem Wissenschaftsmuseum, zum Entzücken jordanischer Schulkinder.

Die Schulkinder zu Hause haben weniger Spaß. »Physik ist das langweiligste Fach der Welt«, schimpft Maximilian in die Skype-Kamera. »Heute haben wir das umgedrehte Wasserglas besprochen – das, wo man den Bierdeckel drauflegt, der nicht runterfällt. Das kennt doch jeder! In der Zehnten wähle ich Physik ab.«

Marcus guckt schockiert. »Nicht abwählen! Ich bringe ein spannendes Experiment mit. Wirklich!«

Eine Woche später steht der große Koffer im Flur und Marcus packt aus: Glitzertücher, verschnörkelte Kästchen mit Geheimfach. »Aber jetzt kommt das Beste«, verkündet er – und zieht zwei Plastikwasserflaschen aus dem Koffer. Die eine ist leer und zerknautscht, die andere halb mit trübem Wasser gefüllt.

»Wow«, sagt Maximilian. »Wasser.«

»Das sind Experimente!« Marcus legt die zerknautschte Flasche auf den Tisch. »Die habe ich in Amman ausgetrunken und dann mit nach Hause gebracht. Der Luftdruck hier ist größer und hat sie zusammengequetscht. Toll, oder?«

Aus der zweiten Flasche bekommt jeder von uns ein Schnapsglas voll.

Julia riecht misstrauisch an ihrem. »Ist das wirklich Wasser?« Sie trinkt nicht mehr alles, seit nach einer Indienreise einmal eine Wasserflasche in unserem Kühlschrank stand, die Cashewschnaps enthielt.

»Das ist Wasser«, beruhigt Marcus sie. »Aus dem Toten Meer. Könnt ihr probieren.«

Julia nimmt einen Schluck, läuft zur Spüle und spuckt aus. Dann trinkt sie ein Glas Leitungswasser auf ex.

»Salzig, ne?«, sagt Marcus stolz. »Im Toten Meer ist so viel Salz, dass es mich trägt, wenn ich mich einfach so aufs Wasser lege.«

»Mama kann das auch im Schwimmbad ohne Salzwasser«, wirft Lucie ein.

Ich gucke sie böse an. Leider stimmt es: Ich kann in jedem Wasser »toter Mann« spielen, Marcus nicht. Das hat mit der Körperdichte zu tun, mit Fettanteil und weniger schwerer Muskelmasse. Aber lassen wird das …

Marcus gießt das restliche Totes-Meer-Wasser in ein Weizenbierglas und stellt es auf die Fensterbank. »Das lassen wir jetzt verdunsten. Dann sehen wir, wie viel Salz im Wasser war.«

»Wie lange dauert das?«, will Maximilian wissen.

»Ein paar Wochen.«

»Langweilig! Wie das Experiment mit dem umgedrehten Glas in der Schule.«

»Nichts ist immer cool«, versuche ich ihn zu trösten. »Auch nicht Physik.«

Marcus widerspricht: »Klar ist Physik immer cool. Man muss sie nur richtig inszenieren. So ein Wasserglas ist einfach zu klein.«

Noch bevor der Jordanienkoffer ganz ausgeräumt ist, begeben sich Vater und Sohn auf die Suche nach einem *großen* Glas. Ein britisches Pintglas wird als zu klein verworfen, ebenso ein Weizenbierglas. Schließlich kommt Marcus mit einer Bodenvase aus dem Keller, in die wir manchmal Sonnenblumen stellen. Sie ist kniehoch und fasst fünf Liter Wasser.

»Dann viel Spaß bei der Suche nach dem passenden Bierdeckel«, muffelt Maximilian. Trotzdem schaut er zu, wie Marcus von einem Zeichenblock die Papprückseite abtrennt und die Vase unter den Wasserhahn stellt.

»Das nehmt ihr aber mit raus!«, mahne ich.

Im Vorgarten legt Maximilian die Pappe auf die mit Wasser gefüllte Vase. Marcus dreht sie um. Ein bisschen Wasser läuft raus, die Pappe färbt sich dunkel. Aber: Es hält!

»Ist cool in groß, oder?«, fragt Marcus stolz, erntet von Maximilian aber nur ein Achselzucken.

Am nächsten Tag kommt Marcus früher von der Arbeit. Aus der Tasche zieht er ein Tütchen mit gelben Luftballons. »Jetzt weiß ich, wie wir das noch größer machen mit dem Wasser.«

Erneut wird die Vase gefüllt. Marcus bläst einen Luftballon auf, legt ihn dorthin auf die Öffnung, wo gestern die Pappe lag. Er dreht die Vase um – und das Wasser bleibt tatsächlich drin. Der Luftballon verstopft die Öffnung, nur wenige Tropfen rinnen heraus.

Maximilian blickt überrascht auf die Vase. »Ist das fest?« Vorsichtig nimmt er die Vase und dreht sie wieder richtig herum. Jetzt sieht man sogar, wie der Ballon ein Stück hineingezogen wird. Dann wieder auf den Kopf – der Ballon bleibt stecken. Er schüttelt kräftiger. Der Ballon hält. »Nicht schlecht«, gibt er zu.

Marcus drückt seinem Sohn ein Feuerzeug in die Hand. »Jetzt lassen wir ihn platzen. Aber ...«

Doch Maximilian hält schon das Feuerzeug ganz nah an den Ballon, genau unten in der Mitte. Ein Knall, und ein Schwall Wasser ergießt sich über seinen Arm und seine Füße.

»... aber langsam erhitzen, wollte ich sagen«, ergänzt Marcus und fängt an zu lachen, während ein nasser 13-Jähriger sich möglichst würdevoll zurückzieht.

Mit vergossenem Wasser endet vier Wochen später auch das Verdunstungsexperiment mit der Brühe aus dem Toten Meer. Als der Pegel im Weizenbierglas endlich deutlich gesunken ist und sich am Boden eine weiße Schicht abzeichnet, kommen Oma und Opa unserer Kinder zu Besuch. Wir freuen uns alle wie Bolle, wenn sie kommen. Oma und Opa lachen viel, kochen toll, haben immense Nerven und einen Blick dafür, was im Haushalt zu tun ist. Wir lieben sie sehr.

»Hier steht ja noch altes Blumenwasser«, sagt Oma diesmal – und entsorgt das Glas mit einem Handgriff in die Spülmaschine.

Lucie, die gerade beim Kochen hilft, steht entsetzt daneben. Dann kreischt sie los: »Papa, Oma hat das Tote Meer ausgekippt!«

 ## Experiment: Wasser kopfüber

Der Klassiker – aber so groß haben Sie das noch nie gesehen!

Sie brauchen:
- für alle Versionen: Wasser!

für die kleine Version:
- ein Wasserglas
- einen Bierdeckel, eine Postkarte oder ein Stück Pappe

für die mittlere Version:
- eine runde Blumenvase, idealerweise aus Glas
- einen Luftballon

für die große Version:
- einen Eimer

- ein Schwimmbad oder einen Strand
- einen Wasserball

So geht's:
Füllen Sie das Gefäß mit Wasser und legen Sie den Deckel, den Ballon oder den Ball so darauf, dass er das Gefäß dicht abschließt. Drehen Sie beides zusammen um, sodass die verschlossene Öffnung unten ist. In allen Fällen sollte ein wenig Wasser aus dem Gefäß entweichen. Entweder wird es vom Bierdeckel aufgesaugt oder es läuft am Ballon bzw. Wasserball vorbei nach unten. Nun lassen Sie den Deckel vorsichtig los. Das Wasser bleibt im Gefäß!

Was steckt dahinter?
Wieder einmal: der Luftdruck! Aber ganz so einfach ist es diesmal nicht ...

Da das Funktionsprinzip bei allen Varianten das gleiche ist, gehen wir davon aus, wir hätten das Experiment mit einem Kölschglas gemacht. Erstens, weil ich Kölsch lecker finde, das traue ich mich als langjähriger Westfale einfach mal zu sagen. Und zweitens, weil die Gläser relativ zylindrisch sind. Das macht die physikalische Betrachtung einfacher. Danke dafür, Köln!

Zum Experiment: Nehmen wir an, wir würden das Glas bis zum Eichstrich füllen und einen Bierdeckel darauflegen. Wenn wir das Glas nun umdrehen, wird der Bierdeckel nass. Er tut das, wofür er da ist, und saugt ein wenig Wasser auf. Das bedeutet, dass sich im Glas nun weniger Wasser als vorher befindet. Die Luft im Glas muss sich ausdehnen, um den Platz zu füllen.

Wenn Luft sich ausdehnt, sinkt der Luftdruck. Angenommen, in einem Kölschglas wären 1000 Luftteilchen (natürlich sind es in Wahrheit viel mehr). Diese Teilchen bewegen sich und stoßen dabei immer wieder an die Glaswand. Dieses Anstoßen ist der Luftdruck. Füllen wir unsere 1000 Luftteilchen nun um in ein Weizenbierglas, haben sie viel mehr Platz, um sich lockerer zu verteilen. Und sie stoßen weniger häufig gegen die Glaswand. Der Luftdruck ist also gesunken.

Damit haben Sie schon einen Teil des Boyle-Mariotteschen Gesetzes verstanden! Das Gesetz besagt, dass sich Druck und Volumen eines Gases umgekehrt proportional verhalten. Je mehr Druck, desto kleiner macht sich das Gas. Je weniger Druck, desto mehr Volumen nimmt es ein. Für unser Bierglas bedeutet das: Fülle ich meine 1000 Luftteilchen in ein doppelt so großes Glas, sinkt der Druck auf die Hälfte. Allerdings nur, wenn die Temperatur konstant ist. Lassen Sie Ihr Wasser also nicht warm werden, während Sie das Experiment machen.

Das Boyle-Mariottesche Gesetz lässt sich gut auf Kindergartenfeiern einsetzen. Etwa wenn Sie ausrechnen wollen, wie viele Luftballons Sie mit einer Heliumflasche füllen können. Eine normale Heliumflasche aus dem Baumarkt hat normalerweise ein Volumen von zehn Litern. Das Gas darin steht unter einem sehr hohen Druck von 200 bar.

Draußen im Kindergarten herrscht nur ein normaler Umgebungsdruck von etwa 1 bar – und auch in einem Luftballon ist der Druck nicht wesentlich höher. Das Gas kommt also aus der Flasche und erlebt plötzlich nur noch 1/200 des Drucks, den es vorher hatte. Es tut, was das Boyle-Mariottesche Gesetz ihm erlaubt: Niedrigerer Druck führt zu mehr Volumen – das Helium dehnt sich aus, auf das 200-Fache seines vorigen Volumens. In der Gasflasche betrug das Volumen 10 Liter, nun nimmt das Gas 2000 Liter ein.

Ein normaler Luftballon hat ein Volumen von etwa 10 Litern. Sie können mit der Gasflasche also 200 Kinder glücklich machen! Trotzdem würde ich als erfahrener Kindergarten-Papa empfehlen, nicht zu knapp zu kalkulieren. Erfahrungsgemäß gibt es durch übermotivierte Eltern beim Befüllen immer eine paar geplatzte Ballons. Und man muss eine gewisse Menge Helium einplanen, die verloren geht, wenn die Väter das Gas zwecks Stimmerhöhung inhalieren ...

Zurück zum Kölschglas-Experiment. Wir haben es mal gemessen: Bei zehn Versuchen, die wir mit einem Glas wie oben beschrieben durchgeführt haben, wurde jeweils 1 ml Wasser in den Bierdeckel gesaugt. Dadurch sinkt der Luftdruck im Glas um 23 Millibar (von 1013 Millibar auf 990 Millibar).

Unten auf dem Deckel ist der Druck aber wieder ein bisschen größer, denn das Wasser im Glas drückt ja auch auf den Deckel. Wie stark, lässt sich vom Tauchen ableiten. Dort gilt die Faustregel: In zehn Meter Tiefe erlebt der Taucher einen Wasserdruck

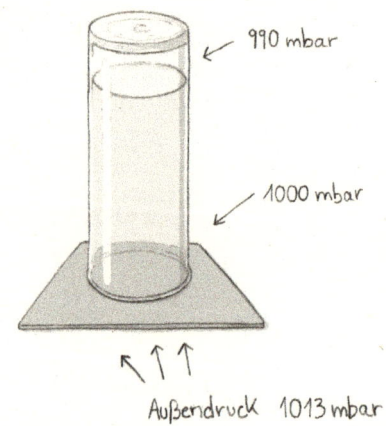

von 1 bar (=1000 mbar). Wenn zehn Meter Wassersäule für einen Druck von 1000 mbar sorgen, dann sorgen zehn Zentimeter im Kölschglas für 10 mbar.

Unten im Glas herrscht nun also ein Druck von 1 bar (990 mbar + 10 mbar = 1000 mbar, also 1 bar). Und das ist auch gut so! Denn der Luftdruck außerhalb des Glases ist größer. Er beträgt 1,013 bar und ist kräftig genug, um den Bierdeckel zu tragen und das Wasser am Herausplatschen zu hindern.

Ein Tipp für alle, die das Experiment mit Kindern durchführen möchten: Sorgen Sie dafür, dass ziemlich viel Wasser im Glas ist. Dann lässt sich der Bierdeckel am Ende des Experiments nicht ganz so leicht lösen, etwa wenn ein Kind versehentlich dagegen stößt. Er geht immer noch problemlos ab, aber Sie verhindern auf diese Weise vielleicht eine Überschwemmung in Ihrer Küche.

Echte Arbeit

Zum Schreiben sitze ich gern beim Bäcker. Dort ist es nicht besonders gemütlich. Es ist kein Hipstercafé, in dem lässige Menschen mit Brille auf Laptops tippen. Es ist ein Bäcker. Grüppchen von alten Damen erzählen sich von Krankheiten. Auf den Tischen sieht man die Abwischspuren, im Hintergrund läuft ein Schlagersender.

Der Grund, warum ich gern beim Bäcker sitze, ist das Fenster zur Backstube. Von den Tischen im Verkaufsraum aus kann man zugucken, wie dort gebacken wird. Zwei Meter neben mir, auf der anderen Seite der Scheibe, wuchtet ein tätowierter Riese einen Berg Teig auf einen Metalltisch. Er rollt ihn aus mit einem Nudelholz, dick wie ein Baum. »Backen ist geil« steht auf seinem bemehlten Shirt.

Ich sitze vor meinem Laptop, und irgendwie beruhigt es mich, dass neben mir Arbeit getan wird. Echte Arbeit. Marcus und ich arbeiten zwar auch, es sieht aber nicht immer danach aus.

Im Kindergarten sollte Lucie einmal malen, was ihre Eltern arbeiten. Das Bild geriet eher abstrakt: zwei Strichmännchen in einem bunten Chaos.

»Mein Papa macht Quatsch mit Experimenten«, erklärte sie ihr Werk, »und Mama tippt am Computer.« Nach echter Arbeit klang das nicht.

»Die Kinder bekommen einfach zu wenig davon mit, was wir machen«, befand Marcus. Am nächsten Morgen verabschiedete er Lucie nicht an der Kindergartentür. Er ging hinein zur Leiterin und machte ihr einen Vorschlag: Einmal im Monat wollte er in den Kindergarten kommen und mit den Kindern experimentieren.

Zum ersten Termin brachte er ein Kilo Salz mit. Die Kinder rührten das Salz in Wasser ein, bis es sich aufgelöst hatte.

»Unsichtbar!«, flüsterte ehrfürchtig ein kleiner Junge mit Spidermanshirt.

Dann hielten die Kinder einen Teelöffel Salzwasser über ein Teelicht, bis das Wasser verdampft und der Löffel mit einer weißen Kruste überzogen war.

»Was ist das Weiße auf dem Löffel?«, fragte Marcus.

»Zucker!«, rief Spiderman.

Lucies Freunde wussten nun: Ihr Vater macht Gewürze.

Zum nächsten Termin schleppte Marcus unseren Wassersprudler an. »Wer weiß, wie man damit eine Kerze ausmachen kann?«

»Wasser draufgießen!«, schrie ein Junge im Darth-Vader-Pulli. Es war der, der letztes Mal das Spidermanshirt getragen hatte.

Marcus stellte die leere Wasserflasche unter den Sprudler und drückte auf den Knopf. Ein Zischen ertönte, Marcus nahm die Flasche und hielt sie schräg über ein Teelicht. Das Teelicht erlosch.

»Ooooh!«, riefen die Mädchen.

»Die Macht!«, raunte Darth Vader.

»Das war das Sprudlergas, das man sonst ins Wasser sprudelt«, erklärte Marcus. »Kohlendioxid heißt das. Es löscht die Kerze aus, weil die Kerze Luft braucht, um zu brennen, und kein Kohlendioxid.«

»Schmeckt das Cola-Oxid auch nach Cola?«, fragte Darth Vader.

Marcus schüttelte den Kopf. »Aber es ist kalt. Fühlt mal!« Er drückte auf den Knopf, und die Kinder hielten die Hände unter den kühlen Strahl. »Das Gas ist kalt, weil es in der Sprudlerpatrone zusammengedrückt war und jetzt sehr schnell herausschießt«, erklärte Marcus.

»Kann man damit Eis machen?«, fragte ein Mädchen im Einhornpulli. »Meine Mama arbeitet in einer Eisdiele.«

Dass in einer Eisdiele zu arbeiten besser ist, als kaltes Gas aus einem Sprudler zu drücken, verstand Marcus sofort. »Da«, sagte er, »bringst du mich auf eine Idee ...«

Am Nachmittag kommt Maximilian in die Küche, als Marcus und Lucie gerade eine Socke an den auf dem Kopf stehenden Wassersprudler halten.

»Wie eklig ist das denn!?«, ruft Maximilian.

»Die ist sauber«, verteidigt sich Marcus. »Außerdem haben wir gleich selbst gemachtes Trockeneis.« Tatsächlich qualmt die Socke beträchtlich – sie qualmt so gut, dass dieser Effekt einen Monat später im Kindergarten vorgeführt werden kann. Wenn auch mit einem Geschirrtuch statt einer Socke. Trockeneis aus dem Wassersprudler: Damit ist unter den Kindern nun immerhin geklärt, dass Lucies Vater nicht *nur* Gewürze macht.

Allerdings ist all das natürlich nicht so ein guter Beruf wie Bäcker. Eine befreundete Naturwissenschaftlerin half neulich während ihrer Elternzeit in der Bäckerei in ihrem Dorf aus. Seitdem ist sie der Star im Kindergarten ihrer Tochter. Die erzählt jeden Morgen: »Ich habe heute ein Brötchen gekauft. Bei meiner Mama!«

 ## Experiment: Trockeneis selber machen

Sie brauchen:

- einen Wassersprudler (Sodastream oder ähnliches Fabrikat, bei dem eine Flasche voll Leitungswasser in das Gerät geschraubt wird)
- dicke Handschuhe gegen die Kälte (Winterhandschuhe oder Arbeitshandschuhe)
- ein Geschirrtuch

So geht's:

Legen Sie die Sprudlerpatrone ein paar Stunden ins Eisfach, um
die Trockeneisausbeute zu verbessern. Schrauben Sie die Patrone in Ihren Wassersprudler. Ziehen Sie Handschuhe an und halten Sie den Sprudler über Kopf, sodass die Düse nach oben zeigt.
Stülpen Sie das Geschirrtuch so über die Düse, dass über der Öffnung eine Art Sack entsteht. Halten Sie mit der einen Hand das
Handtuch an der Düse fest und betätigen Sie mit der anderen
Hand beherzt den Taster, um das Gas mit Schmackes ins Geschirrtuch zu leiten. Nach kurzer Zeit sollte sich bereits das erste
Trockeneis im Tuchsack befinden. Wenn Sie viel herstellen wollen: Viel hilft viel. Drücken Sie einfach so lange, bis der Druck in
der Flasche nachlässt. Nun falten Sie das Tuch auseinander und
bestaunen das Ergebnis!

Tricks mit Trockeneis

Bevor ich zu den genaueren physikalischen Hintergründen der
Abkühlung komme, müssen wir natürlich erst einmal mit dem

Trockeneis spielen! Man kann wirklich schöne Dinge damit anstellen.

Trockeneis-Nebel

Der wunderbare Klassiker: Geben Sie einen Klumpen Trockeneis in ein Glas mit warmem Wasser und erzeugen Sie Trockeneis-Nebel. Erhitzt vom warmen Wasser, macht das Trockeneis seinem Namen alle Ehre: Es verdampft, ohne flüssig zu werden, und bleibt dabei trocken. Es »sublimiert«, wie der Physiker sagt. Am schönsten kann man das beobachten, wenn Sie das Trockeneis unter Wasser tauchen und zusehen, wie Blasen aufsteigen .

Trockeneis besteht aus Kohlendioxid. Das ist im gasförmigen Zustand farblos und durchsichtig. Den Nebel verdanken wir dem Wasser. Wenn das Trockeneis nämlich zu Gas wird, reißt es kleinste Wassertröpfchen mit sich, die in der Summe den Nebel erzeugen, den wir auch aus dem Theater kennen.

Die aufgeblasene Tüte

Füllen Sie einen Klumpen Trockeneis in einen Gefrierbeutel, drücken Sie so viel Luft heraus wie möglich und verschließen Sie ihn mit einem Gummiband oder einer Klemme. Der Beutel wird sich nach und nach aufblasen, immer stärker, eventuell bis er platzt. Das Trockeneis wird wieder zu gasförmigem Kohlendioxid. Das nimmt ein 860-Mal größeres Volumen ein.

Die Trockeneis-Blase

Mischen Sie in einem Glas warmes Wasser mit viel Spülmittel und tunken Sie einen Lappen hinein. Geben Sie das Trockeneis in ein weiteres Glas mit warmem Wasser. Nun nehmen Sie den Lappen mit der Spülmittellösung und ziehen einen Seifenfilm über das Trockeneis-Glas. Sie haben den Trockeneis-Nebel eingefangen! Da das Trockeneis weiter sublimiert, wird die Blase immer größer! Sie ist übrigens äußerst stabil, weil das wegen des Nebels sehr feuchte Kohlendioxid die Seifenhaut am Austrocknen hindert.

Nun aber genug gespielt. Kommen wir zu den physikalischen Hintergründen. Zunächst zur offensichtlichsten Frage:

Warum halten wir den Sprudler über Kopf?
In der Sprudlerkartusche befindet sich Kohlendioxid (CO_2). Der Großteil davon ist flüssig. Die Kälte im Handtuch entsteht, ganz kurz gesagt, weil sich das Kohlendioxid sehr schnell ausdehnt und dabei abkühlt. Am stärksten ist der Effekt, wenn es direkt vom flüssigen in den gasförmigen Zustand übergeht. Wir müssen also zusehen, dass flüssiges CO_2 aus dem Sprudler entweicht. Halten wir ihn normal, kommt aber nur gasförmiges CO_2 aus der Düse. Denn oben in der Kartusche befindet sich nun mal Gas und unten die Flüssigkeit. Wenn Sie den Sprudler auf den Kopf stellen, drückt das Gas das flüssige Kohlendioxid aus der Düse heraus. Voilà!

Was steckt dahinter?
Lassen Sie uns versuchen, die wundersame Entstehung des Trockeneises auseinanderzudröseln. Wir können sie in drei Phasen einteilen.

Phase 1: Das flüssige Kohlendioxid wird gasförmig

In Flüssigkeiten hängen die Moleküle zusammen – sie bewegen sich fröhlich hin und her, mit leicht unterschiedlichen Geschwindigkeiten, sind aber immer miteinander verbunden. Das gilt für Kohlendioxid, aber auch für Wasser, zum Beispiel für den Schweiß auf unserer Haut beim Sport.

Um zu verdampfen, müssen sich einzelne Moleküle von ihren Kollegen lösen. Das fällt ihnen nicht leicht, denn das kostet Energie. Es ist ja auch einfacher, mit den Kumpels auf dem Sofa sitzen zu bleiben, als joggen zu gehen. Ein Wassermolekül im Schweiß kann sich erst von seinen Kumpels lösen, wenn es einen genügend starken Schubs bekommt. Dann kann es das Wasser in Richtung Freiheit, also in die Luft, verlassen. »Schubs« sollte man nicht sagen, wenn man in der mündlichen Physik-Prüfung sitzt, aber es ist klar, was damit gemeint ist: Das Molekül muss von anderen Molekülen Energie übertragen bekommen, um sich von ihnen zu lösen.

Die Kumpels unseres Schweißmoleküls haben nun also Energie aufgebracht, um es in die Freiheit zu schubsen. Diese Energie fehlt ihnen jetzt – sie sitzen noch träger auf dem Sofa. Im Schweiß sinkt durch den Energieverlust die Temperatur. Wir spüren, dass Schwitzen uns kühlt.

Zurück zum Kohlendioxid: Wenn es in der Düse unseres Wassersprudlers verdampft, passiert das Gleiche, was beim Schwitzen auf der Haut passiert: Der Flüssigkeit wird Wärme entzogen. Natürlich ist dann das entstandene gasförmige Kohlendioxid auch kälter[2].

---

2 Zum Problem wird diese Kälte in Propan-Gasflaschen auf dem Weihnachtsmarkt. In der Flasche ist das Propan flüssig. Wenn es herausströmt, verdampft es. Die Wärme, die es dafür braucht, klaut es dem flüssigen Propan, das noch in der Flasche ist. In der Flasche wird es also kühler. Wenn Sie nun der Be-

Das reicht aber noch nicht aus, um die Entstehung von Trockeneis zu erklären.

Phase 2: Das gasförmige Kohlendioxid dehnt sich aus

Das Kohlendioxid ist nun als kaltes Gas der Flasche entwichen. Es steht noch unter Druck und möchte sich weiter ausdehnen. Dabei kühlt es sich weiter ab. Warum das denn, könnte man jetzt denken, es ist doch endlich in Freiheit?

Tatsächlich aber ziehen sich die Kohlendioxid-Moleküle immer noch ein wenig gegenseitig an. Sie sind zwar elektrisch neutral, die Ladungen im Molekül sind aber unausgewogen verteilt. In den Atomkernen sitzen die positiven Ladungen, umgeben von negativ geladenen Elektronenwolken, die sich ständig ein wenig hin und her verschieben. Die daraus entstehende Anziehungskraft wird Van-der-Waals-Kraft genannt. Sie sorgt im flüssigen Kohlendioxid für den Zusammenhalt der Moleküle und hält auch das Gas ein wenig zusammen. Chemiker sagen deshalb, Kohlendioxid sei kein »ideales Gas«. Wäre es ideal, würden die Gasteilchen sich einfach gleichmäßig ausdehnen.

Aber so schafft das Kohlendioxid das nicht. Es muss die restliche Anziehungskraft überwinden. Dafür braucht es wieder Energie, und die kommt erneut aus dem Kohlendioxid selbst. Die Moleküle schubsen sich gegenseitig aus dem Weg und über-

---

treiber eines Weihnachtsmarktstandes sind und in der Kälte Tausende von Kartoffelpuffern braten möchten, brauchen Sie viel Gas. Denn das Propan verdampft sehr schnell und in der Flasche wird es immer kühler. Oft bildet sich außen richtig Raureif. Leider verdampft sehr kaltes Propan nicht mehr so gut und der Kartoffelpuffer-Grill droht zu schwächeln. Die Lösung einiger Kartoffelpuffer-Wirte: Sie nehmen einen Unkrautentferner-Brenner und heizen die Flasche mit dem Propan einfach von außen auf. Physikalisch macht das Sinn. Aber wirklich auch nur physikalisch, denn Gasexplosionen sind schlecht. Sehr schlecht.

winden dabei die Van-der-Waals-Kräfte. Dabei verlieren sie insgesamt Energie und werden damit noch kälter. Auf diese Weise erreicht das Kohlendioxid locker die Temperatur von -78,5 °C, die es braucht, um fest zu werden, also zu »resublimieren«. Und zu Trockeneis zu werden!

Phase 3: Das Gas wird fest

Kohlendioxid kann also direkt vom gasförmigen in den festen Zustand wechseln – und zurück. Es muss dazwischen nicht flüssig werden. Das hört sich wie eine exotische Eigenschaft an, die gibt es aber auch ganz profan bei Wasser. Wenn Sie im Winter bei Frost draußen Wäsche aufhängen, trocknet sie. Die Feuchtigkeit in der Wäsche gefriert, und das Eis wird direkt zu Wasserdampf, wenn auch sehr langsam. Es sublimiert! Der umgekehrte Prozess ist häufiger: Die Bildung von Raureif ist nichts anderes als die Resublimation von Luftfeuchtigkeit, also von Wasserdampf aus der Luft zu Eis.

Was passiert nun im Geschirrtuchsack? Zunächst einmal schaffen wir damit einen Raum, in dem sich das kalte Gas nicht mit der warmen Umgebungsluft mischt. Dadurch erreicht es schnell die Temperatur von -78,5 °C , bei der Kohlendioxid fest wird. An der Innenseite des Tuches bilden sich die ersten Gefrierkeime, dann wird mehr und mehr Kohlendioxid fest und bildet eine hübsche Menge Trockeneis.

Für die Experten unter Ihnen noch ein kleines Detail: Bei der Bildung des Trockeneises entstehen feste Bindungen zwischen den Kohlendioxidmolekülen. Ein Molekül schnappt mit einem anderen zusammen und bringt Bewegung ins Trockeneis – und damit Energie und Wärme! Diese Energie nennt man Sublimationswärme. Sie kann den Vereisungsprozess aber nicht aufhalten, weil ständig neues, kaltes Gas nachströmt, das das Trockeneis kühlt.

Fazit

Am Ende haben wir einen schönen Haufen Trockeneis-Schnee, den man mit den Handschuhen wie einen Schneeball zusammenpressen kann. Bei meinen Versuchen konnte ich aus einer tiefgekühlten Patrone 45 Gramm Trockeneis herstellen. Keine schlechte Ausbeute, wie ich finde. Die zimmerwarme Patrone lieferte gerade einmal 24 Gramm. Was lernen wir daraus? Vorkühlen lohnt sich!

Nicht vom Beckenrand hängen!

Die Augen des Jungen unter Wasser sind weit aufgerissen. Dunkle Haare wallen um seinen Kopf wie Wasserpflanzen, sein Mund öffnet sich, als wollte er etwas rufen. Doch der Männerarm drückt ihn auf den Boden des Beckens.

»Hey! Aufhören!«

Der Bademeister springt aus dem weißen Plastikstuhl und rennt auf Marcus zu. Seine Plastiklatschen platschen auf den nassen Fliesen. Er packt Marcus am Arm und reißt ihn weg, dann kniet er sich an den Beckenrand, wo Maximilian hustend auftaucht.

»Alles okay?«, fragt der Bademeister.

Maximilian hustet noch einmal, holt Luft und schreit los: »Warum hast du losgelassen, Papa? Ich hatte es fast.«

Marcus nickt mit dem Kopf Richtung Bademeister und verdreht die Augen.

»Junge«, sagt der Bademeister ernst und zupft an seinem Schnurrbart, »dein Vater hat versucht, dich zu ertränken!«

Zu seiner Verblüffung fängt das Opfer an zu lachen. Auch der Täter grinst.

Aus dem Nichtschwimmerbecken kommt ein kleines Mädchen mit Schwimmflügeln herüber. »Papa, drückst du mich auch mal unter Wasser?«

Der Bademeister versteht die Welt nicht mehr. Er zieht das weiße Polohemd glatt. »In meine Kabine. Alle.«

Marcus seufzt. Der Bademeister mit dem Schnurrbart herrscht seit Jahrzehnten über das Schwimmbad in unserem Stadtteil. Es ist *sein* Bad, es gelten *seine* Regeln. An den Wänden hat der Bademeister laminierte Fotos mit Unterschriften in großen Buchstaben aufgehängt: »So stapeln Sie die Schwimmnudeln richtig«, und: »Badelatschen am Beckenrand ordentlich nebeneinanderstellen«. Marcus kann vieles, außer ordentlich – und so gab es schon den einen oder anderen Konflikt mit dem Bademeister. »Schwimmbadnazi«, nennt Marcus ihn dann auf dem Weg nach Hause.

Nun sitzen Marcus, Maximilian und Lucie aufgereiht auf der Rettungsliege und versuchen, dem Schwimmbadnazi zu erklären, was für faszinierende Experimente sich in seinem Becken machen lassen: Luftringe, die so stabil sind, dass sie meterweit durchs Wasser gleiten. »Das sieht total magisch aus«, beteuert Marcus, »wirklich, physikalisch sehr interessant.« Nur müsse man es eben schaffen, einige Sekunden ruhig am Boden des Beckens zu liegen und Luft durch den Mund auszustoßen.

»Ich klemme immer meine Füße unter die Treppe, die ins Becken führt«, erklärt Marcus, »oder ich lege die Füße auf den Beckenrand und lasse den Oberkörper rückwärts ins Wasser hängen. Aber die Kinder schaffen das noch nicht. Deshalb helfe ich ihnen.«

Der Bademeister streichelt seinen Schnurrbart. Er starrt auf die Baderegeln, die laminiert an der Wand hängen. Sind Männer, die unter Wasser Luftringe ausstoßen, mit diesen Baderegeln in Einklang zu bringen? Leider fällt ihm keine Regel ein, gegen die der Verrückte verstoßen haben könnte. Weder ist er ungeduscht noch mit vollem Bauch ins Wasser gegangen. Er schwimmt auch nicht in Unterwäsche. »Hm«, macht der Bademeister. »Wenn es sein muss, machen Sie weiter.«

Über den Rand seiner Zeitung verfolgt der Bademeister, wie Marcus und die Kinder die Füße auf den Beckenrand legen und die Oberkörper unter Wasser hängen. »Blubb«, macht es, »blubb«, und ein Luftring nach dem anderen steigt an die Oberfläche. Der Bademeister macht ein Foto. Daraus wird er ein neues Verbotsschild basteln. Er wird es direkt neben das Schild hängen, auf dem »Nicht vom Beckenrand springen« steht. »Nicht vom Beckenrand hängen« soll darauf stehen.

Bis das neue Schild hängt, starten Marcus und die Kinder schon mit der ersten Innovation. Mit einer Einwegwasserflasche aus dünnem Plastik, stellen sie fest, lassen sich noch viel stabilere Ringe machen, die sich meterweit durchs Wasser bewegen. Dafür muss man nicht mal vom Beckenrand hängen.

Am Abend nach dem Schwimmen faltet sich Marcus – zusammen mit 25 anderen Vätern und Müttern – auf zu kleinen Stühlen. Zwei Stunden Elternabend sind überstanden, die Lehrerin strahlt in die Runde. »Jetzt brauchen wir nur noch eine tolle Idee für den Spielestand auf dem Schulfest.«

26 Eltern machen sich klein auf den Kinderstühlen. Schweigen. Die Lehrerin guckt von einem zum anderen. Als sie bei Marcus ankommt, leuchtet ihr Gesicht auf.

»Der Herr Weber kann doch etwas machen! Ein Experiment!«

Marcus' Augen sind noch rot vom Chlor. Der Abend war lang, er möchte nach Hause. »Okay«, sagt er ergeben.

So kommt es, dass vier Wochen später die Wirbelringe Premiere auf dem Trockenen feiern. Die Kinder stehen Schlange, um mit einer Flasche eine Kerze auszuschießen oder mit einem Eimer, der mit einem Loch im Boden und oben mit einer Membran versehen wurde, eine Pyramide aus Pappbechern umzuballern. Ganz hinten in der Schlange steht ein Mann mit Polohemd und Schnurrbart, den Marcus in langen Hosen kaum erkannt hätte: der Bademeister.

Als er und sein Enkel an der Reihe sind, haut der Junge auf die Flasche, ein unsichtbarer Wirbelring weht die Kerze aus. Das Kind strahlt.

»Das musst du mal bei mir im Schwimmbad machen«, sagt der Bademeister zu seinem Enkel. »Da kann man die Ringe sogar im Wasser sehen. Das sieht toll aus.«

Experiment: Schwimmbad-Wirbelringe

Ich muss gestehen: Ich bin ein großer Fan jeder Art von Wirbeln. Im Wasser, in der Luft, farbig, unsichtbar oder mit Nebel. Einfach schön!

Sie brauchen:
- etwas Luft
- eine Schwimmbrille
- eine Einweg-PET-Flasche
- einen Teller

So geht's:

Variante 1

Was Sie nun ausprobieren werden, wird Sie begeistern! Das Ziel ist, sich im Schwimmbad auf den Boden zu legen und Wirbelringe nach oben zu pusten. Damit dies gelingt, setzen Sie Ihre Schwimmbrille auf und suchen sich eine Stelle im Schwimmbad, wo eine Leiter ins Wasser führt.

Steigen Sie mit viel Luft in den Lungen hinab, legen sich auf den Boden, halten mit einer Hand die Nase zu und sich selbst mit der anderen Hand an der Leiter fest, damit Sie nicht auftreiben. Nun legen Sie den Kopf in die Waagerechte und machen ein kräftiges »Puh!« (bzw. mehrere, denn Sie haben ja hoffentlich noch Luft). Mit etwas Übung können Sie mit den Luftblasen Wirbel erzeugen, die langsam und majestätisch an die Oberfläche steigen. Ich kann nur wiederholen, dass mir diese Wirbel die allergrößte Freude bereiten und auch meine Kinder gelernt haben, wie man sie macht.

Testen Sie auch Variationen: kleine Wirbelringe mit wenig Luft, dicke Wirbelringe mit viel Luft. Probieren Sie, ob Sie es schaffen, einen Ring einen zweiten überholen zu lassen. Es ist sogar möglich, mit den Ringen Dinge zu transportieren: Lassen Sie jemanden einen Kunststoff-Flaschendeckel in die Nähe des Wirbelringes ins Wasser legen. Dieser rotiert um den Wirbel herum und wird mit nach oben gezogen!

Variante 2
Tauchen Sie einen Teller zur Hälfte ins Wasser. Schieben Sie mit dem Teller das Wasser etwa 20 cm langsam vor sich her. Ziehen Sie den Teller zügig, aber vorsichtig heraus: Es entstehen zwei kleine Strudel an der Wasseroberfläche, etwa einen Tellerdurchmesser auseinander, die gemütlich parallel durchs Wasser wirbeln. Besonders effektvoll sind diese Wirbel, wenn Sonnenlicht von der Seite auf die Wasseroberfläche scheint – dann sind die verzerrten Schatten der Wirbel am Beckenboden zu sehen.

Interessanterweise ist dieses Wirbelphänomen fast das gleiche wie der Wirbel aus dem Mund – nur dass sich hier unter der

Wasseroberfläche lediglich ein halber Wirbelring verbirgt. Er kann sichtbar gemacht werden, wenn Sie Lebensmittel- oder Badewasserfarbe in die beiden Wirbel träufeln. Der Wirbel nimmt die Farbe einfach mit und transportiert sie in dem Halbkreis durch das Becken. Das machen Sie natürlich besser in der Badewanne als im öffentlichen Schwimmbad.

Oder tauchen Sie, wenn Sie Kaffee oder Tee trinken, Ihren Löffel halb in die Tasse und schieben ihn ein Stück nach vorn. Wenn Sie ihn vorsichtig herausziehen, sollten Sie zwei kleine gegenüberliegende Strudel erzeugen. Ihre Freunde werden begeistert sein, wenn Sie ihnen das beim nächsten Treffen im Café zeigen – oder Sie für komplett verrückt erklären.

Variante 3
Für verrückt erklärt werden Sie spätestens, wenn Sie im Schwimmbad den folgenden Versuch durchführen (aber Sie lassen sich davon natürlich nicht beeindrucken, denn Sie sind ja im Auftrag der Wissenschaft unterwegs!).

Nehmen Sie eine PET-Flasche und füllen Sie sie vollständig mit Wasser. Jetzt legen Sie die Flasche unter Wasser waagerecht auf Ihre schwache Hand. Versetzen Sie der Flasche von oben seitlich einen kräftigen Schlag mit der Faust. Vor der Mündung der Flasche entsteht ein Wirbelring, der sich mit beachtlicher Geschwindigkeit unter Wasser ausbreitet. Sehen können Sie ihn nicht, aber fühlen. Bei jedem Treffer jauchzte meine kleine Tochter auf, weil es sie kitzelte.

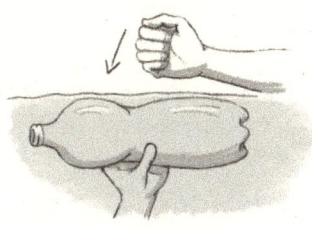

Jetzt können Sie versuchen, unter Wasser andere Badegäste abzuschießen – oder Sie steigern Ihr Vergnügen noch, indem Sie aus den unsichtbaren Wirbelringen Luft-Ringe machen. Bitten Sie jemanden, mit der Hand kräftig aufs Wasser zu schlagen und somit Luftbläschen ins Wasser zu treiben. Wenn man das geschickt macht, bleiben die Bläschen für einige Sekunden unter Wasser in Ihrem Flaschen-Schussfeld. Feuern Sie nun kräftig Wirbelringe ab. Die Wirbelringe verleiben sich die Luftbläschen ein und breiten sich weiter waagerecht aus. Das klappt über viele Meter. Ich konnte es selbst kaum glauben, als ich das zum ersten Mal sah!

Es geht aber noch weiter! Es ist möglich, die mit Luft gefüllten Wirbel an der Wasseroberfläche wieder nach unten abprallen zu lassen. Schießen Sie die Wirbel durch die Luftbläschen im flachen Winkel unter die Wasseroberfläche. Manchmal tauchen die Wirbel, nachdem sie die Oberfläche erreicht haben, einfach wieder nach unten ab.

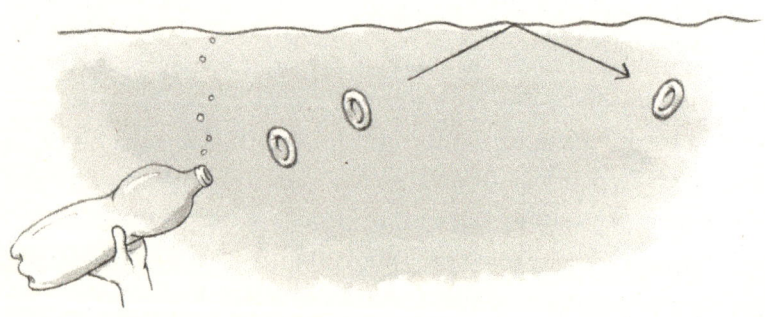

Oder Sie probieren das Gleiche mit Wasserwirbeln. Ab und zu gelingt es, dass die Wasserwirbel an der Oberfläche Luft »tanken« und sich als Luft-Wirbelring unter Wasser weiter ausbreiten. Faszinierend, oder? Hatte ich ja gesagt!

Experiment:
Luft-Wirbelringe für zu Hause

Sie brauchen:
- einen Pappkarton
- Paketband
- eine Schere oder ein Messer
- einen großen Müllbeutel
- einen Teller, eine Untertasse oder einen anderen runden Gegenstand
- einen Stift

Wenn Sie die Wirbelringe sichtbar machen wollen:
- eine einfache Nebelmaschine (gibt es bereits ab 30–40 €)

So geht's:
Verkleben Sie alle Kanten des Kartons einigermaßen luftdicht. In die größte verschlossene Seite des Kartons schneiden Sie ein rundes Austrittsloch für Ihre Wirbelringe. Je kleiner das Loch ist, desto sicherer funktioniert es, je größer es ist, desto beeindruckender geraten die Wirbel. Für den Anfang empfiehlt sich ein Durchmesser von etwa einem Drittel der kürzeren Kantenlänge.

Schneiden Sie nun die dem Loch gegenüberliegende Seite des Kartons heraus. Formen Sie aus dem Müllbeutel eine Art Pyramide, mit der Sie die Kartonseite mittels Klebeband wieder verschließen.

Nun sind Sie fertig! Nehmen Sie die Pyramidenspitze in die Hand, ziehen Sie sie leicht nach hinten und stoßen Sie sie in den

Karton. Durch das Loch entweichen nun Wirbelringe, die zum Beispiel Gardinen zum Schwingen bringen. Oder bauen Sie eine Pyramide aus Pappbechern und schießen Sie diese mit den Wirbeln um! Zu Profi-Exemplaren werden Ihre Wirbelringe, wenn Sie sie mit Nebel ausstatten. Füllen Sie den Karton dafür mit Nebel aus einer einfachen Nebelmaschine.

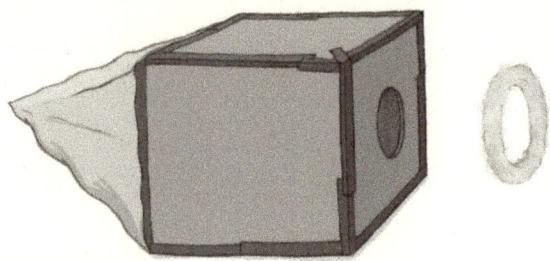

Was steckt dahinter?

Im Fernsehen wird ab und an behauptet, dass sich Wirbelringe ähnlich ausbreiten wie Schallwellen. Das stimmt nicht. Wirbelringe sind stabile Ringe aus bewegter Luft – mit Schallwellen haben sie nichts zu tun. In einem Wirbelring wird tatsächlich Materie durch den Raum transportiert – zum Beispiel Nebel oder winzige Staubteilchen. Bei Schallwellen passiert das nicht.

Nehmen wir unseren Wirbelring-Karton: Wenn Sie die Membran von hinten in den Karton drücken, wird Luft vorn durch die Öffnung hinausgestoßen. Diese Luft hat viel Schwung – deutlich mehr als die stehende Luft vor dem Karton. Sie verhält sich wie ein eiliger Reisender, der durch die Bahnhofshalle rennt, während um ihn herum Leute stehen. Der eilige Reisende streift mit der Schulter einen Wartenden, rempelt ihn leicht an, und beide drehen sich dadurch etwas seitlich. Genauso ergeht es der herausströmenden Luft. Physikalisch gesprochen entsteht ein Drehimpuls.

Wirklich verblüffend finde ich, dass die Wirbel über lange Zeit stabil sind. 10 Sekunden bekommt man locker hin. Riesige Wirbelringe, wie sie manchmal bei Vulkanen entstehen, halten viele Minuten. Für diese Stabilität gibt es einen Grund: Der Wirbel hat eine Form wie ein rundes Haargummi (die Mathematiker nennen so ein Gebilde einen Torus). Er rollt durch die Luft und wird dabei durch extrem wenig Reibung kaum gebremst. Das gilt sogar im Wasser.

Aber müsste die Luft im Wasser nicht nach oben steigen und den Wirbel zerstören? Nein. Luftblasen steigen im Wasser nach oben, weil der Druck unter einer Blase etwas größer ist als darüber. Die Blase wird also nach oben geschoben. Das ist die Auftriebskraft. In einem Wirbel herrschen andere Druckverhältnisse: Hier ist der Druck außen groß und innen klein. Kommt ein Wirbelring an einer Luftblase vorbei, schiebt der größere Druck außen die Luftblase quasi ins Zentrum des Wirbels. Dort bleibt sie gefangen, solange der Wirbel sich stark genug dreht. Er nimmt sie einfach mit.

In einer Wissenschaftsshow sind Wirbel ein Wow-Effekt, in der Luftfahrt dagegen ein ernstes Problem. Flugzeuge erzeugen Auftrieb dadurch, dass die Flügel Luft nach unten drücken. Diese Luft ist deutlich schneller als die Luft drum herum – sie ist unser eiliger Reisender, der die Wartenden mit der Schulter anrempelt. An den Flügelspitzen entsteht ein Drehimpuls, und das Flugzeug zieht Wirbelschleppen hinter sich her. Diese sind verantwortlich dafür, dass in der Umgebung von Flughäfen immer wieder Dachziegel von Hausdächern geschleudert werden. Und sie sind eine Gefahr für nachfolgende Flugzeuge: Wenn Sie mit Ihrem Kleinflugzeug hinter einem Airbus A380 starten wollen, sollten Sie lieber drei Minuten warten. Denn Sie wissen ja: Wirbel sind stabil.

Auch bei Hubschraubern können Wirbelringe fatale Folgen haben. Wenn Hubschrauber auf der Stelle schweben und dann schnell nach unten sinken, kann ein geschlossener Wirbelkern rund um die Enden der Rotoren entstehen. Der Auftrieb wird dadurch vermindert, und der Hubschrauber sinkt sehr schnell. Der Pilot kann sich retten, indem er ein Stück nach vorn fliegt und den Wirbel durchstößt.

Das aber sind menschengemachte Probleme. In der Natur sind Delfine in der Lage, kunstvoll mit luftgefüllten Wirbeln unter Wasser zu spielen. Seehunde nutzen die Stabilität von Wirbeln sogar zur Jagd: Die Barthaare von Seehunden besitzen zehnmal mehr Rezeptoren als die von Katzen. Mit ihrer Hilfe können sie kleinsten Wirbeln folgen, die ihre Beutefische im Wasser erzeugen, selbst wenn diese 40 Meter Vorsprung haben. Nachgewiesen wurde das, indem man Seehunde ein kleines U-Boot verfolgen ließ. Dazu setzten die Forscher den Tieren einen Kopfhörer und eine Maske auf. Die dienten dazu, die Seehunde am Schummeln zu hindern. Denn normalerweise nutzen sie alle ihre Sinne, um die Beute zu verfolgen.

Ganz ernste Konfirmation

Julia zupft ihr Konfirmationskleid zurecht und verdreht die Augen. »Papa!«, zischt sie. »Hör auf!«

»Aber das klingt total interessant«, tuschelt Marcus zurück. Sanft klopft er mit dem Löffel gegen die goldweiße Kaffeetasse. Feines Porzellan, das zur Tischdecke des Restaurants passt. Es klirrt, leise, aber durchdringend. An der weiß gedeckten Tafel verstummen die Gespräche. Opas, Omas und Patentanten legen die Kuchengabel auf die Serviette und richten ihre Augen erwartungsvoll auf Marcus.

Die Konfirmandin wird knallrot. »Papa probiert nur ein Experiment aus. Ihr könnt weiteressen.«

»Ich dachte, er will eine Rede halten«, dröhnt Onkel Peter aus der Ecke. Er streicht sich über den Bauch und grinst. »Das macht man doch so.«

Marcus grinst zurück. »Nix da. Aber wusstet ihr, dass eine Kaffeetasse unterschiedliche Töne macht, je nachdem, wo man dagegenklopft?« Er tippt seine Tasse am Rand über dem Henkel an, dann ein paar Zentimeter weiter links. Es klirrt erst hell, dann noch heller. »Hier, genau fünfundvierzig Grad neben dem Henkel, verändert sich der Ton.«

Die Konfirmandin zieht die Augenbrauen hoch. »Ja, Papa. Das wollten wir jetzt alle wissen.«

Murmelnd nehmen die Erwachsenen ihre Gespräche wieder auf. Julia tauscht sich mit ihrer Freundin flüsternd darüber aus, wessen Vater peinlicher ist.

»Ich will auch mal!«

Der jüngste Gast, Lasse, greift sich die Kuchengabel und haut gegen sein Fantaglas. Es gibt einen Ton: ein sattes »Klack«, als das Glas kippt und die Fanta über die Tischdecke fließt, sich um das Blumengesteck verteilt und zu einem hellgelben Fleck verläuft. Hektik bricht aus, wer kann, wirft seine Servietten in den Fantasee, Lasse weint, seine Mutter schimpft.

»Du brauchst eine Tasse, kein Glas«, sagt Marcus ruhig in den Trubel hinein. »Die Töne sind unterschiedlich, weil ein Henkel an der Tasse ist.«

»Mama, krieg ich einen Kakao? In der Tasse?«, fragt Lasse.

Sekunden später ist der Kaffeetisch ein Klangkonzert. Wer einen Löffelt hat, haut damit an seine Tasse, es klimpert und klirrt, man versteht sein eigenes Wort nicht mehr.

Nur die Konfirmandin ist still. Sehr still. Sie beugt sich zu Marcus. »Danke, Papa. Super gemacht. Ich wollte eine normale Konfirmation. Kein Chaos.«

Marcus guckt auf seine traurige Tochter. Dann steht er auf und hebt sein Glas. Mit dem Löffel schlägt er dagegen, nur ein Ton, aber penetrant und andauernd, bis alle zu ihm schauen. »So, ihr Lieben! Genug geklappert. Wer jetzt noch weiter Krach macht, muss wirklich eine Rede halten – eine Rede auf meine großartige Tochter!«

Applaus am Tisch. Julia wird rot, aber ihre Augen leuchten.

Es dauert keine Minute, dann klimpert der erste Löffel gegen eine Tasse. »Ich halte eine Rede!«, ruft Julias Patenonkel. »Auf das tollste Patenkind der Welt, das nun schon groß genug ist, seinen Vater peinlich zu finden. Damit ist der Weg frei zum Erwachsenwerden!« Julia strahlt.

Lucie klopft gegen ihr Glas. »Darf ich jetzt eine Rede halten?«

»Du musst!«

Stolz und verlegen steht sie auf. »Meine Damen und Herren! Ich halte hier eine Rede ... Papa, worüber hält man eine Rede?«

»Über deine Schwester.«

Lucie überlegt. »Okay. Julia – herzlichen Glückwunsch zur Konfirmation!« Unter Lachen und Applaus plumpst sie auf ihren Stuhl.

»Jetzt ich!«, schreit Lasse und hämmert gegen seine Kakao-
tasse. »Eine Rede!« Er stellt sich hin, der Kopf guckt knapp über
den Tisch. Feierlich holt er Luft. »Hoch sollst du leben, an der
Decke kleben.«

Der Opa klingelt mit Löffel und Glas. »Liebe Kinder! Ich zeige
euch mal, was eine richtige Rede ist ...« Dann setzt er zu einer
Lobrede auf seine Enkelin an, die ihresgleichen sucht. Marcus
fischt nach einem Taschentuch. Er umarmt seine Tochter. »A-
propos gerührt: Wenn du mal Lust hast, zeige ich dir dazu ein su-
pertolles Experiment. Den Cappuccino-Effekt – wenn man einen
Cappuccino länger umrührt und mit dem Löffel auf den Tassen-
boden klopft, verändert sich der Ton.« Das aber sagt er so leise,
dass ihn außer Julia niemand hört.

Experiment:
Der mehrstimmige Kaffeebecher

Sie brauchen:
- einen Kaffeebecher oder eine Teetasse mit Henkel
- einen Löffel

So geht's:
Entlocken Sie dem Kaffeebecher unterschiedliche Töne, indem Sie mit dem Löffel an den Rand schlagen. Um die verschiedenen Tonhöhen gezielt zu treffen, stellen Sie sich den Rand
des Bechers in acht Tortenstücke aufgeteilt vor – wir machen
ja ein Experiment zur Kaffeezeit. Jedes Tortenstück umschließt
jeweils 45°, also ein Achtel des Randes.

Schlagen Sie nun mit dem Löffel exakt gegenüber dem Henkel an den Rand. Nun schlagen Sie ein Tortenstück weiter (45°) gegen den Becher. Der Ton sollte nun etwas höher klingen. Wieder tiefer klingt er, wenn Sie ein weiteres Tortenstück entfernt anschlagen. So wandern Sie um die Tasse. Immer, wenn Sie sich mit dem Löffel weiterbewegen, wird der Ton ein bisschen höher oder wieder tiefer. Wie stark der Effekt ist, hängt vom Becher oder von der Tasse ab. Ich habe jedoch in meiner Physiker-Laufbahn (alle Feiern und Einladungen eingeschlossen) kaum einen Becher gefunden, bei dem es gar nicht funktioniert hat.

Was steckt dahinter?
Ganz schön viel Physik! Wenn Sie gegen den Becher schlagen, erzeugen Sie in der Becherwand eine stehende Welle. »Stehende Welle« ist zwar eigentlich ein Widerspruch in sich, bezeichnet aber zum Beispiel auch das Verhalten einer gezupften Gitarrensaite. Die Form der stehenden Kaffeebecher-Welle ist ausgesprochen hübsch: Stellen Sie sich einen Hula-Hoop-Reifen vor, den Sie an zwei gegenüberliegenden Seiten festhalten und abwechselnd zusammendrücken und auseinanderziehen. Genau so schwingt der obere Rand des Kaffeebechers, wenn man die Bewegung stark vergrößert.

Ich habe einmal versucht, ein Weinglas zu zersingen, also mit meiner Stimme zum Platzen zu bringen, wie man es in Comics sieht. Es hat nicht funktioniert, deshalb ist das Experiment auch nicht hier im Buch. Möglich ist es aber, mit der richtigen Frequenz. Mit der richtigen Tonhöhe sieht man (mit entsprechender Technik gefilmt) an der Wand des Glases genau so eine stehende Welle, wie wir sie am Kaffeebecher erzeugt haben. Es gibt bestimmte Bereiche, die immer wieder nach innen und außen schwingen. Sie heißen Schwingungsbäuche. Außerdem gibt es Bereiche zwischen den Schwingungsbäuchen, die in Ruhe bleiben. Diese ruhigen Punkte heißen Schwingungsknoten.

Jeder Gegenstand, den man anschlägt, sodass er von allein schwingt, tut das in bestimmten Frequenzen. Wie diese Frequenzen klingen, hängt von Form und Material des Körpers ab. So klingt eine Espresso-Tasse viel höher als ein großes Rotweinglas und eine dünne Geigensaite höher als eine dicke Kontrabasssaite. Jeder einzelne Ton bleibt jedoch, wenn Sie noch mal anschlagen, derselbe. Er ist dem Körper »eigen«. Diesen Ton nennt man daher Eigenfrequenz.

Doch Körper besitzen nicht nur eine Eigenfrequenz. Bei einfachen Körpern wie einer schwingenden Saite gibt es neben der normalen Tonhöhe viele andere Eigenfrequenzen, die sogenannten Obertöne. Gitarristen und Geiger kennen diese Obertöne, weil man sie auch direkt anspielen kann. Wenn man den Finger leicht auf die Mitte der Saite legt und diese anzupft, erklingt ein Ton, der doppelt so hoch ist wie der Grundton. Auf der Saite entstehen zwei Schwingungsbäuche, die von einem Schwingungsknoten in der Mitte getrennt werden (da, wo der Finger liegt).

Wenn Sie eine Saite anschlagen, erklingt nie der Grundton allein. Es schwingen immer Obertöne mit. Das könnte nun einen ziemlichen Klangbrei geben. Aber praktischerweise sind die Frequenzen der Obertöne bei einer schwingenden Saite immer

Vielfache der Frequenz des Grundtons. Deshalb klingt eine Saite immer ziemlich harmonisch.

Anders ist das bei komplizierteren Körpern wie einem Schlagzeugfell. Hier sind die Frequenzen der Obertöne keine Vielfachen des Grundtons. Das ist der Grund, warum Trommeln keinen wirklich reinen Klang besitzen und ein Schlagzeug nicht umgestimmt werden muss, wenn das Keyboard in einer anderen Tonart spielt.

Mathematisch und physikalisch gesehen ist der Kaffeebecher die Steigerung des Schlagzeugfells. Seine Eigenfrequenzen lassen sich nur durch komplizierte Simulationen berechnen. Dafür kann man sie umso besser ausprobieren, wie Sie das ja vorhin schon getan haben.

Auf dem Rand des Bechers entstehen vier Schwingungsbäuche, jeweils um 90° versetzt. An diesen Stellen bewegt sich die Becherwand. Zwischen den Bäuchen liegen vier Schwingungsknoten, an denen sich die Wand nicht bewegt. Der tiefe Ton entsteht, wenn Sie genau gegenüber dem Henkel anschlagen. Entscheidend ist, dass der Henkel in der Mitte eines Schwingungsbauches liegt und kräftig mitschwingt. Der Henkel ist physikalisch gesehen nur Masse – er macht das System träger, und der Becher schwingt langsamer. Eine langsame Schwingung verursacht einen tiefen Ton.

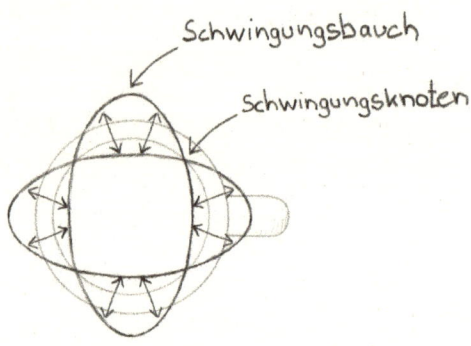

Schwingungsbauch

Schwingungsknoten

Jetzt schlagen Sie den Becher um genau 45° versetzt an. Der Henkel liegt nun bequem zwischen zwei Schwingungsbäuchen auf dem Schwingungsknoten. Er schwingt nicht mit. Sofort ist das System weniger träge und die Schwingung schneller. Der Ton klingt – tataa! – höher!

Treffen Sie den Becher genau zwischen den beiden Stellen mit den sauberen Tönen, hören Sie nicht etwa die Tonhöhe dazwischen, sondern eine Überlagerung der beiden Eigenschwingungen. Physikalisch spricht man von einer Schwebung, gehörtechnisch eher von einem Scheppern.

Ein Körper hat also eine ganze Reihe von Eigenschwingungen, die man anregen kann. Probieren Sie doch mal ein bisschen herum: Metallgeländer, Holzstangen, Fahrräder, Autos … je nachdem, wo man dagegenhaut, lassen sich die unterschiedlichsten Frequenzen erzeugen – bis hin zum Martinshorn, wenn Sie wegen Sachbeschädigung angezeigt werden. Aber so weit müssen Sie ja nicht gehen.

Die Kenntnis von Eigenschwingungen hilft nicht nur, um schöne Klänge zu erzeugen. Wer ein Auto konstruiert, möchte vermeiden, dass der Auspuff klappert. Genau das kann aber passieren, wenn die Rollfrequenz der Reifen der Eigenfrequenz eines Auspuffteils entspricht. Dann wird der Auspuff immer bei einer bestimmten Geschwindigkeit anfangen zu klappern. Oder nehmen Sie schlecht konstruierte Tragflächen von Flugzeugen. Fangen diese einmal an zu flattern, sorgt die rhythmisch umgelenkte Luft dafür, dass sich der Effekt immer weiter aufschaukelt.

Verhindern kann man das, indem man Kenntnisse der Eigenfrequenz und Dämpfung nutzt. Das klappt übrigens auch mit Ihrem mehrstimmigen Kaffeebecher, wenn Sie statt Filterkaffee Cappuccino trinken. Der Schaum wird die Schwingungen schnell zunichte machen, bevor Sie den Effekt genießen können.

Ganz zum Schluss noch ein bisschen Klugscheißerwissen zu den Eigenfrequenzen: Geprägt wurde der Wortteil »Eigen« vom genialen Mathematiker David Hilbert. Seine »Eigenfunktionen« lassen sich nicht nur auf Instrumentensaiten anwenden, sondern auch auf Elektronenwolken in Atomen. Hilberts Konzept ist so erfolgreich, dass Wissenschaftler auf der ganzen Welt englisch von »eigenfunctions«, »eigenfrequencies« und »eigenvalues« sprechen. Nicht jedoch leider von »Eigen-Kaffeebechern«.

Gruselschuster und Blumenmessi

Die Ladentür schlägt ein Glöckchen an.

»Ja, bitte?«, fragt eine lederne Stimme aus dem Dunkel des Ladens. Dann schlurft der Schuster nach vorn: ein großer Mann mit breitem Lächeln, wenigen Zähnen und speckigen Puschen.

Schüchtern hält Lucie ihm ihre Schuhe hin: die roten Lieblingsschuhe, deren Sohle sich vorn gelöst hat vom Abstoßen auf dem Roller.

Der Schuster begutachtet die Schuhe im Licht eines sarggroßen Aquariums, das in der Mitte des Ladens steht. Es ist die einzige Lichtquelle im Raum. Kein einziger Fisch schwimmt darin; oder vielleicht sieht man die Fische nur nicht, weil das Wasser so grün ist. Wenigstens schwimmt auch kein Fisch an der Oberfläche.

»Komplett neu?«, fragt der Schuster dann und legt die Schuhe auf einen Berg aus Stiefeln und Halbschuhen neben dem Aquarium. Der Schuhberg geht ihm bis zur Hüfte.

Eine Woche später holen wir die Schuhe ab. Sie sehen aus wie neu.

»Gruselschuster« nennt Lucie den großen Mann ehrfürchtig. Der Gruselschuster ist ein Genie – er repariert Dinge, statt sie wegzuwerfen. Damit trifft er genau Marcus' Lebenseinstellung. Sein Wahlspruch lautet: »Was ich nicht reparieren kann, ist auch nicht kaputt.« Lucie ist klar, dass Papa jede Taschenlampe rettet, die aus dem Hochbett gefallen ist und wie eine Rassel klingt. »Paparieren« nennt sie das. Kopflose Monster aus dem Überraschungsei, Um-die-Ecke-Gucker mit zerbrochenem Spiegel: Was kaputt ist, kommt auf den Paparierstapel im Wohnzimmer. In schlechten Zeiten ist der ähnlich hoch wie der Schuhberg beim Gruselschuster.

Es gibt nur einen Laden, in den Lucie noch lieber geht: in den Blumenmessi, den unordentlichsten Blumenladen der Welt. Im Verkaufsraum stehen Sträuße und Vasen kreuz und quer. Der Boden ist voller schlammiger Fußabdrücke, denn der Blumenmessi liegt direkt neben dem Friedhof. Die Regale an den Wänden werden scheinbar von ihrem Inhalt zusammengehalten: von zerknautschten Pappkartons und alten Preisschildern, Dekokitsch und Kerzenhaltern. Eine kaputte Zieharmonika-Falttür lässt den Blick durch in ein Büro, in dem Papierstapel einen Bürostuhl erdrücken.

Die Besitzerin strahlt in dem Chaos wie eine Blume in der Wüste. Ihre Sträuße sind sensationell. Als wir hereinkommen, drapiert sie gerade Rosen in einem hohen Glas. Mit einer Bewegung wie eine Magierin stellt sie die erste Rose hinein: Kerzengerade steht die Blume inmitten des Glases. Obwohl darin nichts als Wasser ist! Die zweite lässt sich schräg danebenstellen, als hätte sie Muskeln, um das Gleichgewicht zu halten.

»Wie geht das?«, flüstert mir Lucie zu.

»Frag Papa«, flüstere ich zurück.

Stattdessen fragen wir doch die Frau im Laden.

»Ich kann eben zaubern«, sagt sie – taucht dann aber doch die Hand in die Vase und holt eine Handvoll glibbriger Kugeln heraus. Wie Badekugeln, nur durchsichtig. Sie lässt die Kugeln wieder ins Wasser gleiten – weg sind sie. »Die Vase ist unten voll mit diesen Kugeln, dazwischen stehen die Blumen. Toll, oder?«

In der Tat. »Damit können wir Papa reinlegen«, überlegt Lucie sofort. »Können wir Ihnen welche abkaufen?«

Natürlich können wir das nicht: Lucie bekommt eine Handvoll Kugeln geschenkt. Wie einen Schatz trägt sie ihre Kugeln nach Hause. Nur wenige fallen herunter und rollen durch den Matsch des Friedhofs. Die kommen zu Hause auf den Papierstapel.

Experiment:
Die unsichtbaren Gelkugeln

Ein zauberhaftes Experiment, das auf verblüffende Weise mit Hunden und Ameisen zu tun hat.

Sie brauchen:

- eine Packung Wasserperlen (auch Gelperlen, Aquaperlen, Aqualinos oder Hydroperlen genannt), am besten ungefärbt. Alternativ sind Perlen erhältlich, die man in Wasser einlegt und die nach ein paar Stunden zu Wasserperlen aufquellen.
- ein großes Glas oder einen Glaskrug
- Wasser

So geht's:

Füllen Sie das Glas (oder den Krug) zur Hälfte mit den Wasserperlen. Gießen Sie Wasser darauf. Die Kugeln sind verschwunden! Lassen Sie jemanden, der nichts von der Vorbereitung wusste, in den Krug fassen. Die Person wird überrascht sein, die Kugeln im Wasser zu fühlen!

Die entschlüsselte Botschaft

Sie brauchen:

- Wasserperlen s. o.
- eine Auflaufform aus Glas
- ein Blatt Papier mit einer Aufschrift oder ein Foto
- Wasser

So geht's:
Stellen sie die Auflaufform auf das Papier oder das Foto und füllen Sie so viele Gelkugeln in die Form, bis Sie das Motiv nicht mehr erkennen können. Lassen Sie jedoch bis zur Oberkante der Auflaufform noch ein wenig Platz. Füllen Sie nun das Gefäß mit Wasser. Die Botschaft erscheint klar und deutlich vor Ihren Augen!

Was steckt dahinter?
Bevor ich auf die optischen Eigenschaften der Wasserperlen eingehe, muss die Frage geklärt werden, woraus sie eigentlich bestehen. Die Antwort lautet: zu mehr als 99% aus Wasser. Das Wasser wird durch einen sehr saugfähigen Stoff gebunden, der Superabsorber genannt wird. Ein Superabsorber ist auch verantwortlich für die unglaubliche Saugkraft von Babywindeln. Er besteht aus langen Molekülketten, die in der Lage sind, riesige Mengen Wasser an sich zu binden.

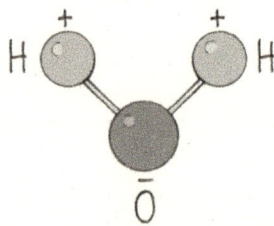

Warum lässt das Wasser das mit sich machen? Wassermoleküle (chemisch H_2O) haben eine V-Form: An der unteren Spitze sitzt ein Sauerstoffatom, an beiden Seiten oben je ein Wasserstoffatom. Sauerstoff hat eine größere Anziehungskraft auf Elektronen als Wasserstoff. Daher ist die Spitze des V, wo sich der Sauerstoff befindet, negativ geladen. Die beiden Wasserstoff-Enden oben sind positiv geladen. Innerhalb eines Wassermoleküls gibt es also zwei unterschiedliche Ladungen! Diese Verteilung, die Polarität genannt wird, verleiht Wasser eine Vielzahl seiner erstaunlichen Eigenschaften – eben auch die, sich an Superabsorber zu binden.

Der Superabsorber hat nämlich auch unterschiedliche Ladungen. In den Wasserperlen kommt der Superabsorber Natriumpolyacrylat zum Einsatz. Hier sind entlang der Molekülketten immer wieder Natrium-Ionen angebunden. Die sind positiv geladen und ziehen die negativen Seiten der Wassermoleküle an.

Die zweite wichtige Eigenschaft von Superabsorbern ist die Tatsache, dass die einzelnen Molekülketten miteinander vernetzt sind. Sie können sich nicht frei im Wasser bewegen, sondern bilden mehr oder weniger stabile Klumpen. Wenn Sie eine (bitte noch unbenutzte!) Windel in der Mitte aufschneiden, können Sie das Superabsorber-Pulver herausschütten. Geben Sie ein wenig Wasser darauf, und Sie können einzelne Superabsorber-»Kristalle« züchten.

Die Vernetzung der Molekülketten lässt sich, je nach Anwendung, unterschiedlich gestalten. Bei den Gelkugeln wird damit die runde Form erzeugt. In Babywindeln ist die Kugelform offensichtlich eher unerwünscht, daher sind hier die Vernetzungen auf eine möglichst große Kapazität ausgerichtet.

Warum werden die Gelkugeln in Wasser unsichtbar?

Die einfache Antwort lautet: Sie bestehen hauptsächlich aus Wasser, und Wasser in Wasser ist eben unsichtbar. Das ist logisch – aber auch stark vereinfacht.

Entscheidend für das Experiment ist, wie schnell ein Stoff Licht durchlässt. Am schnellsten ist Licht, wenn ihm nichts im Weg steht, also im Vakuum. Dann beträgt die Lichtgeschwindigkeit exakt[3] 299792,458 km/s. Für die gleiche Strecke in Luft

---

3 Mit »exakt« ist hier tatsächlich exakt gemeint. Während man früher versuchte, die Lichtgeschwindigkeit immer genauer zu messen, legte man 1983 den

braucht Licht 0,03 % länger. Und im Wasser braucht es sogar ein Drittel länger als im Vakuum.

Um nicht mit umständlichen Prozentzahlen hantieren zu müssen, nutzt man in der Physik den »Brechungsindex«. Er beschreibt, wie schnell ein Material Licht durchlässt, im Vergleich zum Vakuum. Im Vakuum ist der Brechungsindex 1, in der Luft 1,0003 und in Wasser 1,33. Sehr langsam ist das Licht in Diamanten, die einen Brechungsindex von etwa 2,4 besitzen. Natürlich ist das Licht in Diamanten nicht wirklich langsamer. Es wird aber von den Atomen der Edelsteine gestreut, also immer wieder aufgenommen und abgegeben, sodass es einfach länger braucht, bis es sich durch den Diamanten bewegt hat.

Lichtbrechung – das Licht bekommt einen Knick

Sie könnten nun sagen: Ist mir doch egal, wie lange das Licht zu mir braucht. Aber so einfach ist die Sache nicht. Denn immer, wenn Licht schräg von einem Medium in ein anderes Medium fällt, bekommt es einen Knick. Das Licht ändert seine Ausbreitungsrichtung. Intuitiv weiß das jeder, denn sonst würden Lupen und Ferngläser nicht funktionieren. Und wir kennen alle die scheinbar kurzen Beine von Leuten, die bis zur Hüfte im Wasser stehen, eben weil das Licht im Wasser einem anderen Weg folgt als in der Luft.

Dieser Lichtknick lässt sich erklären, wenn wir uns am Übergang zwischen zwei Materialien einen extrem kleinen Ausschnitt des Lichtstrahls ansehen. Wir stellen uns vor, wir würden zwi-

---

Wert der Lichtgeschwindigkeit auf den damals genauesten Messwert fest. Damit wurde gleichzeitig der Meter neu definiert. Seit 1983 ist ein Meter nicht mehr durch das Vielfache einer bestimmten Wellenlänge des Krypton-Moleküls bestimmt oder gar, wie bis 1960, durch die Länge des Ur-Meters. Vielmehr ist heutzutage ein Meter die Strecke, die Licht in 1/299792,458 Sekunden zurücklegt.

schen Luft und Wasser eine undurchsichtige Folie legen. In die Folie würden wir ein winzig kleines Loch piksen. Das Loch müsste kleiner sein als die Wellenlänge des Lichts, also etwa 0,1 Mikrometer breit.

Wenn nun eine Lichtwellenfront das Loch trifft, prallt das meiste Licht an der Folie ab. Nur ein kleines bisschen gelangt hindurch. Im Wasser breitet dieses bisschen Licht sich nicht mehr in die Richtung aus, aus der es ankam, sondern halbkreisförmig um das Loch herum – und zwar so schnell, wie das Licht das in Wasser eben kann. Das sieht aus, als ginge von unserem Löchlein eine Lichtwelle aus. Diese Welle wird auch Elementarwelle genannt.

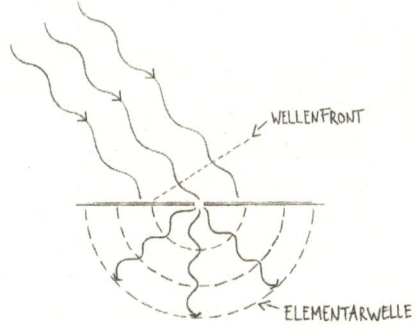

Stellen Sie sich nun vor, die Folie hätte extrem viele kleine Löcher – so viele, dass gar keine Folie mehr da ist. Dann breitet sich das Licht hinter jedem einzelnen Punkt halbkreisförmig aus. Die unzähligen Wellen überlagern sich, und es findet sich eine wunderbare Ordnung: Treffen zwei Wellenberge aufeinander, verstärken sie sich. Treffen ein Wellenberg und ein Wellental aufeinander, löschen sie sich aus. So überlagern sich die Halbkreis-Wellen derart, dass sie eine neue Wellenfront bilden. In einem anderen Winkel als vorher zwar, aber trotzdem schön sauber und ordentlich.

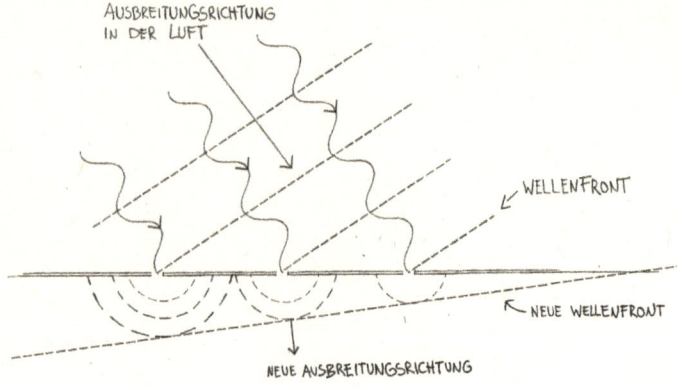

AUSBREITUNGSRICHTUNG IN DER LUFT

WELLENFRONT

NEUE WELLENFRONT

NEUE AUSBREITUNGSRICHTUNG

Das Licht wird also an der Grenzfläche abgelenkt (der Physiker sagt »gebrochen«), und zwar um einen Winkel, den man ausrechnen kann. Wie genau, hat der niederländische Astronom und Mathematiker Willebrord van Roijen Snell 1621 entdeckt. Sein Snelliussches Brechungsgesetz[4] besagt, dass Lichtstrahlen, die senkrecht ins Wasser treffen, geradeaus weiterlaufen. Lichtstrahlen, die in einem kleineren Winkel aufs Wasser treffen, breiten sich in einem noch kleineren Winkel weiter aus.

Das Brechungsgesetz stellt eine wichtige Entdeckung dar, aber zugegebenermaßen ist die Formel ein wenig sperrig. Glücklicherweise können Sachverhalte in der Physik von mehreren Seiten betrachtet werden. In diesem Fall kann man durch ein paar mathematische Tricks zeigen, dass sich aus dem Brechungsgesetz ein sehr einfaches Prinzip ableiten lässt, das auch das Fermat'sche Prinzip genannt wird:

Ein Lichtstrahl sucht sich immer den schnellsten Weg.

---

4 Es lautet $n_1 \sin (\delta_1) = n_2 \sin (\delta_2)$, wobei n_1 und n_2 die Brechungsindizes des ersten und zweiten Mediums sind und δ_1 und δ_2 die Winkel des einfallenden und ausfallenden Lichts zur Achse senkrecht durch die Ebene zwischen den beiden Medien.

Lassen Sie uns drei Szenarien vergleichen, in denen ein Licht-strahl vom Fisch im Wasser zur Möwe in der Luft kommen kann.

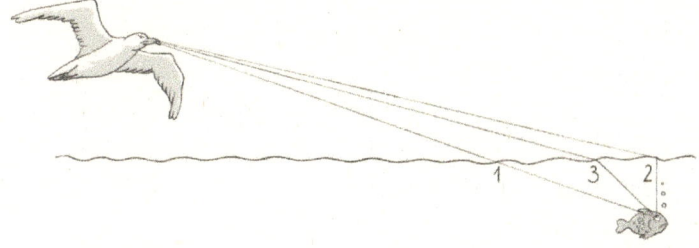

1. Der direkte Weg von A nach B: Dieser Weg ist zwar der kürzeste, aber der Lichtstrahl muss sich lange durchs Wasser bewegen, wo er langsamer ist als in der Luft. Dadurch würde er viel Zeit verlieren.
2. Ein möglichst kurzer Weg durchs Wasser: Hier benötigt der Lichtstrahl sehr lange für die Strecke durch die Luft.
3. Optimal ist schlussendlich Weg 3: Hier geht zu viel Zeit weder beim Weg durchs Wasser verloren noch auf der Strecke dorthin.

Es klingt sicher ein bisschen merkwürdig, dass das Licht nach dem schnellsten Weg »sucht«. Wenn wir uns das Licht jedoch als Summe vieler Elementarwellen vorstellen, tastet es sich tatsächlich in verschiedene Richtungen vor, um dann durch Verstärkung und Auslöschung der Wellenberge und -täler den optimalen Weg zu finden.

Ein sehr schöner Optimierungsprozess, der uns hier von der Natur präsentiert wird. Und die Natur ist voll davon! Nicht nur das Licht sucht sich den schnellsten Weg, sondern auch Elvis. Elvis war ein Hund der Rasse Welsh Corgi, der mit seinem Herrchen, dem Mathematikprofessor Tim Pennings, gern am Ufer des

Lake Michigan spazieren ging. Er liebte es, einen Tennisball aus dem Wasser zu apportieren. Dabei fiel Professor Pennings auf, dass Elvis offenbar genau wusste, wie er den Ball am schnellsten erreichte. Er lief ein Stück am Ufer entlang, um dann schräg zum Ball zu schwimmen. Wählte er den Weg rein zufällig?

Um das herauszufinden, maß Professor Pennings, wie schnell Elvis sich an Land und zu Wasser fortbewegte. Nicht sehr schnell übrigens, denn Welsh Corgis haben kurze Beine. Festzuhalten ist, dass Elvis siebenmal so schnell laufen konnte wie schwimmen. Pennings rechnete aus, an welcher Stelle Elvis optimal ins Wasser springen müsste, um den Ball schnellstmöglich zu erreichen. Dann starteten die beiden einen Apportiermarathon: Drei Stunden lang warf Professor Pennings den Ball immer wieder schräg ins Wasser. Danach hätte Elvis gern noch weitergemacht, aber sein Herrchen fand, dass ausreichend Daten vorlagen. Das Ergebnis ist für Hundeliebhaber wenig überraschend: Elvis bog meistens ziemlich genau an der optimalen Stelle ins Wasser ab. Sein Verhalten entspricht also dem eines Lichtstrahls, der von der Luft aus in ein Medium mit einer langsameren Lichtgeschwindigkeit gerät.

Wer nun denkt, dass Hunde besonders intelligent seien und der Hund eines Mathematikprofessors sowieso, dem sei gesagt, dass Ameisen das Gleiche beherrschen. Eine Forschergruppe der Universität Regensburg entwarf ein Experiment, bei dem Ameisen der Gattung »Kleine Feuerameise« auf Futtersuche geschickt wurden. Der Ausgang ihres Nestes befand sich auf einer glatten Kunststofffläche, während das Futter auf einer fleeceartigen Oberfläche lag, auf der sich die Ameisen deutlich langsamer fortbewegen konnten. Die Forscher hatten das Futter so ausgelegt, dass die Ameisen die Grenze zwischen den Materialien schräg überqueren mussten. Das Ergebnis zeigte auch hier: Die Ameisen wählten den Weg, der sie am schnellsten zum Futter führte. Die Wege entsprachen mit hoher Genauigkeit denjenigen, die mithilfe des Snelliusschen Brechungsgesetzes berechnet werden konnten. Die Wissenschaft stellt also fest: Sowohl Hunde als auch Ameisen beherrschen das Fermat'sche Prinzip des schnellsten Weges! Lassen Sie uns hoffen, dass wir Menschen auch ein kleines bisschen davon verstehen. Spätestens, wenn ein Rettungsschwimmer schräg über den Strand rennen muss, um einen Ertrinkenden aus den Wellen zu retten.

Was bedeutet das nun für unsere Gelkugeln?
Die Gelkugeln haben denselben Brechungsindex wie Wasser. Das Licht geht genauso schnell durch sie hindurch wie durch pures Wasser. Deshalb bricht es sich nicht – und wir sehen die Gelkugeln im Wasser nicht.

Eine Anekdote zum Schluss: Ein paar Freunde haben vor einiger Zeit ein Video geschickt, in dem gezeigt wurde, wie man Wasserkugeln herstellen kann. Man kippt verschiedene Stoffe ins Wasser, kocht es auf, rührt um, stellt es in den Kühlschrank, und am Ende kann man aus einer klaren Flüssigkeit Wasserkugeln herausfischen.

Als Physiker fand ich das faszinierend. Ich bin heilfroh, dass ich das Experiment nicht nachgemacht habe, denn ein Blick in die Kommentare entlarvte es als Hoax und die Kugeln als genau das, womit Sie oben experimentiert haben: Wasserperlen, gekauft im Blumenladen.

Antikes Spotify

Wenn unseren Kindern langweilig ist, fragen sie nicht nach Fernsehen oder nach Computerspielen. Sie fragen: »Dürfen wir in den Keller?« Unser Vorratskeller, im Familienjargon »Rumpelkeller« genannt, ist vollgestopft bis zur Decke. Alles ist da, aber man findet nichts. Im Rumpelkeller haben wir einmal eine komplette Holzeisenbahn ein halbes Jahr lang verloren, Federballschläger und Campingkocher suchen wir schon gar nicht mehr. Man kann im Rumpelkeller Verstecken spielen, Bonbons aus dem Vorrat naschen und irgendwas entdecken, was wir Eltern längst vergessen hatten.

Gerade schleppen Maximilian und sein Freund Tom eine alte Umzugskiste hoch ins Wohnzimmer. Drin ist Marcus' alter Plattenspieler, gekauft vor 30 Jahren vom Konfirmationsgeld. Maximilian zerrt ihn aus der Kiste, zusammen mit ein paar Platten: Kuschelrock 2, Milli Vanilli und eine Maxi-Single von MC Hammer, »U Can't Touch This«. In seinen Augen stehen Fragezeichen.

»Wozu ist das?«

»Das ist ein Plattenspieler«, erkläre ich. »So ähnlich wie ein CD-Player von früher.«

Julia, die bisher mit Kopfhörern auf dem Sofa gelegen hat, nimmt die Stöpsel aus dem Ohr. »Wie antikes Spotify?«, fragt sie und hält eine Platte hoch.

Ich nicke mit dem greisen Kopf. So könnte man sagen.

Marcus, der gerade abwäscht, trocknet sich die Hände ab und kommt zu uns rüber. »Das ist sehr spannend, wie ein Plattenspieler funktioniert«, sagt er. »Ich erkläre es euch...«

Julia steckt die Kopfhörer wieder in die Ohren und lässt sich aufs Sofa fallen.

Immerhin möchten die beiden Jungs die Erklärung hören. »In den Rillen ist die Musik drin? Musik, die man sehen kann?«

Wir probieren es aus. Kuschelrock bleibt in der Kiste, wegen des »eklig knutschenden« Paares auf dem Cover. Milli Vanilli wird für öde befunden, MC Hammer findet mehr Gnade. »U Can't Touch This« hat auch den Vorteil, dass es nicht stört, wenn die Kinder die Nadel alle paar Sekunden hochheben und woanders wieder aufsetzen. Irgendwie passt es immer.

Das ganze Potenzial des Plattenspielers erkennen die Jungs, als Maximilian auf die Idee kommt, eine Papierkugel lässig auf den sich drehenden Plattenteller zu schnippen. Zwei Runden fährt sie mit, rutscht immer weiter nach außen, bis sie runterfällt.

»Cool!«, sagt Maximilian. Er läuft erneut in den Keller und kommt mit einem Legopiraten wieder. Der Pirat wird heruntergeschleudert. Eine Playmobilprinzessin steht stabiler, stürzt aber umso spektakulärer, als die Kinder herausfinden, dass man den Plattenspieler auf 45 Umdrehungen pro Minute hochstellen kann. MC Hammer klingt dadurch nicht besser.

»Wenn wir einen Papierkorb aus Draht hätten«, sinniert Marcus, »könnten wir einen Feuertornado bauen. Wie in der Show.«

Wir haben keinen Papierkorb aus Draht. Aber einen Durchschlag aus Metall, in dem wir immer die Nudeln abgießen.

»Den könnten wir als Tornado nehmen«, schlägt Marcus vor.

»Oder«, sage ich, »wir lassen das.«

Natürlich kann ich mich nicht durchsetzen. Minuten später dreht sich der Durchschlag auf dem Plattenteller, in ihm flackert ein Minitornado. Nur wirklich hören kann man die Platte jetzt nicht mehr. Armer MC Hammer – von wegen »can't touch this«.

Experiment: Der Nebel-Tornado

Wem der Feuer-Tornado zu gefährlich ist, der probiert es erst einmal mit dem Nebel-Tornado. Der lohnt sich auch!

Sie brauchen:
- einen Elektroherd (oder eine einzelne elektrische Kochplatte)
- einen kleinen Topf (ca. 17 cm Durchmesser)
- ca. 200 ml Wasser (etwa ein Trinkglas voll)
- 4 Kartonstücke, 60 x 30 cm groß
- Klebeband
- 2–3 Tageslichtprojektor-Folien oder andere durchsichtige Folien
- eine Taschenlampe

So geht's:
Schneiden Sie vier Kartonstücke zurecht, wie in der Zeichnung rechts. Eines davon bekommt ein Fenster (wie rechts), das Sie mit der Folie bekleben.

Kleben Sie die vier Stücke oben und unten so zu einer Kiste zusammen, dass die 2,5 cm breite Aussparung immer auf der rechten Seite liegt. Die Kiste ist also nicht komplett geschlossen, sondern hat jeweils rechts einen Luftschlitz. Den braucht sie auch. Außerdem hat sie keinen Boden und keinen Deckel. Beides brauchen wir nicht.

Bringen Sie in dem Topf rund 200 ml Wasser zum Kochen. Die Herdplatte muss so klein sein, dass Sie die Kiste über den Topf

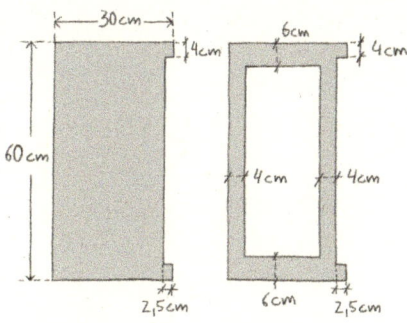

stellen können. Die Kiste umschließt Platte und Topf. Passen Sie bitte auf, dass die Pappe nicht zu nahe an die heiße Herdplatte gelangt. Sonst wird aus dem Nebel-Tornado unabsichtlich doch schon ein Feuer-Tornado, der kurzzeitig spektakulär aussieht und Ihnen eine neue Küche verschafft.

Der Dampf aus dem kochenden Wasser strömt jetzt in die Papp-kiste. Wenn alles passt, entsteht nach kurzer Zeit – tataa! – ein Tornado aus Dampfschwaden. Damit man ihn gut sehen kann, halten Sie eine Taschenlampe darüber. Probieren Sie ruhig ver-schiedene Topfgrößen aus. Am besten hat es bei uns mit einem

Topf von 17 cm Durchmesser geklappt. Wichtig ist auch, dass die Kiste unten platt auf dem Herd steht. Sonst strömt Luft von unten hinein.

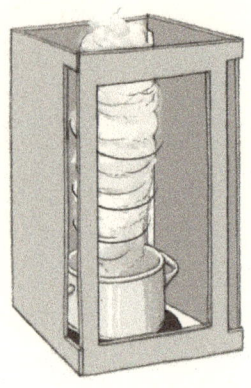

Experiment: Der Feuer-Tornado

Für Hartgesottene. Falls Sie an Ihren experimentellen Fähigkeiten zweifeln, das Experiment aber trotzdem machen wollen: Ihre Nachbarskinder freuen sich sicher sehr über einen Besuch!

Sie brauchen:
- einen Papierkorb aus Drahtgitter (gibt es für weniger als 10 € zu kaufen) oder (für einen noch größeren Tornado) einen Schirmständer aus Drahtgitter
- einen feuchten Putzlappen
- Fondue- bzw. Rechaud-Brennpaste
- evtl. eine Prise Salz

- einen alten Plattenspieler (einen neuen haben Sie wahrscheinlich sowieso nicht, und so können Sie Ihren Kindern endlich zeigen, wofür diese großen, runden Plastikplatten mit dem Loch in der Mitte gut sind)
- oder eine drehbare Servierplatte (gibt es z. B. bei großen schwedischen Möbelhäusern)
- oder 3 x 1,5 m Paketschnur, Zwirn oder Ähnliches (für einen hängenden Tornado)
- ein Feuerzeug oder Streichhölzer

So geht's:
Der Papierkorb muss stabil auf der drehbaren Unterlage stehen. Wenn Sie einen Plattenspieler nutzen, legen Sie ein paar Bierdeckel oder etwas Ähnliches um den »Nupsi« in der Mitte herum, damit der Korb nicht kippelt. Stellen Sie den Korb nun mittig auf den Plattenteller oder die Servierplatte.

Falls Sie einen hängenden Tornado bauen möchten, befestigen Sie drei Schnüre in gleichem Abstand an der Oberkante des Korbes und knoten die Enden zusammen. Daran können Sie den Korb aufhängen.

Legen Sie das feuchte Tuch als Verrutsch-Schutz in die Mitte des Korbes und platzieren Sie die Brennpaste in einem kleinen, feuerfesten Gefäß darauf (das kann gern das Gefäß sein, in dem man die Paste kauft). Wenn Sie möchten, streuen Sie ein bisschen Salz auf die Paste, damit die Flamme später gelblich aussieht. Nun zünden Sie die Brennpaste an und versetzen den Korb in Rotation. Wow!

Was steckt dahinter?
Sowohl der Nebel- als auch der Feuer-Tornado funktionieren oberflächlich ähnlich wie Tornados in der Natur. Damit Torna-

dos entstehen, braucht man zwei Dinge: Auftrieb und etwas, das den Luftmassen eine Drehrichtung vorgibt.

Den Auftrieb besorgt die Hitze: Warme Luftmassen steigen nach oben. Das liegt daran, dass sie eine geringere Dichte haben als kalte Luft. Wenn an einem Ort warme Luft hochsteigt, muss Luft aus der Umgebung nachströmen – sonst wäre an dieser Stelle ja keine Luft mehr da. Unter normalen Umständen wird die Umgebungsluft gleichmäßig nachgesogen und es entsteht ganz normaler Wind.

Interessant wird es, wenn sich die Luft um den Auftriebsort herum dreht. Das geschieht auf zwei Arten: Die gefährlichsten Tornados entstehen im Zentrum von sich drehenden Wolken, sogenannten Mesozyklonen. Kleinere Tornados bilden sich dort, wo Luftmassen in entgegengesetzte Richtungen strömen. In beiden Fällen steigt zunächst warme Luft nach oben. Aus der Umgebung strömt Luft nach. Diese Luft befindet sich leicht in Drehung. Je weiter sie Richtung Zentrum strömt, desto schneller dreht sie sich, ähnlich wie Wasser in einem Strudel. Dieses Phänomen heißt Drehimpulserhaltung: Ein Körper, der sich mit einer bestimmten Wucht dreht, möchte diese Wucht beibehalten.

Um die Drehimpulserhaltung zu erläutern, könnte ich das klassische Beispiel einer Eiskunstläuferin anführen, die ihre Arme anzieht, um eine wunderbare Pirouette zu vollführen. Viel besser passt aber ein Beispiel aus unserem Familienalltag: Ich stand gegenüber von meiner kleinen Tochter auf einem ganz einfachen Karussell auf dem Spielplatz. Es bestand nur aus einer sich drehenden Plattform mit einer Stange zum Festhalten in der Mitte. Wir beide hatten die Füße auf der Plattform und hielten uns mit den Händen an der Stange fest, wobei ich jedoch meinen Hintern weit ausladend nach hinten reckte. Nun stieß meine Frau mich ordentlich an, und meine Tochter und ich setzten uns gemütlich in Bewegung. Das Vater-Kind-System hatte nun einen bestimmten Drehimpuls, der konstant bleiben muss, komme, was wolle. Jetzt wollte ich das Gesetz natürlich testen. Ich zog meinen Hintern ein, dicht an die Drehstange heran. Ein Erfolg für die Wissenschaft – verbunden mit lautem Geschrei! Unsere Drehung wurde so schnell, dass meine Tochter sich einfach nicht mehr festhalten konnte und vom Spielgerät plumpste. Ohne Verletzungen. Aber seitdem passt sie höllisch auf, wenn ich mit ihr auf den Spielplatz gehe ...

Warum haben wir uns plötzlich so schnell gedreht? Der Drehimpuls ist abhängig von der Masse eines Körpers und davon, wie weit diese Masse von der Drehachse entfernt ist. Außerdem spielt die Rotationsgeschwindigkeit eine Rolle, also die Anzahl von Umdrehungen, die das Karussell pro Sekunde schafft.

Die Formel lautet: Drehimpuls = Masse x Abstand² x Rotationsgeschwindigkeit.

Wichtig ist hier das »hoch 2« beim Abstand. Angenommen, ich bin auf dem Karussell 50 cm von der Drehachse entfernt. Wenn ich meinen Körper nun ganz nahe an die Stange bringe, kann ich den Abstand halbieren. Damit die obige Gleichung noch passt, muss sich damit die Rotationsgeschwindigkeit vervierfachen! Da werden die stärksten Kinderhände schwach.

Zurück zum Tornado: Je mehr die Luft sich der Drehachse nähert, desto schneller rotiert sie. Das kann man deutlich beobachten. Der Feuer-Tornado innen dreht sich schneller als der Korb außen. Der Drehimpulserhaltung sei Dank!

Die peinlichsten Eltern der Welt

Pubertät ist, wenn die Eltern peinlich werden. Wir sind zurzeit sehr peinlich – so peinlich, dass unsere Großen ihre Freunde vor uns warnen.

»Heute übernachtet Laura bei mir«, verkündet Julia am Samstag. Sie sieht ihren Vater ernst an. »Benimm dich bitte normal, Papa!«

Maximilian kichert. »Normal benehmen? Papa?«

Die Geschwister grölen und klatschen sich ab.

Fanden sie es in der Grundschule noch spannend, einen Vater zu haben, der schräge Experimente ausprobiert, wäre ihnen jetzt ein unauffälliger Bürovater deutlich lieber. Einer, der beim Zähneputzen nicht versucht, die Zahnbürste um den Finger rotieren zu lassen. Der nicht die Beine hinter dem Kopf verknotet und bei der Weihnachtsfeier des Basketballvereins den Ball auf dem Finger dreht. Auch dass Marcus sehr sportlich ist, rettet seinen Ruf bei den beiden Großen nicht.

Als die letzte Basketballfeier anstand, wünschte sich Maximilian, dass ich mitmachen möge beim Match »Eltern gegen Kinder«.

»Aber Papa spielt doch viel besser Basketball«, sagte ich erstaunt. »Ich bin total ungeschickt.«

»Eben«, antwortete Maximilian. »Alle Eltern sind total ungeschickt. Das ist normal, das ist sogar ganz süß. Papa spielt *zu* gut. Das ist peinlich.«

In der Sporthalle hatte ich nicht den Eindruck, dass die anderen Jugendlichen ihre ungeschickten Eltern »normal« fanden oder gar »süß«. Aber ich stolperte über das Feld und gab mein Bestes.

Am frühen Abend klingelt Julias Freundin Laura bei uns, beladen mit ihrem Schlafsack und einem einen Meter großen rosa

Kuscheleinhorn, das sie zu Weihnachten bekommen hat (offenbar nicht peinlich). Lauras Vater ist Sachbearbeiter bei einer Versicherung. Er trägt einen hellgrauen Anzug, verlässt das Haus morgens um sieben und kommt nachmittags um vier zurück. Laura findet das peinlich. Sie will Stuntfrau werden und jede Woche woanders sein. Unsere Kinder werden dann wohl eher Sachbearbeiter bei einer Versicherung. Als jüngst ein Berufsberater an Julias Schule kam, ließ sie ihn wissen, sie wolle einen Job mit festen Arbeitszeiten, festem Gehalt und »Kollegen, die sich normal benehmen«.

An diesem Abend sieht es zu Julias Erleichterung ganz normal aus bei uns. Marcus kommt mit drei großen Tüten vom Einkaufen zurück und sortiert Nudeln und Toilettenpapier in den Keller. In die Obstschale schichtet er das Übliche: Äpfel, Kiwis, Bananen – und zwei Netze Mandarinen. Die isst bei uns niemand gern.

»Was willst du denn damit?«, frage ich.

»Experimentieren«, sagt Marcus.

Julia zieht Laura am Ärmel in ihr Zimmer.

So verpassen sie das Feuerwerk, das Marcus mit der Mandarinenschale abbrennt. Spritzer aus der Schale lassen Kerzen spratzeln und Ballons knallen, der Duft nach Zitrusfrüchten strömt durchs Haus.

»Das ist ja Zauberei!« Lucie strahlt. »Darf ich eine Zaubershow damit machen?«

Marcus guckt sparsam, nickt aber. Lucies Zaubershows sind berühmt für ihre Regelmäßigkeit (jeden Samstag im Kinderzimmer) und berüchtigt für ihre Länge (nicht unter einer Stunde). Unter uns Dauergästen ist Marcus der ungeduldigste – was besonders unfair ist, weil wir ja auch ihm ständig zusehen müssen.

Diesmal drückt Marcus sich um die Zaubershow. Als Lucie im stockdunklen Kinderzimmer ihr Publikum begrüßt, sitzen auf den Kissen am Boden nur Julia, Laura und das rosa Rieseneinhorn. Lucie hält ein Stück Mandarinenschale neben ein Teelicht und knickt die Schale. Funken sprühen aus der Kerzenflamme, es knistert leise.

»Voll cool!«, flüstert Laura.

Sorgsam reibt Lucie ihre Hände mit Mandarinenschale ein und greift nach einem Ballon, der am Hochbett hängt. Der Ballon platzt mit lautem Knall.

Julia zuckt zusammen und würgt vor Schreck das rosa Einhorn. »Super!«, ruft sie lachend.

»Peinlich ist so was nur, wenn ihr das macht«, erklärt unsere Große uns am nächsten Morgen. »Wenn kleine Kinder Experimente machen, ist das süß.«

Marcus und ich sehen das entspannt: Unsere eigenen Eltern hatten auch eine Phase, in der sie extrem peinlich wurden. Sie fingen sich ohne unser Zutun, als wir etwa 18 waren.

 ## Experiment: Spaß mit Biomüll

Sie brauchen:
- Mandarinen- oder Orangenschalen
- eine Kerze
- einen Luftballon (oder mehrere, für mehr Spaß)
  Das Experiment funktioniert am besten mit ganz billigen Luftballons oder Wasserbomben. Es lohnt sich, verschiedene Ballonsorten auszuprobieren.

So geht's:

Explosionen an der Kerzenflamme

Nehmen Sie ein Stückchen Mandarinen- oder Orangenschale und knicken Sie es kräftig. Aus der Schale fliegen kleine Spritzer. Zielen Sie mit diesen Spritzern auf die Kerze und erleben Sie hübsche, kleine Explosionen in der Nähe der Flamme.

Empfindliche Luftballons

Blasen Sie mehrere Luftballons auf. Knicken Sie ein Stück Mandarinenschale so, dass die Tröpfchen daraus auf die Ballons spritzen. Wenn Sie die richtige Ballonsorte erwischt haben, platzen die Ballons, kurz nachdem die Tropfen sie berührt haben. Sie können den Spaß noch weitertreiben: Besprühen Sie Ihre Finger mit den Tröpfchen aus der Schale. Wenn Sie genug von der Flüssigkeit auf der Hand haben, können Sie keinen Luftballon mehr in die Hand nehmen, ohne dass er platzt.

Was steckt dahinter?

Die Tröpfchen, die aus der Schale der Zitrusfrüchte spritzen, bestehen zum Großteil aus dem Stoff »Limonen« (das wird wie »Limonéhn« gesprochen, nicht wie die Mehrzahl der Limone). Limonen gehört zu den ätherischen Ölen. Das bedeutet, dass es ohne Rückstände verdunstet. In Duftlampen wird es deshalb gern verwendet, und als Lösungsmittel in Haushaltsreinigern.

Ätherische Öle haben noch eine weitere Eigenschaft: Sie brennen sehr leicht. Spritzen Sie Limonen-Tröpfchen in die Flamme, ist deshalb für alles gesorgt, was ein Feuer braucht: Erstens sind die Tropfen leicht entzündlich. Zweitens haben sie, gemessen an ihrer winzigen Größe, eine riesige Oberfläche. Damit haben sie drittens leichten Zugang zu Sauerstoff aus der Luft, den ein Feuer ja auch braucht. Die Flamme der Kerze setzt die Reaktion in

Gang, und fertig sind die Mini-Explosionen! Weil das Öl schnell verbrennt, ist das Experiment ungefährlich: Das Feuerchen ist so schnell wieder aus, wie es sich entzündet hat.

Wieso platzen die Ballons auch ohne Flamme?

Unser erster Gedanke war, dass die Spritzer aus den Zitrusfrüchten sauer sind und die Ballonhaut kaputt ätzen. Diese Idee kann man aber sofort widerlegen, indem man Zitronensäure auf einen Ballon gibt: Der Ballon überlebt das unbeschadet.

Er platzt, weil Limonen ein Lösungsmittel ist. Ganz konkret ist es ein »unpolares« Lösungsmittel: Positive und negative Ladungen sind in den Molekülen gleichmäßig verteilt – genau wie im Latex, aus dem der Ballon besteht. »Gleiches löst Gleiches«, lernt man in Chemie. Das unpolare Limonen kann die Verbindungen zwischen den unpolaren Latex-Molekülen aufbrechen. Es ist quasi der Nadelstich, der den Ballon platzen lässt. Wie erwähnt, funktioniert dieses Experiment nicht mit allen Ballons. Einige Arten verfügen über besonders starke Verbindungen zwischen den Latex-Molekülen, gegen die das Limonen machtlos ist. Wenn Sie die platzen lassen möchten, müssen Sie zu anderen Methoden greifen. Ich bin sicher, Ihnen fällt da etwas ein!

Apropos: Vielleicht haben Sie schon einmal gehört, dass Kondome nicht mit Massageöl in Kontakt kommen sollen. Der Grund ist derselbe wie beim Ballon: Es ist möglich, dass das Massageöl einen Anteil an ätherischen Ölen enthält, die das Latex porös werden lassen. Dass das Kondom direkt platzt, ist eher unwahrscheinlich, aber die Möglichkeit besteht. Silikonöle hingegen, aus denen die meisten Gleitmittel bestehen, wirken gegenüber Latex nicht als Lösungsmittel und können gefahrlos eingesetzt werden.

Das Wichtigste, das Sie aus diesem Experiment mitnehmen sollten: Essen Sie beim Sex keine Orangen, es sei denn, Ihre Familienplanung ist Ihnen egal!

Kochduell

Das schrille Piepen des Rauchmelders dringt bis in den Keller, der hohe Ton frisst sich ins Trommelfell. Vielleicht sind die Batterien leer? Nein, das kann nicht sein – Batterien im Rauchmelder werden nur nachts leer, wenn man schläft. Das ist ein Naturgesetz. Also: die Küche. Schon wieder. Genervt lasse ich die Wäsche stehen und renne die Treppe hoch. Vom Herd schlägt mir Qualm entgegen. Julia und ihre Freundin Isa stehen vor einem Topf. Darin brodelt eine braunrote Masse.

»Wir machen Ravioli.« Julia hält sich die Nase zu. »Erstaunlich, wie schnell so eine Soße verdampft!«

Ich steige auf einen Stuhl, reiße den Rauchmelder von der Decke, hebe den Topf in die Spüle und stelle das Wasser an. Dampf steigt auf. Ich öffne beide Fensterflügel. Besser.

Der akute Notfall ist beseitigt, das Grundproblem nicht: Die Kinder möchten kochen, aber unser Gasherd ist zu schnell für sie.

»Der Herd ist Mist«, beschwert sich Julia. »Alles brennt an. Bei Isa passiert das nie.«

»Was hat Isa denn für einen Herd?«

»Einen Thermomix.«

»Da passt nicht genug rein für fünf Personen.«

»Oder wir kaufen einen Induktionsherd. Wie Oma und Opa.«

Ich kichere. »Wusstest du, dass Oma und Opa neulich eine Woche lang nicht kochen konnten, weil ihr Herd sich gesperrt hatte? Sie haben aus Versehen die Knöpfe in einer falschen Reihenfolge gedrückt. Dann sperrt sich der Herd, wie ein Handy. Jetzt haben sie ihn wieder entsperrt, aber das hält immer nur ein Kochen lang. Sie müssen also jedes Mal vor dem Kochen den Herd entsperren.«

»Dann wenigstens eine Mikrowelle!«, verlangt Julia.

Schon lange möchten Marcus und die Kinder eine Mikrowelle. Bisher habe ich mich gewehrt: Unsere Küche ist klein und voll, und auf dem Gasherd ist das Essen auch schnell warm. Etwas zu schnell, wie sich gerade zeigt.

Ich seufze. »Na gut. Aber nur eine kleine, kompakte.«

Die Mikrowelle, die Marcus am nächsten Tag in die Küche schleppt, ist ein silberner Kasten, der Preis in D-Mark klebt noch hinten drauf. Sie stand schon lange im Lager der Physikanten, gelegentlich wurden darin Chemikalien für Experimente erhitzt. Misstrauisch schnuppere ich hinein. Ich rieche nichts. Sie darf bleiben.

Drei Tage lang koche ich gar nicht. Was die Kinder essen möchten, erwärmen sie in der Mikrowelle: Haferbrei, Ravioli, Suppe, Teewasser.

Am vierten Tag springt wieder der Rauchmelder an. Reflexhaft laufe ich zum Herd, aber dort raucht kein Topf. Es qualmt aus der Mikrowelle! Auf dem Teller dreht sich ein zerflossenes Stück Butter, dessen eine Seite brennt. Ich reiße die Klappe in dem Moment auf, als Julia in die Küche kommt.

»Oh«, sagt sie und pickt ein verkohltes Stück Folienpapier aus dem Buttersee. »Ich glaube, ich habe die Butter nicht ganz ausgepackt.«

»Und auf dreißig Minuten gedrückt statt auf dreißig Sekunden«, ergänze ich.

»Das auch«, gibt Julia zu. »Krass, das hat richtig gebrannt. Wird Feuer in einer Mikrowelle eigentlich noch heißer, als es sowieso schon ist?«

Seit dieser Frage koche ich wieder auf dem Herd. Die Mikrowelle ist ab sofort reserviert für Vater-Tochter-Versuche zum Thema »Feuer erhitzen«.

Die Bratkartoffeln fürs Abendessen sind fast fertig, als aus der Mikrowelle ein durchdringendes Brummen ertönt, als bohre jemand in die Wand. Die Mikrowelle leuchtet gleißend hell. Auf dem Teller rotiert ein umgestülptes Marmeladenglas, es ist voller Licht. Wir stehen da und staunen. Das Brummen dröhnt in unseren Ohren.

Dann streckt Marcus die Hand aus und öffnet die Tür. Das Licht erlischt. In dem Glas steht ein verkohltes Streichholz in einem Halter aus Kork. Nichts weiter.

»Aus dem kleinen Streichholz kommt diese Menge Licht?«, frage ich ungläubig.

Vater und Tochter nicken stolz.

Am Sonntag darauf hängen am Kühlschrank zwei ausgedruckte Seiten, die Julia aus dem Internet gezogen hat: »8 Dinge, die Ihre Mikrowelle außer Kochen auch noch kann.« Auf der Liste steht unter anderem: Putzschwämme desinfizieren, Zwiebeln so präparieren, dass beim Schneiden die Augen nicht mehr tränen, und Zitronen saftiger machen. Handschriftlich hat Julia hinzugefügt: Zeit stoppen. Während sie die Frühstückseier auf dem Herd kocht, stellt sie die Mikrowelle auf sieben Minuten. Wenn sie piept, sind die Eier fertig.

»Weißt du eigentlich, wie viel Strom das verbraucht?«, schimpfe ich. »Das ist total teuer!«

»Weißt *du* eigentlich«, sagt Julia, »dass das gar nicht stimmt?! Papa hat das ausgerechnet: 2,5 Cent kostet es, wenn die Mikrowelle sieben Minuten läuft. Wenn wir jeden Sonntag Eier kochen, sind das im ganzen Jahr 1,30 Euro. Wie teuer war unser Küchenwecker?«

»Neun Euro«, grummele ich und schaue vorwurfsvoll auf den digitalen Wecker, der nach einem Sturz von der Arbeitsplatte die Zehnerziffer nur noch sehr wacklig anzeigt.

Julia lächelt überlegen. »Dann müsste der Wecker sieben Jahre halten, um genauso günstig zu sein. Praktisch, so eine Mikrowelle.«

»Dann«, sage ich, »musst du aber auch immer die Mikrowelle anstellen, wenn du eine Stunde Playstation spielst. 60 Minuten am Tag, bei 365 Tagen im Jahr, das sind ...« Ich öffne den
Taschenrechner auf meinem Handy. »Rund 78 Euro im Jahr.
Die Eier noch nicht mitgerechnet.« Ich setze mich an den Früh-
stückstisch und köpfe mein Ei. Mit dem Rücken zur Mikrowelle.

Experiment:
Die Flamme in der Mikrowelle

Sie brauchen:
- eine Mikrowelle (eventuell eine, auf die Sie notfalls verzichten können. Aber ganz ehrlich, mir ist bei meinen
  Experimenten noch keine kaputtgegangen.)
- Streichhölzer
- einen Korken, den Sie mit einem Messer in 4 gleich dicke Scheiben schneiden
- als Erweiterung: ein großes, billiges Glas, z. B. ein leeres Gurkenglas oder ein großes Becherglas (0,5 Liter)
  aus hitzebeständigem Glas

So geht's:

Die schnelle Version
Stecken Sie ein Streichholz in eine Korkscheibe und stellen Sie
beides auf die Drehplatte Ihrer Mikrowelle. Zünden Sie das
Streichholz an und starten Sie die Mikrowelle. Eventuell brauchen Sie mehrere Versuche, bis Sie das Ergebnis sehen, aber es
lohnt sich! Die Flamme wird nach wenigen Sekunden deutlich

größer und unter relativ lautem Brummen steigen Feuerbälle an die Decke der Mikrowelle. Sie haben ein Plasma erzeugt!

Das gefangene Plasma
Stellen Sie erneut ein Streichholz in einem Korkständer in die Mikrowelle, legen Sie aber nun die anderen drei Korkstückchen im Dreieck um das Streichholz herum. Stülpen Sie das Glas über das Streichholz, sodass der Rand auf den drei anderen Korkscheiben steht. Starten Sie die Mikrowelle. Wieder entsteht ein Plasma. Diesmal wird es jedoch vom Glas gefangen gehalten. Es erfüllt den oberen Teil des Glases mit hellem, bläulich weißem Leuchten.

Sicherheit
Bitte bestaunen Sie diesen Zustand nur wenige Sekunden. Sonst wird das Glas so heiß, dass es springen könnte. Wenn Sie das Glas wieder herausnehmen, benutzen Sie bitte einen Topflappen oder Handschuhe!

Was steckt dahinter?
Vielleicht haben Sie das Kapitel über das Luftballon-Ballett schon gelesen. Dort ging es um die Flamme eines Feuerzeugs, in

der Temperaturen von bis zu 1400 °C entstehen. So ist es auch bei unserem Streichholz: In der Flamme ist es so heiß, dass die beteiligten Stoffe (zum Beispiel Sauerstoff, Kohlendioxid und Wasserdampf) nicht mehr einfach nur gasförmig sind. Sie nehmen den Zustand eines Plasmas an.

In einem Plasma lösen sich aus den Molekülen und Atomen negativ geladene Teilchen (Elektronen). Zurück bleiben Rest-Atome, Ionen genannt, die meist positiv geladen sind. Normalerweise finden beide irgendwann wieder zusammen und nichts Aufregendes passiert. Durch die starken elektromagnetischen Felder in der Mikrowelle ist aber nun alles anders. Sowohl die Elektronen als auch die positiv geladenen Ionen werden extrem beschleunigt – in entgegengesetzte Richtungen. Auf ihrer Flucht stoßen sie weitere Atome an, aus denen sich dann wiederum Elektronen lösen, und so weiter, bis der Plasmaball immer größer wird.

Weil im Plasma sehr hohe Temperaturen herrschen, ist es viel leichter als die Umgebungsluft. Es strömt deshalb nach oben, wo man es mit dem Glas gefangen halten kann. Ohne das Glas gelangt das Plasma oft bis an die Decke der Mikrowelle. Dort kühlt es ab und verschwindet.

Warum brummt das Plasma?

Interessanterweise brummt das Plasma sehr laut, und zwar genau mit 50 Hertz. Das hängt damit zusammen, wie Mikrowellen erzeugt werden. Mikrowellen sind starke elektrische Felder, die in sehr hoher Frequenz schwingen. Sie entstehen im sogenannten Magnetron – das ist quasi das operative Zentrum der Mikrowelle. Das Magnetron braucht dafür eine Hochspannung von mehreren Tausend Volt. Wo bekommt es die her?

Dafür ist in der Mikrowelle ein Transformator eingebaut. Er wandelt Spannung in höhere Spannung um. 50-mal pro Sekunde stellt der Transformator Spannungsspitzen zur Verfügung, die das Magnetron braucht, um anzuspringen – wie ein Puls in der Frequenz des Stromnetzes. Ihre Mikrowelle liefert also keineswegs dauerhaft elektromagnetische Felder, sondern nur 50-mal pro Sekunde. Wenn diese Mikrowellen-Pulse auf das Plasma aus unserem Streichholz treffen, wird dieses gepulst erwärmt.

Jeder einzelne Puls hat eine immens hohe Leistung. Unsere Mikrowelle zu Hause hat 850 Watt. Davon landen vermutlich etwa 650 Watt tatsächlich in Form von elektromagnetischen Wellen im Ofen. 650 Watt bedeuten, dass unsere Mikrowelle in einer einzigen Sekunde 650 Joule Energie verbrät. Joule ist ja die Einheit, mit der auch der Energiegehalt von Nahrungsmitteln angegeben wird. Eine normale AA-Batterie (wenn Sie in meinem Alter sind: eine Walkman-Batterie, nicht die ganz kleinen) hat eine Energie von etwa 2700 Joule gespeichert. Mit dieser Batterie könnte man also, wenn es technisch gelänge, die Mikrowelle gerade mal 4,2 Sekunden betreiben.

Im Mikrowellenofen stehen also pro Sekunde 650 Joule Energie zur Verfügung. Diese Energiemenge ergießt sich aber nicht kontinuierlich auf eine Sekunde, sondern nur auf 50 sehr kurze Pulse in der Sekunde. Die Energie pro Puls ist deshalb deutlich größer.

Durch diese Energie-Schübe passiert dann 50-mal in der Sekunde das Gleiche: Das erhitzte Plasma dehnt sich ein wenig aus und zieht sich wieder zusammen. Die Bewegung wird an die das Plasma umgebende Luft weitergegeben, und wir hören das charakteristische Brummen in der Höhe der Stromnetzfrequenz.

Miese Manieren

Am Esstisch wird nicht gesungen! Das ist die wichtigste Regel bei unseren Mahlzeiten. Klingt komisch, ist aber so: Messer ablecken, Ellenbogen aufstützen, mit vollem Mund sprechen – das alles sind kleine Sünden im Vergleich zu einer Mahlzeit, bei der drei Kinder permanent Melodien summen oder singen. Unterschiedliche Melodien natürlich.

Natürlich freuen wir uns, dass unsere Kinder musikalisch sind. Besonders Julia hat immer ein Lied im Kopf, sie tanzt und trällert den ganzen Tag. Wer sie etwas fragt, muss auf eine Antwort warten, bis die Strophe zu Ende ist. Und dann das Tanzen! Unsere Küche ist klein, und während Julia den Tisch deckt, läuft man immer Gefahr, einen Arm oder ein Bein an den Kopf zu bekommen. Julia ist sehr gelenkig. Nachdem wir auf beschwingte Weise drei Teller und eine Schüssel süßen Quark verloren hatten, sprachen wir ein Küchen-Tanzverbot aus, das wir einen Tag später auf ein generelles »Hobbyverbot« erweiterten, nachdem Maximilian, damals noch im Kindergarten, die offene Spülmaschine als Torwand nutzte.

Auch wenn es ein Schaumstoffball war: Der Schuss in die Spülmaschine markierte den Anfang eines wochenlangen Kampfes »Eltern gegen Kinder« um die Hoheit über Küche und Wohnzimmer.

»Ihr habt Kinderzimmer zum Toben – im Wohnzimmer muss etwas Ruhe herrschen«, argumentierten wir.

»Wohnen heißt nicht nur Ausruhen«, hielten die Kinder dagegen.

»Wohnen heißt nicht Dribbeln«, schimpfte Marcus, entwendete Maximilian den Ball und legte ihn auf den Schrank – eine schlechte Idee, denn statt des weichen Schaumstoffballs wich Maximilian auf einen Basketball aus.

Marcus, der gerade mit Kopfhörern auf den Ohren am elektrischen Klavier saß, hielt das Tacken des schweren Balles zunächst für sein Metronom und passte irritiert die Geschwindigkeit seines Spielens an. Erst als das Lied zu Ende war und der Ball weiter auf den Boden klatschte, drehte er sich um – und ein weiterer Ball landete auf dem Schrank. »Das nächste Mal«, drohte Marcus, »steche ich mit dem Messer rein.«

»Wir müssen reden«, sage ich abends zu meinem Liebsten, als das Wohnzimmer endlich zur Ruhezone geworden ist.

»Ich weiß«, antwortet er zerknirscht. »Das mit dem Messer war nicht in Ordnung. Gewalt ist keine Lösung.«

»Wir sollten zusammen mit den Kindern entscheiden, was wir im Wohnzimmer dürfen und was nicht. Demokratisch!«

»Aber sie sind in der Überzahl.«

Auch richtig. »Dann stimmen wir mit Zweidrittelmehrheit ab«, schlage ich vor. »Oder wir Eltern haben jeweils zwei Stimmen.«

Wir legen die Aussprache auf einen Samstagabend. Es gibt Crêpes – ein Essen, das allen schmeckt und bei dem wir lange am Tisch sitzen. Wir haben nur ein Crêpegerät; es dauert also, bis alle satt sind.

Mit fettigen Fingern schreiben wir eine »Lästige Liste« – Angewohnheiten, die alle oder einzelne Familienmitglieder nerven: die Kellertür offen stehen lassen, Mama leckt immer das Messer ab, Papa trommelt Rhythmen auf den Tisch ... Es ist erstaunlich, dass wir es noch miteinander aushalten, bei all dem, was uns aneinander nervt. Wenn wir all das künftig vermeiden, tun wir gar nichts mehr – dann sitzen wir nur noch stocksteif am Tisch und atmen leise durch die Nase. Was nun?

Lucie hat die Lösung: »Jeder sagt, was ihn am meisten nervt. Das lassen wir dann. Machen wir im Kindergarten auch so, wenn wir uns Lieder wünschen. Jeder eins!«

Stolz blicken wir auf unsere diplomatische Tochter. Dann darf jeder ein Kreuz auf der Liste machen. Mit sofortiger Wirkung ist verboten: beim Essen singen, auf dem Stuhl knien, Basketballspielen, wenn Klavier geübt wird, und über Hausarbeit diskutieren.

Maximilian ist als Letzter dran. Feierlich nimmt er den Edding und sucht einen Punkt, der ganz unten auf der Liste steht: Wolken im Mund machen.

»Was!?«, ruft Marcus. »Was ist denn an Wolken im Mund so schlimm?!«

»Das ist eklig«, sagt Maximilian.

»Ekliger, als wenn Mama das Messer ableckt?«

»Hundertmal ekliger.«

»Nicht dein Ernst. Ist doch spannend!« Marcus nimmt einen Schluck Wasser. Er lässt das Wasser kräftig in der Wange hin und her gluckern. Das Geräusch, das ertönt, gehört zu den Verhaltensweisen, die wir unseren Kindern immer verboten haben – irgendwas zwischen Coladose-Schütteln und Rülpsen. Marcus beugt sich vor und streckt den Kopf unter die Lampe, das Kinn nach oben, wie ein heulender Wolf. Dann öffnet er den Mund, formt mit den Lippen ein »O« und lässt eine kleine, hellgraue Wolke aus feinsten Wassertröpfchen entweichen.

Maximilian nimmt den Edding und setzt hinter »Wolken im Mund machen« ein dickes Kreuz auf die Lästige Liste.

»Tja, dann sind wir ja fertig hier«, sagt Julia betont fröhlich. Sie nimmt die Liste und pinnt sie an den Kühlschrank. Dann fängt sie an, die Teller einzusammeln. Auf dem Weg zur Spülmaschine wippt sie auf den Fußspitzen, dreht eine Pirouette und tippt mit dem linken großen Zeh elegant den Lichtschalter an.

Jetzt fällt es uns auf: Vor lauter Wolken haben wir vergessen, das Tanzverbot anzukreuzen. Jetzt ist es zu spät. Zum Muttertag eine Woche später schenkt mir Julia Magnete für den Kühlschrank. Darauf steht: »Die Küche ist zum Tanzen da.«

Experiment:
Eine Wolke im Mund machen

Eines der erstaunlichsten Experimente, zu denen Sie nur sich selbst brauchen – und natürlich Ihre Kinder oder Freunde als Zuschauer, die entweder begeistert sein werden oder vollkommen irritiert.

Sie brauchen:
- Ihren Körper
- evtl. einen dunklen Hintergrund und Licht von der Seite, z. B. durch eine Taschenlampe, die Sonne oder ein Handy
- die Bereitschaft, komische Sachen mit Ihrem Mund anzustellen.

So geht's:
Bevor Sie das Experiment ausprobieren, sei so viel gesagt: Es funktioniert umso besser, je höher die Luftfeuchtigkeit in Ihrem Mund ist. Je nach Umgebungsbedingungen oder Ihrer persönlichen Konstitution kann diese schon einfach so ausreichend sein. Möglicherweise aber müssen Sie die Luftfeuchtigkeit künstlich erhöhen. Dazu dient der erste Schritt.

Sammeln Sie im Mund ein bisschen Spucke. Blasen Sie die Backen relativ weit auf. Machen Sie nun Schnalzgeräusche im geschlossenen Mund, um die Spucke im Mund zu zerstäuben. Zehn Sekunden sollten reichen. Achtung: Dabei müssen Sie den Rachen verschließen, indem Sie sich vorstellen, Sie wollten ein »G« sprechen. Das Ziel ist, dass Ihre Wangen nicht durch den Druck

Ihrer Lunge aufgeblasen bleiben, sondern durch die Luft, die Sie im Mund haben. Sie machen alles richtig, wenn Sie die Backen aufgeblasen halten, während Sie weiterhin durch die Nase atmen können.

Nun kommt der zweite Schritt: Lassen Sie die angefeuchtete Luft in Ihrem Mund. Drücken Sie mit beiden Händen gegen Mund und Wangen. Damit komprimieren Sie die Luft im Mund. Halten Sie den Druck für etwa 5 Sekunden.

Nehmen Sie die Hände zügig weg. Die Luft in Ihrem Mund ist nun mit feinem Nebel versetzt. Vergrößern Sie jetzt Ihren Mundraum, indem Sie den Unterkiefer fallen lassen und die Wangen leicht weiten. Öffnen Sie den Mund o-förmig und lassen Sie den Nebel vorsichtig, wirklich sehr vorsichtig heraus, indem Sie Ihren Mundraum mithilfe von Unterkiefer und Zunge verkleinern. Auf keinen Fall sollten Sie die Luft aus Ihrem Mund hinauspusten, da sich dieser Luftstrom nicht gut kontrollieren lässt.

Vor Ihrem Mund sollten kleine Nebelschwaden zu sehen sein! Um den Nebel besonders gut sichtbar zu machen, brauchen Sie das richtige Licht. Suchen Sie sich einen schwarzen Hintergrund und verstärken Sie den Effekt mithilfe einer Lampe, die Sie seitlich beleuchtet.

Geben Sie nicht auf – es ist machbar!

Was steckt dahinter?

Sie haben in Ihrem Mund eine echte Wolke erzeugt! Feuchte Luft kühlt sich ab und Luftfeuchtigkeit kondensiert zu kleinen Tröpfchen. Das gilt sowohl für Wolken am Himmel als auch für Ihren Nebel aus eigener Herstellung.

Lassen Sie uns genauer nachvollziehen, was in Ihrem Mund passiert. Zunächst erzeugen Sie mit den Schnalzgeräuschen im geschlossenen Mund kleine Tröpfchen. An deren Oberflächen verdunstet viel Wasser, das erhöht die Luftfeuchtigkeit im Mund. Diese feuchte Luft drücken Sie nun mit den Händen zusammen. Dann warten Sie ein wenig und lassen die feuchte Luft sich wieder entspannen – und schwupps ist der Nebel da!

Eigentlich ist das merkwürdig, denn vor und nach der Kompression und der Entspannung war doch eigentlich alles gleich, oder? War es nicht! Durch Zusammendrücken und Entspannen haben Sie die Temperatur im Mund leicht verändert. Für Gase mit nicht allzu hoher Dichte gilt: Sie erwärmen sich, wenn man sie komprimiert, und kühlen sich ab, wenn man sie entspannt.

Oft fällt dieser Effekt nicht weiter auf. Wenn Sie zum Beispiel einen Ballon aufblasen, steigt die Temperatur darin ein kleines bisschen an. Allerdings ist das kaum zu spüren. Denn zum einen sind die Temperaturunterschiede sehr gering, zum anderen gibt es einen Wärmeaustausch zwischen der Luft im Ballon und außerhalb.

Schauen wir uns das trotzdem mal genau an: Wo kommt die Wärme her? Gasteilchen bewegen sich mit unterschiedlichen Geschwindigkeiten hin und her. Ab und zu stoßen sie gegen andere Gasteilchen, ab und zu gegen die Wand des Behälters, in dem sie sich befinden. Jedes Teilchen besitzt dabei eine bestimmte Bewegungsenergie, kinetische Energie genannt. Es ist sehr schwierig, die Geschwindigkeit einzelner Teilchen zu messen. Sehr einfach ist es aber, zu bestimmen, wie viel kinetische Energie das Gas im Schnitt hat. Halten Sie einfach ein Thermometer hinein! Die Temperatur ist nämlich proportional zur kinetischen Energie. Je schneller sich die Teilchen bewegen, desto mehr Energie haben sie, und desto wärmer ist das Gas. Je langsamer sie sich bewegen, desto weniger Energie haben sie, und desto kälter ist es.[5]

Kommen wir zurück zur Wolke im Mund: Wenn Sie die feuchte Luft in Ihrem Mund komprimieren, indem Sie die Hände auf die Wangen drücken, schubsen Sie einzelne Luftteilchen an der Innenseite Ihrer Wangen an. Sie bewegen sich schneller, und die Temperatur im Mund steigt ein wenig an. Wenn Sie dann warten, sinkt die Temperatur wieder auf den normalen Wert in Ihrem Mund.

Wenn Sie nun die Hände wegnehmen, passiert das Gegenteil: Ihre Wangen bewegen sich nach außen und die Luftteilchen, die in diesem Moment dagegenstoßen, verlassen die Wände mit geringerer Geschwindigkeit als vorher. Die Folge ist, dass sich die Luft in Ihrem Mund abkühlt. Da Sie die Luft vorher ordentlich angefeuchtet hatten, ist sie nun mit Wasser übersättigt, denn kalte Luft kann weniger Wasser lösen als warme. Das zu viel vorhandene Wasser kondensiert zu kleinen Tröpfchen. Nebel entsteht, den Sie vorsichtig und hoffentlich unter Applaus präsentieren können, wenn er Ihren Mund verlässt.

So geht es auch:
Wenn Ihnen das beschriebene Prozedere zu kompliziert ist, machen Sie es sich einfach: Öffnen Sie eine Sektflasche. Im Fla-

---

5 Genau genommen ist die Temperatur proportional zum Quadrat der Teilchengeschwindigkeit. Also: Wenn sich die Teilchen viermal so schnell bewegen, ist die Temperatur verdoppelt. Sinkt die Teilchengeschwindigkeit auf ein Viertel, ist die Temperatur halbiert.

schenhals werden Sie Nebel finden. Wissenschaftlich bestens untersucht ist vor allem das Öffnen von Champagnerflaschen. Natürlich kam der Großteil des Forscherteams aus der französischen Region Champagne. Die Wissenschaftler filmten den aus dem Flaschenhals direkt nach dem Pöppen entweichenden Nebel mit Hochgeschwindigkeitskameras. Gegenstand der Untersuchung waren Champagnerflaschen bei unterschiedlichen Temperaturen: 6 °C, 12 °C und 20 °C. Dabei stellte sich heraus, dass der Nebel bei 6 °C und 12 °C innerhalb der ersten Millisekunden eine andere Farbe hatte als der Nebel, der aus der zimmerwarmen Flasche strömte. Der Nebel aus der wärmeren Flasche sah leicht bläulich aus, während der Nebel bei den kälteren Flaschen eher weiß schimmerte.

Ursache dafür ist der höhere Druck in der wärmeren Flasche. Das kennen viele aus Erfahrung: Warme kohlensäurehaltige Getränke verursachen mit sehr viel höherer Wahrscheinlichkeit beim Öffnen eine Schweinerei als kalte. Denn je wärmer ein Getränk ist, desto weniger Kohlendioxid kann sich darin lösen. Das Kohlendioxid wird also nicht von der Flüssigkeit festgehalten. Der Druck in der Flasche steigt, und das Gas möchte beim Öffnen ganz dringend heraus. Egal, ob Sie eine Flasche Sprudelwasser oder einen teuren Champagner öffnen – in der Nähe von null Grad wird es immer deutlich weniger zischen, als wenn Sie die Flasche lange in der Sonne stehen lassen.

Weil der Druck in der wärmeren Champagnerflasche so hoch ist, sinkt die Temperatur des Nebels beim Öffnen viel weiter als bei kälteren Flaschen – bis auf -90 °C! Damit liegt sie kurzzeitig unterhalb des Punktes, an dem Kohlendioxid sich in Trockeneis verwandelt. Deshalb bilden sich im Flaschenhals winzige Trockeneiskristalle.

Damit sind wir bei der Ursache für die blaue Farbe des Nebels aus den warmen Flaschen: Die winzigen Trockeneiskristalle sind viel kleiner als die Wassertröpfchen, die zum Beispiel beim im Mund erzeugten Nebel entstehen. Sie lenken die Lichtstrahlen anders ab.[6] Blaues Licht wird dabei viel stärker gestreut als rotes, und der Nebel bekommt einen blauen Schimmer. Leider müssen Sie sehr gut hinschauen, um den Effekt zu sehen, denn nach 170 Mikrosekunden haben sich die meisten Trockeneiskristalle schon wieder aufgelöst. Und falls Ihnen das Experiment mit Sekt oder gar Champagner zu snobby erscheint: Eine Pulle Bier tut's auch!

---

6 Hier gelten die Gesetze der sogenannten Rayleigh-Streuung. Sie liefern auch die Erklärung dafür, warum der Himmel blau ist.

Die Krimskramsbombe

Eine Bombe wäre die Lösung. Jedes Mal, wenn ich in unseren vollgestopften Keller gehe, möchte ich eine Bombe werfen. Sie würde alles pulverisieren, was im Weg steht und in den Ecken verstaubt: die alte Stereoanlage, die Schleichelfen, die Martinslaternen, die geerbten Bodenvasen – zerbombt zu feinem, schwarzem Staub. Das Haus an sich würde die Bombe intakt lassen, ebenso die Regale und Schränke und natürlich uns Menschen. Wenn sich nach der Explosion der Staub gelegt hätte, würde ich einmal durchsaugen – fertig. Ich kann fühlen, wie es wäre, in den leeren Keller zu blicken. Befreiend, erhebend. Ich seufze, gehe die Treppe hinunter, schlängele mich durch zum Regal und quetsche eine Kiste voller Playmobilpiraten hinein, die ich in der Hand trage.

Wir räumen die Kinderzimmer auf. Das ist nötig – meine Bombenfantasien hatten zuletzt auch dort stark zugenommen. Der Aufräumtag war ausführlich geplant, denn jeder von uns hat seine Lieblingsmethode, um ein Zimmer in Ordnung zu bringen. Es galt, sich auf eine Methode zu einigen.

»Wir gehen mit einem Müllsack durch und schmeißen alles weg, was ihr in den letzten vier Wochen nicht gebraucht habt«, schlage ich vor. »Den Rest räumt ihr dann auf.«

»Abgelehnt!«, tönen drei Kinderstimmen.

Maximilian verkündet: »Ich stelle alles, was ich nicht mehr brauche, vor die Tür.« Nach dieser Methode hat er sein Zimmer bereits mehrmals sehr effektiv aufgeräumt. In kürzester Zeit ist der Raum ordentlich – und der Flur vor dem Zimmer unbegehbar.

»Was wird jetzt aus dem Kram?«, brülle ich durch die geschlossene Tür (öffnen kann ich sie nicht mehr, weil zu viel Zeug davorliegt).

»Kann in den Keller!«, ruft Maximilian zurück.

»Dann räum es in den Keller!«

Die Tür öffnet sich einen Spalt. »Lucie, komm mal!«

Lucie späht aus ihrem Zimmer.

»Willst du meine Pokémon-Karten haben? Brauche ich nicht mehr. Die anderen Sachen auch nicht.«

Lucies Augen strahlen. »Super!!!« Sie holt sich einen Wäschekorb, belädt ihn mit Maximilians Spielschutt und schafft ihn in ihr Zimmer.

Maximilian grinst, winkt mir zu und schließt seine Tür.

»So machen wir es auf keinen Fall wieder!«, bestimme ich. »Das ist nicht Aufräumen, sondern Umschichten zu den Jüngeren. Ihr müsst euch auch mal von Sachen trennen.«

»Aber man muss die Sachen ja nicht wegschmeißen«, protestiert Julia, ganz Kind ihres Vaters. »Die sind doch noch gut.«

»Natürlich, nicht wegschmeißen«, beschwichtige ich. Ich verschweige, dass ich einmal im Monat an stillen Vormittagen mit einem blauen Sack durch die Kinderzimmer gehe und Schrott einsammele: Überraschungseifiguren, eingetrockneten Spielschleim, doppelte Sammelkarten und Einladungskarten zu längst vergangenen Kindergeburtstagen. Am Ende meiner Raubzüge wiege ich die Säcke. Letzten Monat waren es 2,3 Kilo. 2,3 Kilo Kleinkram weniger in den Kinderzimmern – und keines der Kinder hat es bemerkt!

Wahrscheinlich, denke ich, ist genau das das Problem: Sie müssen selbst sehen, was sich alles ansammelt. Aus dem Keller hole ich leere Schuhkartons. »Radiergummis«, schreibe ich auf einen, »Plastik-Kleinkram« auf einen anderen und so weiter. Wie Altglascontainer stelle ich die Kartons im Flur auf. »Hier könnt ihr alles reinwerfen, was ihr nicht in euren Zimmern behalten wollt. Dann entscheiden wir, was wir damit machen.«

Zwei Stunden später liegt in den Kartons Folgendes:

Karton eins – 25 CDs ohne Hülle.

Karton zwei – 25 leere CD-Hüllen, nicht passend zu den CDs in Karton eins.

Karton drei – 11 silbrige Anspitzer, die kein Kind benutzt, weil die Späne nicht in einer Plastikdose aufgefangen werden; dazu 4 Radiergummis, die mit einem Kuli perforiert wurden und nun blau schmieren, wenn man damit radiert.

Karton vier (»Kaputtes Plastikspielzeug«) – ist leer.

»Siehst du, Mama, wir haben gar nicht viel Plastikzeug in den Zimmern!«, triumphiert Lucie. Ich nuschele etwas, das vage wie »Zweikommadreikilo« klingt.

»Was machen wir jetzt mit den Sachen?«, fragt Julia.

»Auf dem Flohmarkt verkaufen«, schlägt Lucie vor.

Der Vorschlag wird wegen zu geringer Erfolgschancen abgelehnt.

»Wir fragen Papa, ob er etwas davon braucht«, meint Julia.

Klingt gut – vor allem, weil wir dann bis zum Abend nichts mehr damit machen müssen. Morgen früh, nehme ich mir vor, werde ich alle Schuhkartons in einen blauen Müllsack ausleeren. Ich schätze voller Vorfreude das Gewicht – bestimmt mehr als drei Kilo.

Doch so weit kommt es nicht. Marcus wühlt begeistert durch die Kartons. »Darf ich was davon mitnehmen? Zum Experimentieren!«

Julia wirft mir einen »Sag ich doch«-Blick zu.

Marcus fischt die Anspitzer aus dem Karton. »Die sind explosiv«, erklärt er und lächelt die Kinder an. »Kommt mit, wir machen das im Keller.«

Eine Viertelstunde später dröhnt ein Knall nach oben. Dann ist es still. »Boah!«, höre ich Maximilian sagen.

Ich renne die Treppe hinunter: Haben sie aus den Anspitzern die Kellerbombe gebaut? Ist alles zu Staub zerfallen, kann ich mit dem Sauger kommen?

Leider nicht.

»Mama, wir haben Wasserstoff gemacht!«, ruft Lucie strahlend. »Aus den Anspitzern. Einfach in Essig geworfen und das Gas angezündet!«

»Wow«, sage ich lahm.

Am nächsten Morgen, als alle aus dem Haus sind, leere ich die Schuhkartons in meinen Müllsack und wiege. 2,9 Kilo. Mit den Anspitzern wäre ich bestimmt über drei Kilo gekommen.

Experiment:
Wasserstoff aus Anspitzern

Sie brauchen:

- Essigessenz (Konzentration 20%–25%, das entspricht ganz normalen, günstigen Supermarkt-Produkten)
- einen einfachen Bleistiftanspitzer aus Magnesium (leider steht nicht auf den Anspitzern, ob diese aus Aluminium oder aus Magnesium bestehen. Wenn Sie sicher gehen wollen, suchen Sie im Internet nach »Anspitzer Magnesium«. Oder Sie kaufen ganz billige im Laden und tröpfeln zu Hause ein wenig Essigessenz darauf. Wenn Bläschen entstehen, ist der Anspitzer aus Magnesium, wenn nicht, haben Sie einen aus Aluminium erwischt. Tauschen Sie ihn im Laden dann einfach gegen ein schönes Wissensmagazin um!)
- einen Luftballon, mittlere Größe
- einen Trichter
- einen Gefrierbeutel-Clip oder einen Stück Paketband, um den Ballon vorübergehend zu verschließen

- eine Schüssel mit Wasser
- eine Kerze und ein Feuerzeug
- ein Stück Schnur
- einen Besenstiel oder eine lange Holzstange

> **Sicherheit**
> Bitte tragen Sie bei diesem Experiment eine Schutzbrille, eine Lesebrille oder Sonnenbrille. Essigessenz darf nicht mit Schleimhäuten in Berührung kommen!

So geht's:

Entfernen Sie die Klinge vom Anspitzer und stecken Sie den Spitzer in den Ballon. Füllen Sie mithilfe des Trichters etwa 100 ml Essigessenz in den Ballon und verschließen Sie ihn zügig mit dem Gefrierbeutel-Clip. Damit der Verschluss wirklich dicht hält, sollten Sie das Mundstück des Ballons einige Male verdrehen und dann erst einklemmen.

Im Ballon fängt es zügig an zu schäumen, außerdem wird der Essig heiß. Legen Sie den Ballon in die Schüssel und warten Sie, bis das Blubbern endet und der Ballon nicht mehr größer wird.

Nehmen Sie die Klemme wieder ab und halten Sie den Ballon mit den Fingern verschlossen. Nun drehen Sie den Ballon über Ihrer Spüle, lockern den Griff ein wenig und lassen den Essig vorsichtig aus dem Ballon tropfen, bis nur noch Gas herausströmt. Jetzt dürfen Sie den Ballon zuknoten. Der stressige Teil ist vorbei! Sie haben es geschafft, etwa fünf Liter Wasserstoff herzustellen.

Im Ballon wird sich vermutlich noch ein Rest des Anspitzers befinden, was aber nicht weiter stört. Befestigen Sie den mit Wasserstoff gefüllten Ballon mit einem Stück Schnur vorne an einem Besenstiel. Zünden Sie eine Kerze an, in sicherem Abstand zu anderen Personen und allen entzündlichen Dingen. Setzen Sie sich zum Schutz Ihrer Augen eine Brille auf und führen Sie den Ballon am Besenstiel vorsichtig zur Flamme.

Sie werden einen recht lauten, aber nicht gefährlichen Knall hören und einen imposanten, aber schnell wieder verschwindenden Feuerball erleben!

Was steckt dahinter?

Eine schöne chemische Reaktion! Essigessenz oder 25%-ige Essigsäure ist eine nicht zu unterschätzende Substanz, mit der man Kalk entfernen, Eierschalen auflösen oder seine Augen schwer verätzen kann. Deshalb seien Sie immer vorsichtig!

Die Summenformel von Essigsäure sieht kompliziert aus und lautet CH_3COOH. Wie alle Säuren liegt Essigsäure im Wasser nicht als ganzes Molekül vor, sondern aufgetrennt in elektrisch geladene Teile. Heraus kommt ein negativ geladenes Acetat-Ion (CH_3COO^-) und ein positiv geladenes Wasserstoff-Teilchen (H^+).

Der positive geladene Wasserstoff übt eine starke Anziehungskraft auf negative Elektronen aus. Zum Beispiel auf die aus dem Magnesium unseres Anspitzers. Magnesium zählt zu den unedlen Metallen, weil es seine Elektronen nicht besonders stark festzuhalten vermag. Wenn es mit der Säure in Kontakt kommt, ist es um seine Neutralität geschehen. Jedes Magnesium-Atom lässt sich zwei Elektronen entziehen und der Wasserstoff feiert eine kleine Auferstehung. Er entweicht als elektrisch neutrales Wasserstoff-Gas, während das Magnesium in Form von positiv geladenen Ionen im Wasser sein Dasein fristet. Wenn Sie 100 ml 25%-ige Essigessenz verwendet haben, wird die Essigsäure nahezu vollständig aufgebraucht, und es entstehen etwa fünf Liter Wasserstoff. Zurück bleiben ein Rest vom Anspitzer und im Wasser gelöstes Magnesiumacetat. Giftig ist das nicht, aber viel können Sie damit auch nicht anfangen, wenn Sie nicht gerade in der Chemieindustrie arbeiten. Sie können die Lösung also gern den Abfluss herunterspülen.

Die Wasserstoff-Explosion

Interessanter als der Magnesiumacetat-Rest ist selbstverständlich das explosionsartige Verbrennen des Wasserstoffs. Wenn er beim Verbrennen mit dem Luftsauerstoff reagiert, entsteht ganz banal – Wasser. H_2O. Allerdings in gasförmiger Form, als Wasserdampf, denn in der Flamme ist es ja heiß.

Rein theoretisch – aber davon möchte ich dringend abraten! – kann man das Experiment noch frisieren und zu einer Knallgasexplosion machen. Dabei müssten wir dafür sorgen, dass auch der Anspitzer-Rest nicht mehr im mit Wasserstoff gefüllten Ballon ist. Dann müssten wir dem Wasserstoff die 2,3-fache Menge seines Volumens an Luft hinzufügen. Im Ballon befände sich nun Knallgas. Diese Reaktion verläuft wirklich explosiv und ist sehr gefährlich. Da Sie sie ja nicht durchführen, brauche ich Ihnen auch nicht zu sagen, dass man dabei unbedingt Ohrenschützer und eine Sicherheitsbrille tragen muss.

Das Einzige, was bei der Knallgas-Reaktion stört, ist der Stickstoff, den Sie automatisch mit dem Luftsauerstoff in den Ballon gegeben haben. Er steht der Explosion im wahrsten Sinn des Wortes im Weg und drosselt die Explosionsgeschwindigkeit ein wenig. Trotzdem kann ich aus Erfahrung sagen, dass schon kleinste Mengen Knallgas ausreichen, um einen ohrenbetäubenden Knall zu erzeugen. Das ist wirklich nichts für zu Hause!

Bei einer Fernsehaufzeichnung sollte einmal ein mit Knallgas gefüllter Plastikbecher gezeigt werden. Wir diskutierten: Wie groß sollte der Becher sein? Die Produktionsleitung schlug 400 ml vor, war aber von der Wucht der Explosion derart entsetzt, dass sie kleinlaut mit dem immer noch gewaltigen Knall des 300-ml-Bechers zufrieden war. Seit diesem Experiment besitzt die Produktionsfirma übrigens 300 Ohrenschützer, damit alle, wirklich alle im Studio geschützt werden können. Die Promis, der Moderator, das Publikum, die Bild- und Ton-Leute, die Requisiteurin, die Helfer, die Feuerwehrleute – und der Physikant.

»Guck mal, Papa, meine Hand brennt!«

»Mama, Papa – Maximilian zündet sich an!« Lucies Schrei schrillt durchs Haus.

Türen werden aufgerissen, Eltern und Geschwister poltern die Treppe runter. Marcus stolpert zuerst in die Küche, die Lesebrille noch auf der Nase. Vor dem Spülbecken steht Maximilian, in der linken Hand ein Feuerzeug, die rechte von sich gestreckt. Flammen lecken an seiner Handfläche. Stolz lächelt er Marcus an. »Guck mal, Papa, meine Hand brennt!«

Ich packe seinen Arm und will ihn unter den Wasserhahn drücken, aber er zieht ihn weg. »Das geht gleich aus.«

So ist es: Die Flammen werden kleiner, bis sie nur noch ein Züngeln um seine Finger sind. Dann ist es vorbei. Ich bin zu Tode erschrocken – Marcus eher fasziniert.

Er nimmt die Brille ab. »Wie hast du das gemacht?«

»Mit Feuerzeuggas und Spülmittel«, erklärt Maximilian stolz, »haben wir in der Schule gelernt.«

»Da durftet Ihr Eure *Hände* anzünden?« Ich mache mir in Gedanken eine Notiz für den nächsten Elternsprechtag.

Maximilian druckst nur kurz herum. »Nicht direkt … aber wir haben den Schaum in einer Schüssel angezündet. Und die Schüssel ist nicht angekokelt!«

Gut, könnte man jetzt einwenden, die Schüssel war aus Metall und die Hand nicht. Aber wer überlebt, hat recht.

»Ist nichts passiert!« Maximilian hält mir seine Hand hin: etwas klebrig, aber unversehrt.

Ich gebe auf. Hilflos sehe ich zu, wie mein Sohn erneut den Ärmel hochschiebt und die Hand in eine Schüssel mit wässrigem Schaum taucht. Er zieht die Hand raus, voller Schaum, und hält mit der anderen ein Feuerzeug daran.

»Darf ich auch mal?«, fragt Marcus begierig – gerade noch kann er sich beherrschen, seinen Sohn nicht zur Seite zu drängeln.

In den folgenden zwei Stunden habe ich alle Zeit der Welt, um in Ruhe oben zu arbeiten, während der Rest der Familie in der Küche Hände anzündet und herausfindet, dass man einen Ball aus brennbarem Schaum auch auf Marcus' Glatze anzünden kann.

Ich schaue von meiner Arbeit auf, als ich Lucie im Badezimmer kramen höre. Durch die halb offene Tür sehe ich, wie sie Sprühdosen aus dem Bad schleppt: Rasierschaum, Haarfestiger und eine neongelbe Dose mit einer zähen Masse, auf der »Bad Hair Day: Erste-Hilfe-Mousse« steht, darunter in kleinen Buchstaben: »Es ist nicht so schlimm, wie deine Frisur meint.«

»Das ist meins!«, rufe ich. »Das zündet ihr nicht an!«

Lucie stellt die gelbe Dose zurück ins Bad.

Erst als es dämmrig wird, wage ich mich zurück in die Küche. Still ist es dort und beinahe dunkel. Meine Lieben sind noch da.

»Guck mal«, flüstert Marcus und zieht mich neben sich. Mitten in der Küche steht Maximilian. Um seine Füße läuft ein Kreis aus Schaum, ein großer Kreis, Maximilian könnte darin tanzen. »Schaumfestiger«, erklärt Marcus. Er bückt sich und hält ein Feuerzeug an den Schaumkreis. Ein Flämmchen züngelt empor, frisst sich ringsherum durch den Haarschaum. Die Flamme umrundet Maximilians Füße, erlischt aber nicht, dreht eine weitere Runde und noch eine, wie ein Spielzeugauto auf der Carrerabahn.

Maximilian steht da und strahlt, inmitten der Flammen-Carrerabahn. Seine Hände hängen entspannt herunter. Sie brennen nicht. Das ist schön.

Experiment:
Brennender Schaum auf der Hand

Kann man dieses Experiment wirklich Experiment nennen? Egal – eindrucksvoll ist es auf jeden Fall!

Sie brauchen:

- eine Dose Feuerzeuggas (Gas! Nicht Feuerzeugbenzin!)
- eine Schüssel
- Wasser, etwa ein Trinkglas voll
- Spülmittel
- ein Feuerzeug, am besten ein langes mit einem Rüssel

> **Sicherheit**
> Hier spielen Sie mit dem Feuer! Halten Sie Ihre Hand, wenn Sie den Schaum entzünden, immer sehr weit weg von allem, was Feuer fangen könnte. Halten Sie die Hand auch weit weg von der Schüssel mit dem Schaum. Dieser kann sehr leicht Feuer fangen!

So geht's:

Geben Sie das Wasser mit viel Spülmittel in die Schüssel. Drücken Sie die Düse der Feuerzeuggas-Dose auf den Boden der Schüssel und lassen Sie vorsichtig ein bisschen Gas in die Spülmittellösung strömen (vorsichtig deshalb, damit Sie möglichst viele kleine Blasen erzeugen. Wenn Sie zu schnell viel Gas entweichen lassen, werden die Blasen sehr groß und platzen schnell).

Sie können aufhören, wenn sich auf der Flüssigkeit eine Handvoll Schaum gebildet hat.

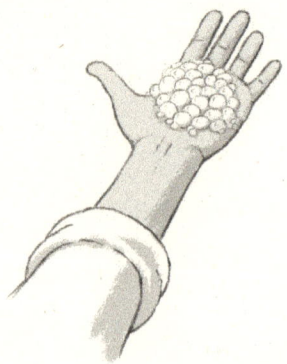

Nehmen Sie eine kleine Menge des Schaums auf Ihre schwache Hand und halten Sie sie am langen Arm weit weg von allem, was brennen könnte: weg von Ihren Haaren, weg von der Zettelsammlung in Ihrer Küche und weg von der Schüssel mit dem Schaum. In einer äußerst beliebten Fernsehshow konnte kürzlich beobachtet werden, dass der Schaum in der Schüssel sehr leicht ohne Absicht Feuer fängt. Allerdings ohne Zutun der Physikanten.

Hoffentlich trauen Sie sich nach diesen Warnhinweisen überhaupt noch, das Feuerzeug in die Hand zu nehmen. Wenn dem so ist, zünden Sie den Schaum seitlich an und bestaunen Sie den unerwartet großen Feuerball! Nicht erschrecken, er erlischt quasi sofort wieder.

Was steckt dahinter?
Feuerzeuggas brennt, wenn es angezündet wird – das ist genauso überraschend wie die Tatsache, dass Handys kaputtgehen, wenn man sie vom Eiffelturm schmeißt. Das eigentlich Interessante ist, dass die Flamme so groß wird. Bevor Sie das Gas entzünden, haben Sie vielleicht ein Zehntel Liter Gas auf der Hand. Die

198

Flamme aber dürfte – so war es zumindest in unserer Küche – locker ein Volumen von mehreren Litern eingenommen haben. Da lohnt sich ein genauerer Blick auf das, was in der Flamme passiert.

Feuerzeuggas besteht in der Regel aus einer Mischung aus Propan und Butan. Unter Druck sind beide Gase flüssig. Dazu braucht der Druck gar nicht so groß zu sein. Bei Raumtemperatur reichen etwa 2 bar, um Butan zu verflüssigen, das ist gerade mal das Doppelte des Umgebungsdrucks. 8,3 bar braucht es für Propan. Bei Feuerzeuggas als Mischung aus beiden Stoffen dürfte der benötigte Druck also irgendwo dazwischenliegen. Das ist praktisch, denn so ist es möglich, die Gase flüssig in leichten Feuerzeuggas-Dosen und sogar in Plastikfeuerzeugen zu halten.

Was geschieht nun bei der Verbrennung? Beide Gase sind Kohlenwasserstoffe, also eine Verbindung aus Kohlenstoff und Wasserstoff.[7] Wenn sie verbrennen, verbinden sich ihre Bestandteile mit Sauerstoff aus der Luft. Daraus entstehen Kohlendioxid und Wasserdampf. Meistens entsteht auch ein wenig Ruß, also unverbrannter Kohlenstoff.

Riesen-Flamme, die Erste: Reaktionsprodukte

Ein Propanmolekül benötigt fünf Sauerstoffmoleküle, um vollständig zu verbrennen. Daraus entstehen drei Moleküle Kohlendioxid und vier Moleküle Wasser. Ein einzelnes Gasmolekül aus dem Schaum wird also durch die Verbrennung zu *sieben* Molekülen! Beim Butan ist das Verhältnis ein bisschen komplizierter auszurechnen, am Ende stehen jedoch sogar neun Moleküle. Aus je einem Molekül Propan und Butan auf unserer Hand sind also insgesamt 16 Moleküle geworden. Da jedes Gasteilchen bei gleicher Temperatur genau den gleichen Raum beansprucht, ist es

---

7 Propan hat die Summenformel C_3H_8 und Butan C_4H_{10}.

logisch, dass der Flammenball auf unserer Hand größer ist als der Schaum vor dem Verbrennen.

Riesen-Flamme, die Zweite: Stickstoff & Co.

Und das ist noch nicht alles: Die Luft besteht bekanntlich nicht nur aus Sauerstoff. Er macht nur etwa ein Fünftel aus. Zum größten Teil atmen wir Stickstoff ein (78 %) sowie Argon und Gase wie Kohlendioxid. Diese Gase verhalten sich bei unserem Experiment wie aufdringliche Schaulustige: Sie nehmen nicht an der Reaktion teil, weigern sich aber, den Schauplatz zu verlassen. Jedes Sauerstoffmolekül, das verbrennt, hat etwa viermal so viel Volumen an Stickstoff und Argon im Schlepptau. Die sind einfach dabei und vergrößern die Flamme. Für verbrennendes Propan bedeutet das: Wenn ein Propan-Molekül verbrennt, befinden sich in der Flamme etwa 20 unbeteiligte Moleküle. Beim Butan sind es sogar noch mehr, nämlich 30 unbeteiligte Gas-Teilchen. All diese Teilchen beanspruchen Platz, und deshalb ist die Flamme so groß. Würden wir das Experiment in reinem Sauerstoff machen, wäre die Reaktion heftiger, aber die Flamme wahrscheinlich[8] deutlich kleiner.

Riesen-Flamme, die Dritte: Wärme!

Chemiker nennen die zu einer Verbrennung gehörige Reaktion exotherm. Alle anderen sagen: Flammen sind heiß! Meinen tun sie dasselbe. Die Reaktion zwischen den Kohlenwasserstoffen und Sauerstoff erzeugt Wärmeenergie. Und warmes Gas nimmt mehr Platz ein als kaltes.

---

8 Nehmen Sie mir an dieser Stelle das »wahrscheinlich« nicht übel – ich habe mich nicht getraut, das Experiment mit dem Schaum auf der Hand in reinem Sauerstoff durchzuführen. Im Übrigen rate ich ihnen davon auch entschieden ab, denn Reaktionen in reinem Sauerstoff verlaufen extrem viel schneller und heißer als in Luft!

Wie viel größer das Gasvolumen durch die Hitze wird, kann man relativ leicht ausrechnen. Das Volumen verhält sich nämlich proportional zur Temperatur: Steigt die Temperatur, steigt das Volumen im gleichen Maße. Losrechnen muss man hier allerdings unbedingt ab dem absoluten Nullpunkt. Das ist der Punkt, an dem es so kalt ist, dass ein Gas theoretisch gar kein Volumen mehr hat. Dieser Punkt liegt bei null Kelvin, das entspricht -273,16 °C. Bei dieser Kälte hätte unser Feuerzeuggas theoretisch ein Volumen von null.

Wir gehen mal davon aus, dass es in Ihrer Küche 20 Grad warm ist. Damit liegt sie rund 293 Grad über dem absoluten Nullpunkt (stellen Sie sich einen Zahlenstrahl vor, auf dem links, im negativen Bereich, die -273 Grad liegen und rechts, im positiven Bereich, die 20 Grad Küchentemperatur. Der Abstand dazwischen sind 293 Grad). Unsere Schaumflamme liegt 2243 Grad über dem absoluten Nullpunkt. Das ist 7,5-mal heißer als der Schaum vor dem Verbrennen. Das Volumen des Gases wächst also ebenfalls um das Siebeneinhalbfache an.

Was ergibt das jetzt zusammen?

Aus jedem verbrannten Feuerzeuggas-Molekül entstehen im Mittel acht Moleküle als Reaktionsprodukte. Hinzu kommen rund 25 unbeteiligte »schaulustige« Moleküle aus der Luft. Allein durch diese beiden Effekte ist das Volumen beim Verbrennen 33-mal größer geworden! Dann kommt noch die Wärme dazu: Sie macht alles noch 7,5-mal größer.

Insgesamt ist das Volumen der Flamme also 247,5-mal so groß wie das des Schaums vor der Verbrennung. Aus vielleicht 100 ml Gas auf Ihrer Hand entstehen also knapp 25 Liter Flammen! Zweieinhalb große Eimer voll, das ist schon gewaltig. In der Praxis ist die Flamme dann wahrscheinlich doch etwas kleiner. Aber dafür lodert sie über einen gewissen Zeitraum, währenddessen das Gas verbraucht wird. Glücklicherweise, denn einen noch größeren Feuerball würden wir alle nicht gern in unserer Küche haben.[9]

Experiment: Rasender Schaumfestiger

Ein super Experiment, das mich völlig überrascht hat, als ich es zum ersten Mal ausprobiert habe. Unbedingt machen!

Sie brauchen:

- Schaumfestiger aus der Sprühdose. In unseren Tests hat das Experiment mit einem billigen Festiger mit mittlerer Haltekraft am besten funktioniert.
- ein Feuerzeug
- eine schwer entflammbare Unterlage (Fliesenboden, glatte Holzplatte o. Ä.)

> ### Sicherheit
> Beim Entzünden des Schaumfestigers kann es durch bereits entwichenes Treibgas zu einer Verpuffung kommen! Bitte tragen Sie eine Brille und zünden Sie das Gas am langen Arm mit einem langen Feuerzeug an.

---

9 Entzündliche Gase entstehen auch, wenn man pupst. Wer dabei in einer mit viel Schaumwasser gefüllten Badewanne sitzt, kann diese Gase anzünden: Sie sammeln sich in Blasen unter anderem aus Wasserstoff und Methan an der Oberfläche.

So geht's:

Sprühen Sie auf einer Fläche von etwa 80 x 80 cm eine dicke, gleichmäßige Bahn aus Schaumfestiger-Schaum. Gerne mit ein paar Kurven und Schleifen. Wenn Sie ein dünnes Metallblech zu einem Bogen biegen oder eine Konstruktion mit Frühstücks-brettchen legen, können Sie sogar Brücken bauen. Am Ende soll-te Ihre Schaum-Bahn etwa so aussehen wie eine Carrerabahn, nur in Weiß und ohne Autos.

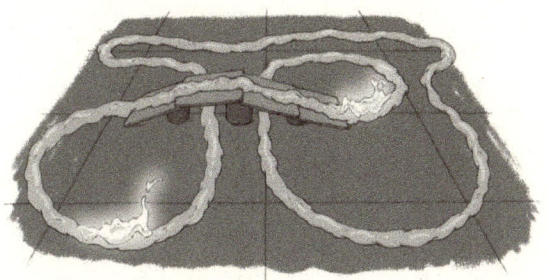

Aus dem Schaumfestiger entweicht permanent Gas. Um eine Verpuffung beim erstmaligen Entzünden zu vermeiden, pusten Sie einmal kräftig über Ihr gesamtes Kunstwerk. Dadurch sollte sich eine eventuell vorhandene Gas-Lache verflüchtigen.

Zünden Sie den Schaum vorsichtig an. Das entweichende Gas fängt schnell überall Feuer, welches sich in alle Richtungen auf dem Schaum ausbreitet. Nach einer Weile werden es immer we-niger einzelne Flammen, bis schließlich nur noch ein oder zwei Feuer-Züge über die Rennstrecke huschen. Immer wieder kommt es vor, dass zwei Flammen gegeneinanderlaufen und sich dabei auslöschen. Am schönsten ist das Experiment, wenn nur noch eine einzelne Flamme über den Schaum rast, daher pusten Sie ruhig eine noch vorhandene zweite aus. Mit ein bisschen Glück gelingt es Ihnen, die Flamme mehr als zehnmal, vielleicht sogar zwanzigmal um den Parcours zu jagen, bis die Schaumdecke an irgendeiner Stelle zu dünn wird.

Aus Erfahrung empfehle ich, den Schaum wirklich dick und gleichmäßig aufzutragen. Dick, damit die Flamme viele Runden drehen kann. Gleichmäßig, weil die Flamme an knubbeligen Stellen gern eine kleine Pause einlegt und sich von dort aus erneut auf die Reise macht.

Was steckt dahinter?

Um ehrlich zu sein, kann ich an dieser Stelle nur meine eigene Theorie präsentieren, die ich durch Experimente bestätigen (oder zumindest nicht widerlegen) konnte. Leider fehlen mir die Möglichkeiten, die Beschaffenheit des Schaums, vor allem in seiner zeitlichen Veränderung, genau zu analysieren. Wenn Sie eine genauere Erklärung parat haben, teilen Sie sie uns bitte mit!

Der Anfang ist noch offensichtlich: Schaumfestiger enthält ein Propan-Butan-Gemisch. Es dient als Treibmittel, welches die Flüssigkeit in der Dose erst zu Schaum aufquellen lässt – auf der Zutaten-Liste leicht nachzulesen, wenn man das Kleingedruckte entziffern kann. Bekanntermaßen ist ein Propan-Butan-Gemisch immer gut für schöne, große Flammen (siehe oben beim brennenden Schaum auf der Hand).

Der Schaumfestiger enthält aber neben dem Gas und einer ganzen Reihe von kosmetischem Schnickschnack auch Wasser. Dieses Wasser ermöglicht – und jetzt beginnt meine Theorie – den Rennbahn-Effekt. Wenn der Schaum entzündet wird, verbrennt die oberste Schicht der Gasbläschen. Zurück bleibt das Wasser, das sich dann schützend auf die Gasbläschen darunter legt. Dieser Schutz ist aber nur von kurzer Dauer. Innerhalb weniger Sekunden fließt das Wasser entlang der Bläschenwände im Schaum weiter nach unten. Oben liegen nun wieder Gasbläschen, die leichte Opfer für die Flammen werden. Wenn das Feuer also eine Runde gedreht hat, ist der Schaum wieder bereit, sich entzünden zu lassen.

Auch der Effekt, dass zwei Flammen sich auslöschen, wenn sie aufeinandertreffen, kann mit der Theorie erklärt werden. Hinter beiden bleibt schließlich eine Wasserdecke zurück, sodass dort erst einmal nichts mehr brennt.

Eine Anekdote am Schluss: Die Idee für das Experiment kam nicht aus Deutschland. In der Versuchsbeschreibung stand nach einem ersten Übersetzungsversuch »Rasierschaum«. Mein hoffnungsfroher erster Test blieb vollkommen erfolglos. Zum Glück für alle Freundinnen und Freunde schöner, aber vollkommen nutzloser Experimente konnte eine kreative Redakteurin das Missverständnis aufklären – und ich als Glatzenträger kam zum ersten Mal in meinem Leben mit Schaumfestiger in Berührung.

Trittfester Nachtisch

Mit einem Quieken versinkt Lucie im Wackelpudding. Bis zum Po steckt sie im grellgrünen Glibber, der Pudding wabbelt um ihre Beine.

»Mist!« Marcus macht einen Satz neben das Puddingbecken, greift seiner Tochter unter die Arme und zieht sie heraus. Der Wackelpudding gibt ein Schmatzen von sich. Es riecht nach künstlichem Waldmeister.

Dreihundert Liter Wackelpudding sind in der Kühlkiste, die in der Werkstatt der Physikanten steht, in tagelanger Arbeit gekocht und gekühlt worden, Schicht für Schicht, bis das Becken voll war.

Kann ein Kind über Wackelpudding laufen? Das ist die Frage, die es zu beantworten gilt. Eine lustige, fernsehtaugliche Frage. Wenn es klappt, soll das Experiment an einem Samstagabend gesendet werden. Fröhlich sagten wir zu, den Versuch auszuprobieren. Wir ahnten nicht, worauf wir uns einließen.

Wackelpudding hatten wir bislang selten gekocht. Zu Halloween haben Julia und ihre Freunde einmal einen Fuß daraus geschnitzt, fürs Gruselbuffet. Aber das war es auch schon. Entsprechend arglos gingen wir an die Vorbereitungen: Wir kauften riesige Mengen Wackelpuddingpulver und Zucker. Dann kochten wir los, den fertigen Pudding schütteten wir in eine ausrangierte Badewanne im Lager der Physikanten. Da war es relativ kalt, aber offenbar nicht kalt genug. Der Pudding wurde einfach nicht fest. Wir fragten bei Restaurants in der Umgebung an, ob die in ihrer Kühlkammer Platz hätten für 300 Liter Wackelpudding. Einer sagte zu, der Pudding musste aber abgedeckt stehen. Dadurch blieb die Oberfläche feucht und er war unbrauchbar.

Wir kauften eine riesige Kiste und mieteten einen Kühlanhänger. Nach tagelangem Kochen und Kühlen ist die Kühlkiste endlich so voll, dass wir das erste Kind über den Pudding schicken können. Unsere Kinder haben Freunde mitgebracht, jeder will mal drüberlaufen. An der Kühlwanne bildet sich eine Warteschlange wie vor dem Einmeterbrett im Freibad.

Und dann bricht Lucie sofort ein! Obwohl sie die leichteste von allen ist. Helle Risse ziehen sich über die grüne Oberfläche rund um das Loch, in dem Lucie steckt. Das Kind wird gerettet, die Versuchsanordnung nicht: Die spiegelglatte Oberfläche ist dahin. Marcus sieht sehr unglücklich aus. Damit die Kinder wenigstens nicht umsonst gewartet haben, darf jeder noch mal auf dem kaputten Pudding laufen. Wir legen Handtücher bereit und nehmen die Kinder an die Hand, damit sie nicht lang hinschlagen und komplett im grünen Glibber liegen.

»Das ist wie eine Wattwanderung!«, jauchzt Lucie.

»Bäääääh«, sagt ihre Freundin genüsslich, als sie die nackten Zehen im Wackelpudding bewegt.

Als alle Kinder abgeduscht sind, stehen wir vor dem nächsten Problem: Wie entsorgt man Hunderte Liter Wackelpudding? Im Klo runterspülen scheint uns zu riskant.

»Aufessen«, schlägt Maximilian grinsend vor, und uns wird übel.

Schließlich bilden die Kinder eine Eimerkette: Vorn wird der Wackelpudding aus der Kühlkiste geschöpft und nach hinten durchgereicht, wo jemand einen großen blauen Sack aufhält. Fünf dieser Säcke füllen wir und hieven sie in die Restmülltonne.

»Ist das nicht Lebensmittelverschwendung?«, fragt Julia besorgt.

»Wackelpudding ist kein Lebensmittel«, sage ich. »Das ist nur Zucker, Farbe und Gelatine.«

Zwei Tage später ist das nächste Becken voll. Diesmal darf Maximilian zuerst laufen – in der Hoffnung, dass er schneller ist als die kleine Schwester und die Füße gleichmäßiger aufsetzt. Zwei, drei Schritte klappen gut, dann bricht auch er ein. Eimerkette, blaue Säcke, die Mülltonne ist voll.

»Ich glaube, die Antwort ist einfach nein«, sage ich am Abend zu meinem Mann.

»Die Antwort auf welche Frage?«

»Ob man über Wackelpudding laufen kann. Die Antwort ist nein, kann man nicht.«

Marcus widerspricht: »Im Prinzip kann man das. Aber Kinder haben einfach zu kleine Füße im Verhältnis zum Körpergewicht. Wir müssten dafür sorgen, dass sich das Gewicht besser verteilt. So, wie wenn man jemanden retten will, der ins Eis einbricht. Dann legt man sich auf den Bauch und läuft nicht einfach aufs Eis.«

Zwei Tage später. Diesmal ist der Pudding rot. Marcus verteilt kleine Bretter auf der Oberfläche, sie schwanken leicht wie Badeplattformen im Meer. Auf diese Bretter sollen die Kinder treten. Dann, so die Hoffnung, verteilt sich das Gewicht besser. Es wird der letzte Test sein. Morgen kommt der Sender, um das Experiment zu besichtigen.

»Geh ganz langsam«, bittet Marcus Lucie, »ich halte dich fest.«

Eine Hand fest auf Marcus' Schulter, die andere ausgestreckt wie eine Seiltänzerin, schreitet Lucie über die Brettchen. Sie schwanken, die Ecken drücken sich leicht in den Pudding. Die Oberfläche bekommt feine Risse an diesen Stellen. Aber sie hält. Ein komplett sauberes Kind kommt am anderen Ende des Beckens an, springt strahlend in Marcus' Arme und lässt sich durch die Luft wirbeln.

Für eine Samstagabendshow im Fernsehen sind die Brettcheninseln nicht spektakulär genug, das ist uns bewusst. Schließlich lautete die Frage: »Kann ein Kind über Wackelpudding laufen?«, und nicht: »Kann ein Kind in einer Puddingwanne von Brettchen zu Brettchen balancieren?«

Eine Bergsteigerin aus dem Freundeskreis löst das Problem für uns. »Es gibt keine schlechten Wege, es gibt nur falsche Schuhe«, stellt sie fest. »Probiert es doch mit Schneeschuhen. Die verteilen das Gewicht.«

Vier Wochen später läuft ein süßes, kleines Mädchen an einem Samstagabend im Fernsehen mit Schneeschuhen über ein Becken, das gefüllt ist mit Wackelpudding. Wir sitzen vor dem Fernseher und essen Chips, Salzstangen und Erdnüsse. Lust auf Süßes haben wir irgendwie nicht mehr.

Experiment: Über Wackelpudding laufen

Ein Experiment, welches Sie nur selbst machen sollten, wenn Sie eine Fernsehshow planen.

Bei der Fernsehproduktion, für die wir den Test gemacht hatten, kamen zum Einsatz:

- 43,4 kg Wackelpudding-Pulver
- 254,2 kg Zucker
- 983,0 Liter Wasser
- ein Wackelpudding-Becken, 3 m lang, 1 m breit, 40 cm hoch

So geht's:

Der Aufwand, eine solch große Menge Wackelpudding vorzubereiten, ist beträchtlich. Bei einer Fernsehproduktion ist es wichtig, dass das Experiment mit größtmöglicher Sicherheit funktioniert. Das heißt: Alles wird ganz genauso gemacht, wie es getestet wurde. Denn bei diesen Größenordnungen weiß niemand, wie sich Änderungen auswirken würden. Und es ist viel zu aufwendig, alle Parameter auszutesten, die das Ergebnis beeinflussen könnten.

Das Wasser mit dem Puddingpulver wurde also in der Studio-Großküche auf 80 Grad erhitzt, der Zucker hinzugegeben und das Ganze dann in das riesige Becken gegossen, das im Kühlanhänger bereitstand. Natürlich in mehreren Chargen, weil auch der größte Topf keine 1,2 Kubikmeter flüssigen Pudding fasst. Heißer als 80 °C darf die Sache nicht werden, weil der Pudding dann nicht mehr richtig fest wird.

Dann muss die Masse langsam abkühlen und dabei auch noch ruhig stehen, ebenfalls um für optimale Festigkeit zu sorgen. Im Kühlwagen muss es zudem noch einigermaßen trocken sein, weil der Pudding beim Abkühlen viel Wasserdampf abgibt und dieser auf den Pudding tropfen kann, was zu einer instabilen Oberfläche führt. Das haben wir erlebt, als wir eine kleinere Variante des Versuchs beim benachbarten jugoslawischen Restaurant mit Frischhaltefolie abgedeckt in den Kühlkeller stellten.

Nachdem alle Probleme gelöst waren, konnte in der Samstagabendsendung ein mutiges kleines Mädchen stolz vor der Kamera präsentieren, dass man weder mit Gummistiefeln noch mit Flossen über Wackelpudding laufen kann, wohl aber mit Schneeschuhen. Sie wissen schon, diese breiten Dinger, die aussehen, als hätte man sich große Tennisschläger unter die Schuhe geschnallt.

Was steckt dahinter?

Der unangenehme Teil zuerst: Wackelpudding wird fest, weil er viel Gelatine enthält. Gelatine wird aus Knochen und Schwarte von Schweinen gemacht. Aus fünf Kilogramm Schweineschwarte kann man ein Kilogramm Gelatine herstellen. Für alle, die keine Abneigung gegen tierische Produkte hegen, ist Gelatine sehr nützlich. Man kann damit wunderbar Fruchtgummis und Torten herstellen und Medikamente einkapseln. Sie lässt sich leicht verarbeiten. Wenn sie abkühlt, wird sie fest und beim Erwärmen wieder flüssig. Sie ruft keine Allergien hervor und fühlt sich im Mund auch noch gut an. Kein veganes Produkt kann derzeit in all diesen Punkten mithalten ...

Um zu verstehen, wie Gelatine zu ihrer festigenden Eigenschaft kommt, muss man sich das Kollagen ansehen, aus dem sie hergestellt wird. Kollagen sorgt in Sehnen, Bändern und Knochen für Stabilität und gleichzeitig für eine gewisse Beweglichkeit. Es besteht aus drei Eiweiß-Ketten, die miteinander verzwirbelt sind, ähnlich wie eine Kordel aus drei Seilen. Wenn das Kollagen ausreichend lange gekocht wird, entstehen kleinere, einzelne Kollagen-Ketten, die an den Enden wie eine aufgedröselte Kordel zu einzelnen Eiweißsträngen »ausfransen«.

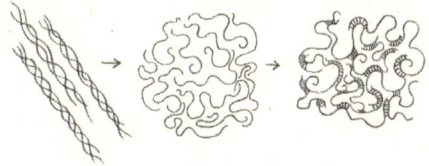

Die Eiweißstränge sind der Joker der Gelatine: Bei Hitze lösen sich die Kordeln im Wasser auf. Bei der Abkühlung finden sie wieder zueinander und verknoten sich auf die wildeste Art und Weise. Dann ist die Masse stabil, wie wir es uns ja von unserem Wackelpudding wünschen. Das braucht aber Zeit. Deshalb ist es wichtig, die Masse langsam abkühlen zu lassen und so wenig wie möglich zu erschüttern. Gewackelt werden darf also erst, wenn der Pudding fest ist.

Dann aber richtig! Denn er hält viel aus. Normalerweise kann er zwar keinen Erwachsenen tragen, aber wenn die Person leicht ist und das Gewicht mit Schneeschuhen auf eine größere Fläche verteilt wird, ist der wackelige Gang über die Götterspeise möglich. Nur, dass Sie's wussten!

Die schrägsten Experimente

»Ich beneide dich um deine Arbeit«, seufzt eine Freundin beim Geburtstagskaffee. Mit ihrer Kuchengabel zeigt sie auf Marcus. »Was du machst, ist so *sinnvoll*! Du sorgst für *Bildung*.«

Marcus lächelt bescheiden.

Auf der anderen Seite des Tisches grinst Julia. »Papa, erzähl ihr doch mal, was du gestern gemacht hast!«

»Ich habe eine Zucchini ausgehöhlt, eine Salami hineingesteckt und sie angezündet«, sagt Marcus würdevoll. »Das ist ein natürlicher Schneidbrenner.«

»Gut, mein Neid hält sich doch in Grenzen«, bemerkt unsere Freundin und sticht ein Stück Apfelkuchen ab. »Vielleicht ist deine Arbeit doch nicht sinnvoller als meine.« Sie verkauft Werbezeiten im Privatradio.

»Alles ist sinnvoller als mein Ferienjob«, sagt Julia. »Ich stehe im Möbelhaus an der Selbstscannerkasse und zeige den Leuten, wie sie den Scanner halten sollen.«

Der Kaffee fließt, der Kuchen ist lecker – und immer mehr Beschäftigungen fallen uns ein, die nicht unbedingt sinnvoll erscheinen: Unterhosen bügeln, Pudelfriseur sein … Aber auf den ersten drei Plätzen der »Liste der schrägsten Arbeiten« landen Experimente aus Marcus' Werkstatt.

Platz 3: Ein Kind mit Staubsaugern hochheben

Wie viele Staubsauger braucht man, um ein Kind hochzuheben? Unsere Kinder sind Feuer und Flamme, diese Frage zu beantworten. Jeder will in die Luft gehoben werden – bis sie für einen ersten Test die Hand an das Rohr unseres (noch nicht einmal besonders starken) Saugers halten.

»Aua!«, ruft Lucie und zieht erschrocken die Hand zurück.

Richtig weh tut es nicht, aber gut fühlt es sich auch nicht an – zumal Marcus ankündigt, dass der Sauger am Bauch ansetzen müsse, der größeren Auflagefläche wegen. Die Freiwilligen ziehen sich aufs Trampolin in den Garten zurück.

Marcus beschließt, das Problem erst mal theoretisch anzugehen. »Das ist ja das Tolle an Physik: Man kann alles ausrechnen. Zum Beispiel, wie viele Sauger man braucht.«

Das Ergebnis der Rechnung überrascht uns: Theoretisch braucht man genau *einen* Sauger, um ein Kind hochzuheben. Hier allerdings zeigt sich auch, dass eine Rechnung nicht 1:1 auf das Leben übertragen werden kann. Um mit einem Staubsauger ein Kind anzusaugen, muss der Sauger an einer sehr großen Auflagefläche ansetzen. So groß ist die Düse nicht.

Außerdem soll das Ganze spektakulär sein, und viele Staubsauger sind spektakulärer als einer. Eine namhafte Firma leiht uns fünfzig ihrer stärksten Haushaltsstaubsauger. Lucie bekommt einen Schneeanzug an. Fünfzig Sauger werden eingeschaltet und auf den Anzug gepömpelt. Mit vier Erwachsenen stehen wir um die Versuchsanordnung herum.

»Jetzt!«, ruft Marcus, und wir ziehen vorsichtig an den Schläuchen. »Plopp« macht es, die Sauger lassen den Schneeanzug los und fangen erleichtert an, Luft einzusaugen.

Während Marcus über eine Lösung für das Problem nachdenkt, bewähren sich die geliehenen Sauger in unseren Kinderzimmern. Lucie startet eine Versuchsreihe »Was schafft der Staubsauger«. Ein Strumpf geht, doch ein Tischtennisball bleibt knapp hängen und lässt sich auch nicht so leicht wieder von der Öffnung ziehen.

Damit löst Lucie ungewollt das Problem: Zwei Monate später wird im Fernsehen der erste Socken-Seilzug der Welt präsentiert: Fünfzig Staubsauger saugen jeweils eine Socke an, in der ein Tischtennisball steckt. Von den Socken führen Gummiseile zu einem Klettergurt. Und das Kind, das in diesem Klettergurt steckt, wird langsam, aber stabil in die Luft gehoben.

Nach der Show schicken wir 49 geliehene Staubsauger zurück an den Hersteller. Einer darf bei uns bleiben. Er saugt wirklich gut.

Platz 2: Eine Zahnbürste um den Finger drehen

Die Zahnbürste kommt von hinten, streift mein Ohr und knallt gegen den Spiegel. Beim Abprallen reißt sie zwei Tuben Zahnpasta und einen Zahnputzbecher mit. Scheppernd landet alles im Waschbecken. Ich quieke vor Schreck und verschlucke mich an meiner Zahnpasta. »Sorry«, sagt Marcus und sammelt seine Zahnbürste ein. »Das ist doch erstaunlich schwierig, eine Zahnbürste um den Finger zu drehen.« Er streckt seinen Zeigefinger hoch und legt die Bürste quer hinter den Finger, den Kopf der Zahnbürste direkt am oberen Fingergelenk. Mit einer schnellen Bewegung lässt er sie los und beginnt, mit dem Finger zu kreisen. Die Bürste rotiert eine halbe Runde, dann fliegt sie gegen die Duschwand.

»Ich dachte, das wäre ein nettes Experiment zur Zentrifugalkraft«, erklärt Marcus, während er die Bürste wieder aufhebt.

Immerhin gibt es schon einige Experimente zur Zentrifugalkraft auf der Physikantenbühne: eine rotierende Wassersäule, ein Sektglas, das auf einer Schaukel gedreht wird. Die Zahnbürste erweist sich als widerspenstig: Erst nach mehrwöchiger Übung kommt Marcus über drei Umdrehungen hinaus. Zwei weitere Wochen später überrasche ich im Badezimmer einen stolzen Physikanten, der um jeden Zeigefinger eine Zahnbürste kreisen lässt. Eine davon ist meine!

»Hey!«, schimpfe ich.

Marcus zuckt zusammen und meine Zahnbürste fällt herunter, auf die Klobürste.

Wir haben jetzt Übungsbürsten im Bad – sorgsam getrennt von den eigentlichen Zahnbürsten.

Platz 1: Eis aus Schweineblut

Zäh fließt das Blut in das Bierglas. Einige Tropfen verschmieren den Rand, bilden dunkelrote Schneckenspuren, als sie daran hinunterlaufen. Mit dem Finger wischt Marcus sie weg, reibt die Hände an einem Stück Küchentuch ab.

»Jetzt das Wasserstoffperoxid!«

Aus einer hellen Plastikflasche gießt Marcus ein durchsichtiges Rinnsal auf das Blut im Bierglas. Es zischt, das Blutgemisch schäumt auf, aus Dunkelrot wird fleischiges Rosa. Das Bierglas, das vorher nur halb voll war mit Blut, quillt jetzt fast über – oben verziert von einer fluffigen Krone aus hellrotem, stabilem Schaum, rund wie eine Kugel.

»Sieht doch aus wie Erdbeereis!«, sagt Marcus zufrieden.

Tatsächlich, man könnte das Gemisch für Eis halten. Wäre da nicht der Geruch nach Blut und Haarfärbemittel in der ganzen Küche ...

Das »Eis« soll bei Shows zum Jahr der Chemie gezeigt werden. Weil es im Lager der Physikanten keinen Gefrierschrank gibt, ist unser Gefrierfach voll mit Schweineblut – ordentlich in Gefrierbeutel verpackt, aber nicht beschriftet. Ich lebe in der Angst, statt Tomatensuppe versehentlich Blut aufzutauen. Wenn ich die Kinder bitte, etwas von der eingefrorenen Bolognese aus dem Keller zu holen, kommen sie mit zwei Päckchen wieder. »Ist das Soße oder ist das Blut?«

Glücklicherweise ist das Jahr der Chemie irgendwann vorbei. Und die Nachfrage nach Eis aus Schweineblut und Wasserstoffperoxid sinkt auf den Nullpunkt. Erdbeereis allerdings mögen wir immer noch nicht wieder essen.

Experiment: Kind mit einem Staubsauger hochheben

Was steckt dahinter?

Unterdruck, Dichtigkeit und Fläche: Was Sie mit einem Staubsauger hochheben können, hängt wirklich nur von diesen drei Parametern ab. Werfen wir einen Blick darauf.

Der Unterdruck

Gute Haushaltsstaubsauger erzeugen einen ordentlichen Unterdruck. Es ist nicht schwer, ihn zu messen. Stellen Sie einen Eimer Wasser ins Erdgeschoss eines Hauses. Ins Wasser legen Sie einen langen Schlauch – so lang, dass er bis in den zweiten Stock reicht. Dort kleben Sie das andere Ende des Schlauchs an der Düse Ihres Staubsaugers fest. Werfen Sie den Staubsauger an und verfolgen Sie, wie hoch er das Wasser saugen kann. Unser Premium-Gerät schafft 2,45 Meter. Die Höhe der Wassersäule lässt sich über eine Faustregel sehr leicht in Druckunterschiede umrechnen: Pro zehn Meter Wassersäule verändert sich der Druck um 1 bar. Unser Staubsauger kann also einen Unterdruck von rund 0,25 bar erzeugen. Mit dem Mund schafft man übrigens mehr: Bis zu 0,8 bar Unterdruck sind möglich, allerdings unter Schmerzen.

Die Dichtigkeit

Ein Unterdruck hält nur, wenn die Dichtungen keine Luft durchlassen. Für unser Experiment reicht der Sockenstoff locker als Dichtung aus. Die wenige Luft, die durch den zusammengequetschten Stoff dringt, wird durch das große Saugvolumen des Staubsaugers ausgeglichen.

Die Fläche

Welche Last Ihr Stabsauger anheben kann, hängt von der Größe der Saugfläche ab. Unserer hat eine Rohröffnung von etwa acht Quadratzentimetern. Damit kann er etwa 2 Kilo heben. Lassen sie uns die Fläche im Gedankenexperiment auf einen Quadratmeter vergrößern. Hätte unser Staubsauger eine so große, dicht schließende Saugöffnung, könnte er 2500 kg anheben. Das ist ungefähr so viel wie das Leergewicht unseres Transporters, mit dem wir zu Auftritten fahren. Vielleicht wäre diese Staubsauger-Nummer einmal ein nettes Finale?

Experiment: Eine Zahnbürste um den Finger drehen

Warum nur eine?

Sie brauchen:

- eine Zahnbürste oder zwei. Am besten eignen sich Bürsten, deren Kopf stark abgewinkelt ist.
- Honig oder Zuckerwasser, wenn sie mögen

So geht's:

Zeigen Sie mit dem Zeigefinger Ihrer starken Hand gerade nach vorne. Hängen Sie die Zahnbürste mit der Bürste als Haken an den Finger, und zwar auf Höhe des distalen Interphalangealgelenks – womit natürlich das der Fingerspitze nahe Gelenk gemeint ist. Nun versuchen Sie, vorsichtig startend, die Bürste in Rotation zu versetzen. Wenn Sie Rechtshänder sind, rechts herum, sonst in die andere Richtung.

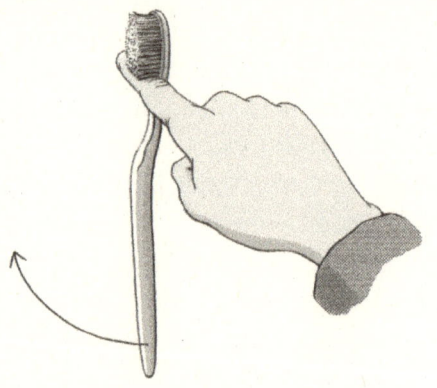

Wenn Ihnen das gelingt, prima! Wenn nicht, sollten Sie die Reibung zwischen Bürste und Finger erhöhen. Feuchten Sie ihren Finger im Mund ein wenig an und probieren Sie es erneut.

Natürlich lässt sich dieser Trick steigern: Zwei Hände, zwei Bürsten. Entgegengesetzte Richtungen, gleiche Richtungen. Stoppen, weitermachen. Horizontal drehen wie ein Hubschrauber. Die Möglichkeiten sind unbegrenzt!

Was steckt dahinter?
Tja, was soll man dazu sagen? Sie drehen Ihren Finger, und die Bürste dreht sich drum herum. Eine Drehung halt. Die Drehung funktioniert am besten, wenn genügend Reibung zwischen Finger und Bürste herrscht. Das ist der Fall, wenn der Finger ein bisschen feucht ist – wir kennen diesen Effekt vom Umblättern glatter Magazin- oder Katalogseiten.

Der Grund dafür ist die verbesserte Kontaktfläche. Auf mikroskopischer Ebene sind sowohl Ihr Finger als auch die Bürstenhaare sehr rau. Sie berühren sich immer nur punktuell. Die Moleküle auf Haut und Bürste möchten sich anziehen, können aber nur wenig ausrichten, weil sie lediglich an winzigen Stellen aneinanderliegen. Ein dünner Wasserfilm gleicht viele Unebenheiten aus und ermöglicht besseren Kontakt. Wasser hat außerdem einen starken inneren Zusammenhalt und die Eigenschaft, Oberflächen gut zu benetzen. Es wirkt zwischen Finger- und Bürstenhaaroberfläche als Kleber.

Wenn die Wasserschicht jedoch zu dick ist, passiert das Gegenteil: Die Oberflächen gleiten, geschmiert vom Wasser, aneinander vorbei, und Ihre Zahnbürste landet, bestenfalls, im Waschbecken. Der Finger sollte deshalb *etwas* feucht sein – weder ganz trocken noch zu feucht.

Gestört hat mich immer, dass die Feuchtigkeit am Finger nach etwa 30 Sekunden verdunstet war. Ich habe alle möglichen Tricks ausprobiert, um die nötige Reibung anders als mit Wasser zu erzeugen. Ohne Erfolg. Erst beim Schreiben dieses Buches kam mir der Gedanke, dass es ja auch Flüssigkeiten gibt, die nicht so leicht verdunsten. Olivenöl zum Beispiel. Leider verringert das die Reibung eher. Irgendein Harz? Damit könnte es klappen, klingt aber nach Sauerei. Nein, wir müssen das Wasser einfach am Verdunsten hindern. Und das ist tatsächlich möglich! Jeder, der schon einmal Cola oder Zuckerwatte an den Fingern hatte, weiß, wie lange das klebt. Hier verdunstet das Wasser offenbar nicht, sonst würden nur Zuckerkristalle zurückbleiben.

Zucker hält das Wasser fest. Wenn man eine Zuckerdose offen lässt, nimmt der Zucker Feuchtigkeit aus der Luft auf. Dieses »hygroskopisch« genannte Verhalten musste ich natürlich sofort testen. Zuerst mit Honig. Gerade noch konnte ich mich zurückhalten, meinen Finger tief ins Glas zu tauchen. Stattdessen entschied ich mich für einen Honigtropfen auf einem Löffel, den ich um meinen Zeigefinger schmierte und mit ganz wenig Wasser verstrich. Ich war baff! Tatsächlich ließ sich die Zahnbürste nun minutenlang um den Finger drehen, bis der Honig irgendwann zu fest wurde. Mit dickem Zuckerwasser funktionierte es auch. Ein Hoch auf die Wissenschaft in Küche und Badezimmer!

Experiment:
»Eis« aus Schweineblut oder Leber

Das wollte ich schon öfter im Fernsehstudio präsentieren. »Zu ekelig!«, hieß es immer. Ich gebe nicht auf!

Sie brauchen:
- Wasserstoffperoxid (3%-ige Lösung, aus der Apotheke)
- 30 g Leber (vom Schwein, vom Huhn, vom Rind, wie Sie wollen)
- einen Pürierstab
- eine Schüssel
- ein Trinkglas

So geht's:
Wir machen das Experiment seit Jahren mit 30%-igem Wasserstoffperoxid aus dem Chemiebedarf. Für dieses Buch wollten wir das Wasserstoffperoxid aber in der Apotheke kaufen – wir wollten ja sichergehen, dass Ihnen, liebe Leserinnen und Leser, das auch gelingt. Und siehe da: Es gelang nicht. Die Sachlage ist nämlich folgende: Bis vor einigen Jahren haben sich Frauen mit Wasserstoffperoxid selbst ihre Haare blondiert. Die Apotheken hatten eine 30%-ige Lösung vorrätig, die sie nach Wunsch verdünnten. Dann tauchten im Internet Anleitungen auf, wie man mit Wasserstoffperoxid und einigen anderen leicht erhältlichen Chemikalien eine Bombe baut. Selbst die Apothekerin in unserem harmlosen Vorort kann von Anrufern berichten, die dubiose Mischungen bestellen und schnell auflegen, wenn man sie nach dem Grund dafür fragt.

Inzwischen ist Wasserstoffperoxid in höherer Konzentration nicht mehr frei verkäuflich. Achtprozentige Lösungen sind das Äußerste, was erlaubt ist. Dafür müssen Sie aber eine Apotheke finden, die noch die stärkeren Lösungen hat und Ihnen eine achtprozentige verdünnt. Weil das aufwendig ist und wir nicht möchten, dass Ihnen komische Fragen gestellt werden, verwenden wir ganz einfache, dreiprozentige Lösungen. Die sind gängig und überall vorrätig.

> **Sicherheit**
> Tragen Sie beim Experimentieren eine Brille und schützen Sie Ihre Hände mit Gummihandschuhen oder Ähnlichem. Wasserstoffperoxid kann die Augen und die Haut schädigen.

Zum Experiment: Nehmen Sie etwa 30 Gramm Leber, geben Sie eine kleine Menge Wasser hinzu und pürieren Sie beides, bis es eine blutartige Konsistenz hat. Füllen Sie etwa 25 Gramm Wasserstoffperoxid in ein Trinkglas und gießen Sie das Leberpüree schwungvoll dazu. Die Mischung wird sofort anfangen zu schäumen, sodass sich das Glas innerhalb weniger Sekunden komplett mit leicht rötlichem Schaum füllt. Mit hochprozentigem Peroxid sieht das aus wie Vanilleeis mit Erdbeersoße. Mit der dreiprozentigen Lösung wie ein Milchshake aus der Systemgastronomie.

In den Schaumbläschen befindet sich Sauerstoff. Das kann man erahnen, wenn man ein brennendes Streichholz zum Schaum führt. Anstatt direkt von der Feuchtigkeit des Schaums gelöscht zu werden, hält der Sauerstoff die Flamme am Leben, wenn man sie vorsichtig in den Schaum hineinsteckt.

Was steckt dahinter?

Wasserstoffperoxid wird bekanntermaßen zum Blondieren benutzt, ist aber *im* Körper ein gefährliches Gift. Es zerstört Zellmembranen und kann das Erbgut schädigen. Gut, dass wir Menschen über eines der am schnellsten wirkenden Enzyme verfügen, um diesen Stoff abzubauen. Dieser Star der Mikrobiologie heißt Katalase. Dieses Enzym findet sich besonders in der Leber, in der Niere und im Blut. Katalase ist in der Lage, dem Wasserstoffperoxid-Molekül (H_2O_2) ein Sauerstoff-Atom (O) zu entziehen, sodass harmloses Wasser (H_2O) zurückbleibt. Das geklaute Sauerstoff-Atom wird dann mit einem weiteren Sauerstoff-Atom zusammen als Sauerstoffmolekül (O_2) freigesetzt.

Dabei arbeitet die Katalase irrsinnig schnell und sehr gründlich. Wenn Sie die Leber schön püriert haben und sich der feine Brei gut mit dem Wasserstoffperoxid vermischt hat, können wir davon ausgehen, dass das Wasserstoffperoxid komplett in Wasser und Sauerstoff umgesetzt wurde. Bei der oben beschriebenen Menge und Konzentration entsteht etwa ein Viertelliter gasförmiger Sauerstoff. Ein Trinkglas voll. Nur dass der Sauerstoff eben in den rötlichen Blutbläschen wohnt, welche die meisten Menschen leider eklig finden. Ganz dunkelrot sind die Bläschen nicht mehr, denn auch hier erledigt das Wasserstoffperoxid seinen Job als Bleichmittel. Wie bei Haaren.

Danke!

Manchen Menschen gebührt so viel Dank, dass man schwer passende Worte dafür findet. Das gilt definitiv für unsere Kinder: Wir danken euch unendlich für all den Spaß, die Entdeckungen, die Diskussionen und die Zeit mit euch. Ihr seid großartig!

Genauso gilt das für unsere Eltern: Danke für das unendliche Vertrauen in schräge Ideen, die Ermunterung und die liebevolle und unermüdliche Hilfe bei deren Umsetzung, das Rücken-frei-Halten und Mitdenken! Danke auch fürs Rumspielen am Handy während der Mahlzeiten und das Ausschütten des Toten Meeres. Einen würdevolleren Abgang hätte das Experiment nicht haben können.

In allen Phasen der Euphorie und des Zweifelns waren wir dankbar für die tolle Unterstützung durch unsere Freunde, die sich verkniffen haben zu fragen, wie wir neben allem anderen auch noch ein Buch stemmen wollen, sondern uns mit Rat und Tat zur Seite gestanden haben.

Danke an Stefan Heusler, der uns als Fachlektor nicht nur vor physikalischen Fettnäpfen bewahrt hat, sondern das Buch auch mit kreativen Ideen bereichert hat.

Danke an Alex, Eva und Frauke fürs Probelesen. Danke an Sophia und Günther fürs Kinderhüten und Zauberstäbebauen. Danke an Ralf fürs Errechnen komplizierter Pasch-Wahrscheinlichkeiten beim Backgammon und an Thomas für die chemische Beratung. Wir haben viel gelernt.

Ohne die Unterstützung des Physikantenteams hätte es dieses Buch nicht gegeben – herzlichen Dank fürs Freistellen des Chefs auch in turbulenten Phasen!

Ein besonders herzlicher Dank an Elton für das tolle Vorwort! Wir fühlen uns sehr geehrt!

Vielen Dank an Peter Molden, der mit unserem Konzept zur Buchmesse gezogen ist. Wir danken dem Heyne Verlag für die kompetente Betreuung und das Beantworten unserer tausend Fragen.

Marcus Weber · Judith Weber

PHANTASTISCH PHYSIKALISCH

**Warum Physik manchmal nerven kann,
aber immer großartig ist – und einfach
alles um uns herum erklärt**

Inhalt

Einleitung oder wie man einen Lachs löscht

»Was ich über Physik weiß: Sachen fallen runter, und Strom schmeckt aua!« Diese Postkarte hängt in unserem Büro, und die Aussage dahinter ist wahr. Physik kann ganz schön nerven, so sehr, dass man manchmal am liebsten nichts mehr von ihr wissen will. Wie bei dem Grillfest, als der Lachs in Brand geriet. Wir waren bei Freunden im Garten, an einem warmen Sommerabend. Wir öffneten das erste Bier, und vom Grill duftete wunderbarer, mit Kräutern bestreuter Lachs. Erst stießen wir an – und dann einen Schrei aus: Aus dem Grill loderten Flammen. »Wasser!«, war Marcus' erster Gedanke. Oder gleich das Bier drüberkippen?

Glücklicherweise kannten sich die Gastgeber besser mit der Physik des Grillens aus als der einzige Physiker in der Runde. Sie stoppten Marcus und retteten mit einer langen Grillzange routiniert den Lachs vom Grill. Während die Flammen erstarben, lachten sie lange und laut über den Reflex des studierten Physikers, Wasser auf einen Fettbrand zu kippen. Denn damit wäre die Flamme wohl ein spektakulärer Feuerball geworden. Das Wasser (oder Bier) wäre auf dem glühenden Grill sofort verdampft, und der Wasserdampf hätte unzählige kleine Fetttröpfchen mit sich gerissen, die lichterloh gebrannt hätten. Die Oberfläche des brennenden Fettes hätte sich deutlich vergrößert. Danke, Physik!

Es gibt einige Situationen, in denen Physik uns das Leben schwer macht. Sie zieht gnadenlos ihr Ding durch, ob uns das passt oder nicht. Auf dem Fahrrad haben wir immer Gegenwind, die Brille beschlägt, und das mobile Internet hängt.

Doch jetzt kommt das »aber«! Was auf keiner Postkarte steht, aber auch wahr ist: Hinter jedem dummen Missgeschick und jedem störenden Effekt steckt ein wunderschöner, eleganter physikalischer Grundsatz. Ein Naturgesetz, das uns an anderer Stelle durchs Leben hilft. Also los: Schauen wir uns an, wo die Physik uns überall das Leben schwer macht. Finden wir heraus, warum. Und dann versuchen wir, das Ganze zu drehen. Denn mit den richtigen Tricks arbeitet die Physik sogar für uns. Dann machen wir uns ihre Effekte zunutze – und der Gegenwind auf dem Weg nach Hause fühlt sich an wie eine frische Brise, die unser Gehirn zu neuen Höchstleistungen anregt. Versprochen! Viel Spaß!

Superman auf dem Radweg

Warum wir immer Gegenwind haben und wie man ihn besiegt

In Reiseprospekten sehen Radtouren immer entspannt aus: Strahlende Menschen radeln durch traumhafte Landschaften, die Sonne scheint, die Wiesen blühen, und ein leichter Wind lässt die Haare elegant wehen. Unsere Urlaubsfotos sprechen eine andere Sprache: Über den Lenker gebeugt, strampeln wir voran, die Gesichter knallrot, die T-Shirts flattern um uns herum. Das Album unseres ersten gemeinsamen Urlaubs ist voll von solchen Bildern. Vier Wochen tourten wir mit dem Fahrrad durch Kuba. Fidel Castro lebte noch, unsere Kinder noch nicht – es war der perfekte Zeitpunkt. Wir gaben unsere Fahrräder am Frankfurter Flughafen als Sondergepäck auf, nahmen sie nachts in Havanna wieder in Empfang und radelten los. Im Laufe der vier Wochen stießen wir auf viele Herausforderungen, und für die allermeisten fanden wir eine Lösung:

- Man kann nicht überall Essen kaufen? Am Straßenrand gibt es Bananen, und eine ganze Staude am Gepäckträger stört beim Fahren eigentlich kaum.
- Man darf nicht zelten? Es finden sich immer nette Menschen, die einem ein Sofa anbieten – sofern man das Haus vor Tagesanbruch verlässt, damit die Polizei nichts merkt.
- Mit Englisch kommt man nicht weit? Französisch »einspanischen«, also anders betonen und möglichst viele »o« an die Wörter hängen, klappt erstaunlich gut.

Nur ein Problem blieb: der Gegenwind. Egal, ob wir an der Küste entlangfuhren, ins Landesinnere oder durch Berge, nach Osten, Süden oder Norden: Der Wind war gegen uns. Solange die Route abwechslungsreich war, machte das nichts, es gab ja so viel zu gucken. Aber als wir uns eines Tages stundenlang auf einer Schotterpiste durchs Nichts gequält hatten, gab es am Abend nur noch ein Gesprächsthema: Muss das so sein? Kann man nicht Rad fahren ohne ständigen Gegenwind? Es muss doch möglich sein, den nervigen Wind zu besiegen – oder ihn sogar zu nutzen!

Gleich am nächsten Tag begannen wir mit einem kleinen Experiment: Ab sofort passten wir morgens besonders gut auf, woher der Wind wehte, bevor wir aufs Rad stiegen: Vielleicht gab es ja Windrichtungen, die keinen Gegenwind erzeugten? Oder zumindest weniger? Aber wir fuhren gerade an der Küste entlang, und in der Regel wehte der Wind vom Meer her. Diese Beobachtungen nützten uns also nicht besonders viel.

Doch dann kam ein fast windstiller Tag. Das Meer lag spiegelglatt da, und die Grashalme am Wegrand bewegten sich nicht. Juhu, endlich ein Tag ohne Gegenwind! Hoch motiviert stiegen wir auf die Räder, fuhren los und spürten – Gegenwind. Und zwar nicht wenig. Eigentlich ist das ja logisch: Wenn wir vorwärtsfahren, pustet der Fahrtwind uns entgegen. Wir fahren gegen die Luft an und müssen uns quasi durch sie hindurchschieben. Aber dass der gefühlte Gegenwind so stark war, wunderte uns doch.

Sobald wir wieder zu Hause waren, schmissen wir die Räder in die Ecke und begannen, uns physikalisch am Phänomen Gegenwind abzustrampeln (es ist ja immer gut, den Gegner möglichst gut zu kennen, wenn man ihn besiegen will). Schon nach kurzer Zeit kamen wir zu einer frustrierenden Erkenntnis: Wir selbst sind das Problem. Der Großteil der Leistung, die wir beim Strampeln erbringen, geht dafür drauf, gegen den Luftwiderstand anzuarbeiten, den unser eigener Körper erzeugt. Das können je nach Körperhaltung und Geschwindigkeit bis zu 90 Prozent sein. Wir bekämpfen also mit dem Großteil unserer Energie ein selbst geschaffenes Problem. Wie deprimierend kann Physik sein!

Luft ist schwerer, als man spürt

Aber es nützt ja nichts, wir müssen den Fakten ins Auge sehen: Normalerweise spüren wir die Luft um uns herum nicht wirklich. Sie ist einfach da. Trotzdem drückt sie auf uns und wiegt dabei auch noch einiges. Ein Kubikmeter Luft bringt 1,2 Kilogramm auf die Waage! Und wenn diese Masse in Bewegung ist, dann sehen wir alt aus. Wenn wir ganz ruhig mitten auf der Wiese stehen, stellen wir für die umherströmende Luft ein Hindernis dar: Wir stehen im Weg, und sie möchte da durch. Nehmen wir einmal an, der Wind weht mit 20 km/h. Auf einen einzelnen, normal großen Menschen wirken in so einem Fall knapp 7 kg Luft pro Sekunde. Pro Sekunde! Wären wir noch größer, wäre das noch mehr. Durch die Fläche, die die Rotoren eines großen Windrads überstreichen, strömen bei der gleichen Windgeschwindigkeit jede Sekunde 50 Tonnen Luft. Diese enorm große Masse gibt ein ganz gutes Gefühl dafür, warum Windkraftanlagen so viel elektrische Energie erzeugen können.

Selbst bei kompletter Windstille erfahren wir also eine bremsende Kraft aufgrund des Strömungswiderstands. Die beträgt bei einem normal großen Erwachsenen, der 20 km/h schnell fährt, etwa 10 Newton. Das ist die Kraft, die man braucht, um 1 Kilogramm, also z. B. einen Liter Milch, zu halten. Damit ist nicht gemeint, die Milch in den Fahrradkorb zu legen, sondern, dass wir kontinuierlich z. B. über ein dünnes Seil und eine Rolle eine Milchpackung in die Höhe ziehen. So viel Kraft müssen wir aufwenden, um die Luft beiseitezuschieben, die uns im Weg ist. Bei Windstille!

1 Liter Milch (1 kg)

Die Luft macht es uns dabei hinten und vorne schwer. Hinten, weil wir einfach nicht stromlinienförmig gebaut sind. Als Radfahrerin oder Radfahrer sind Sie ein unregelmäßig geformter Körper. Klingt nicht nett, ist aber so, wenn man es physikalisch betrachtet. Ein unregelmäßig geformter Körper verursacht Luftwirbel. Diese Wirbel lösen sich und sorgen dafür, dass hinter Ihnen ein kleiner Unterdruck entsteht. Vor Ihnen herrscht höherer Druck, denn Sie schieben sich ja durch die Luft. Dieses Druckgefälle zieht Sie quasi rückwärts – jedenfalls rechnerisch. So fühlt sich schon der normale *Fahrtwind* wie Gegenwind an.

Und jetzt kommt ja noch der echte Wind dazu, also der, den Sie auch dann spüren, wenn Sie gerade eine wohlverdiente Pause machen (Segler sprechen von *wahrem Wind*). Beides zusammen, der Fahrtwind und der wahre Wind, ergeben den *relativen Wind*[1]. Das ist der Wind, den wir auf dem Rad fühlen und gegen den wir an-

---

1   Segler sprechen auch vom »scheinbaren Wind«.

strampeln müssen. Wenn ich 20 km/h schnell fahre und mir zusätzlich wahrer Wind von ebenfalls 20 km/h entgegenbläst, ergibt sich also ein relativer Wind von 40 km/h. Bei solchen Windgeschwindigkeiten sprechen Meteorologen schon von »starkem Wind«, der Regenschirme zerknickt und dicke Äste schwanken lässt.

Als wir das lasen, fühlten wir uns wie echte Helden. Wir waren also quasi täglich gegen offiziellen starken Wind angeradelt! Noch heldenhafter kamen wir uns vor, als wir uns die besondere physikalische Gemeinheit ins Gedächtnis riefen, die der Strömungswiderstand bereithält: Er wird um ein Vielfaches größer, je schneller wir fahren. Denn der Luftwiderstand ist fies. Er verhält sich quadratisch zur Geschwindigkeit der Strömung. Mit »quadratisch« ist nicht gemeint, dass er um vier Ecken kommt, sondern dass er überproportional ansteigt. Fahre ich doppelt so schnell, vervierfacht er sich. Fahre ich dreimal so schnell, habe ich neunmal mehr Widerstand. Fahre ich viermal so schnell, ist der Widerstand 16-mal höher. Praktisch heißt das: Wenn ich bei Windstille 20 km/h schnell fahre, muss ich 10 Newton an Kraft aufwenden. Jetzt kommt Wind auf und bläst mir mit 20 km/h entgegen. Der relative Wind hat sich also verdoppelt. Ich muss aber nicht nur doppelt so viel Kraft aufwenden, sondern viermal so viel – 40 Newton. Das sind vier Milchtüten, die ich hochziehen muss. Dann doch lieber eine Bananenstaude durch Kuba transportieren …

Endlich Rückenwind!

Nach dieser ernüchternden Recherche waren wir ziemlich klein mit Hut (bzw. mit Helm), was unseren Plan anging, den Gegenwind zu besiegen. Und dann errangen wir doch ganz unverhofft noch einen kleinen Sieg. Das war im letzten Sommer. Auf den Rädern fuhren wir vom Ruhrgebiet an die Nordsee, bis zum Hafen in Dagebüll, wo die Fähre zur Trauminsel Amrum ablegt. 550 km ging es nach Norden, während der Wind konstant aus südwestlicher Richtung wehte. Er schob uns wirklich vor sich her – so stark, dass wir bei einer Rast am Dümmer See nicht einmal surfen konnten, ohne vom Brett geweht zu werden. Nimm das, Gegenwind!

Auf den Rädern fühlte sich das zwar nicht so deutlich nach Rückenwind an, aber wir spürten, wie leicht es war, in die Pedale zu treten, und wie gut wir vorwärtskamen. Auch das hat einen physikalischen Grund: Wenn der Wind mit 20 km/h von hinten kommt und ich ebenfalls mit 20 km/h nach vorne fahre, spüre ich gar keinen Wind. Bremsen kann uns dann nur noch der Rollwiderstand der Reifen.

Ganz großes Kino ist es natürlich, mit Rückenwind bergab zu fahren. Auf der Tour an die Nordsee haben wir dafür die 40-km/h-Challenge ausgerufen. Jeden Tag versuchten wir, mindestens eine Teilstrecke zu finden, auf der wir mit Rückenwind und bergab diese Geschwindigkeit erreichten.

Bevor Sie jetzt Ihr Fahrrad aus dem Keller holen und losfahren Richtung Norden, haben wir leider noch eine ernüchternde Zahl für Sie: Man braucht sehr viel Rückenwind, um den auch als solchen zu fühlen. Meistens ist der Wind in Deutschland zu langsam im Vergleich zur Fahrgeschwindigkeit. Er gleicht den Strömungswiderstand nicht aus. Wir nehmen mal Hannover als Beispiel, weil es so schön in der Mitte liegt: Hier beträgt die durchschnittliche Windgeschwindigkeit im Schnitt 3 Meter pro Sekunde. Das entspricht 12,6 km/h. Um einen solchen Rückenwind wirklich als Anschub zu erleben, müsste man langsamer fahren als diese 12,6 km/h. Und dann dauert es lange, bis man am Meer ist.

Außerdem ist Wind ein sehr lokales Ereignis. Im Norden gibt es mehr davon als im Süden. Genau das wurde uns am Ende der Radtour zum Verhängnis: Auf der letzten Etappe lagen noch 45 Kilometer vor uns. Im Gepäck hatten wir ein kaputtes Knie (wir werden nicht jünger), ein Leihrad mit unbequemem Sattel (unser Rad war auch nicht jünger geworden und hatte uns auf der Hälfte der Tour verlassen) und den Zeitdruck, die Fähre zu erwischen. Und dann drehte der Wind. Was wir vorher als Rückenwind kaum gespürt hatten, blies uns jetzt mit voller Kraft ins Gesicht. »Gegenwind verspeist die Kraft des Radfahrers zum Frühstück«, hatten wir vor der Tour gelesen, und so war es. Wir strampelten, wir fluchten, wir quälten uns. An einem Imbiss hielten wir an, um einen überzuckerten Kakao zu trinken, dann fluchten, strampelten und quälten wir uns weiter.

Klingen wir wehleidig? Vermutlich ein bisschen. Lassen Sie uns deshalb das Elend durch Zahlen belegen: An diesem Tag wehte ein ordentlicher Nordseewind. Windstärke 7, das macht einen Gegenwind von 56 km/h. Dazu kommt unsere Fahrtgeschwindigkeit – die war zwar nicht mehr wirklich hoch, aber 10 km/h haben wir manchmal noch geschafft. Das ergibt zusammen einen relativen Wind von 66 km/h, was gerundet 100 Newton Strömungswiderstand entspricht. Dagegen anzufahren ist, als ob man an dem oben beschriebenen Seil dauerhaft 10 Kilogramm hochzieht oder einen Berg mit zehn Prozent Steigung hochfährt. Das ist nicht wenig, vor allem, wenn der Berg 45 Kilometer lang ist. Es hilft einem auch nicht viel zu wissen, dass die Rad-Profis auf der legendären Tour-de-France-Etappe nach Alpe d'Huez bis zu 15 Prozent Steigung bewältigen müssen.

Es wäre leichter gewesen, wenn wir nicht auf einem normalen Fahrrad gesessen hätten, sondern auf einem Liegerad. Alleine, weil man dem Wind weniger Angriffsfläche bietet, spart man eine Menge Kraft. Man kann es aber auch auf die Spitze treiben und das Liegerad aerodynamisch optimieren. Das geht am besten, indem man es komplett verkleidet, bis es aussieht wie eine Mischung aus einer Zigarre und einem Zäpfchen. Diese stromlinienförmige Form reduziert den Strömungswiderstand enorm: In dieser Hinsicht optimierte Liegeräder weisen bei gleicher Windgeschwindigkeit nur ein Zehntel des Widerstands auf, den ein normales Fahrrad hat (von unseren Packeseln mit Fahrradtaschen vorn und hinten ganz abgesehen). Auf diese Weise ist es möglich, mit Muskelkraft Geschwindigkeiten über 140 km/h zu erreichen. In dem bis ins Letzte auf den Geschwindigkeitsrekord optimierten »Fahrrad« möchten wir allerdings nicht sitzen beziehungsweise darin liegen. Es ist derartig voll verkleidet, dass es nicht mal ein Fenster hat. Die Straße kann man nur auf einem Bildschirm sehen (wobei eine Straßenzulassung für diese Modelle wohl eher nicht zu erwarten ist).

Als Notlösung blieb uns nur, uns tief über den Lenker zu ducken und so den Luftwiderstand wenigstens ein bisschen zu verringern. Kurzzeitig versuchten wir es auch mit Windschattenfahren. Sieht man ja auch immer bei der Tour de France. Die Fahrer halten sich eng hintereinander, sodass der vorderste viel Energie aufbringen muss und die hinteren in seinem Windschatten fahren. Das Problem ist: Man muss wirklich sehr nah hintereinanderfahren, damit das hilft. Auffahrunfälle sind programmiert. Außerdem sind Ampeln, Autos und Kreuzungen mit »rechts vor links« in diesem Konzept nicht vorgesehen. Also bissen wir uns durch – und wünschten uns, der Wind käme wenigstens von der Seite statt frontal von vorn.

Der verdammte Seitenwind

Dieser Wunsch war einer der dümmsten, den wir haben konnten. Seitenwind kann mindestens genauso nervig sein wie Gegenwind. Und er ist perfide! Eigentlich würde man ja meinen, dass Wind von der Seite nur nervt, das Fahren aber nicht anstrengender macht. Man muss sich vielleicht ein kleines bisschen gegen ihn lehnen, geschenkt. Leider stimmt das nicht! Der Grund dafür ist die oben beschriebene vertrackte Regel, dass der Widerstand sich quadratisch zur Geschwindigkeit der Strömung verhält (wenn ich also doppelt so schnell fahre, vervierfacht sich der Luftwiderstand). In diese

Rechnung rutscht leider auch die Geschwindigkeit des Seitenwindes mit rein, sodass wir tatsächlich größeren Kräften ausgesetzt sind und stärker strampeln müssen (für alle, die die Rechnung genau verstehen möchten, haben wir sie unten im Klugschnacker-Kasten aufgedröselt und aufgezeichnet).

Damit wollten wir uns natürlich nicht kampflos abfinden – zumal wir einen absoluten Experten in der Familie haben. Sebastian Weber (Judiths Bruder, Marcus' Schwager) hat schon Triathleten und Radrennfahrer bei Wettkämpfen wie der Tour de France und dem Iron Man auf Hawaii trainiert und eine eigene digitalisierte Methode zur Leistungsdiagnostik und Trainingsplanung entwickelt.[2] Er berichtete uns von speziellen Felgen, die die Luftströme verändern und dafür sorgen, dass der Seitenwind sogar Schub nach vorne gibt. Das passiert allerdings nur bei einem ganz bestimmten Angriffswinkel des Windes und auch nur mit minimaler Kraft. Zudem ist das Rad ja nur für den geringeren Teil des Luftwiderstands verantwortlich. Der größere Faktor sind wir als Fahrerinnen und Fahrer.

Den spektakulärsten Erfolg mit einem aerodynamisch umgebauten Rad hatte der US-amerikanische Radprofi Greg LeMond: Er gewann dank eines besonders windschnittigen Lenkers 1989 die Tour de France. Damals hatte noch niemand Lenker, auf denen man quasi liegen konnte, oder Helme, die nach hinten spitz zuliefen. Während der ganzen Tour lieferte sich LeMond ein Kopf-an-Kopf-Rennen mit dem Franzosen Laurent Fignon. Mal führte der eine, mal der andere. Der Abstand betrug nie mehr als eine Minute. Dann kam die letzte Etappe, das Einzelzeitfahren auf den Champs-Élysées. LeMond lag 50 Sekunden zurück, als er einen Triathlonlenker auf seinem Rad montierte. Auf diesem konnte er sich sehr weit nach vorn beugen – eine strömungsdynamisch günstige Position. Außerdem

---

2   www.inscyd.com

trug er einen Tropfenhelm. LeMond holte nicht nur den Rückstand auf, sondern gewann sogar mit 58 Sekunden Vorsprung. Sein Sieg war der knappste in der Geschichte der Tour.

Wie sehr die Sitzposition den Strömungswiderstand beeinflusst, kann man selbst am besten beim Bergabfahren erleben. Die gewieftesten Radrennfahrer lassen sich auf dem Oberrohr zwischen Lenkrad und Sattel nieder, bringen ihren Hals nah an den Lenker heran und bilden so einen unbequem aussehenden menschlichen Klumpen mit ziemlich wenig Strömungswiderstand.[3] Einige dieser Sitzpositionen sind allerdings inzwischen verboten, weil das Verletzungsrisiko so hoch ist.

Wer noch schneller bergab sausen will und sich in die Lage versetzen möchte, bergab sogar feste in die Pedale tretende Konkurrenten abzuhängen, ohne sich anzustrengen, muss Folgendes tun: Legen Sie sich mit der Hüfte auf den Sattel, bringen Sie Ihren Körper in eine exakt waagerechte Position mit dem Kopf nach vorne voraus. Diese Position reduziert den Luftwiderstand noch einmal deutlich und wurde von den Autoren der Studie »Superman« getauft.

3   Journal of Wind Engineering and Industrial Aerodynamics, Volume 181, October 2018, 27–45.

Im Wettkampf ist der »Superman« allerdings verboten, und für eine Radtour ist er auch nicht geeignet. So ist es uns nach viel Recherche, Rechnen und Radeln leider nicht gelungen, den Gegenwind komplett zu besiegen. Aber wir konnten den einen oder anderen Etappensieg erringen und sind zumindest schlauer als vorher. Folgende Tipps können wir Gegenwindhassern geben:

- Eng anliegende Kleidung kann die Luftreibung reduzieren. Außerdem schmerzt der Hintern in der gepolsterten Radlerhose weniger.
- Lenken Sie sich ab vom mühsamen Strampeln gegen den Wind. Rechnen Sie stattdessen aus, wie der Strömungswiderstand sich verändert, wenn man 2 km/h schneller oder langsamer fährt.
- Planen Sie Ihre Touren schlau: Bringen Sie, wenn möglich, die unangenehmen Passagen (garantierter Gegenwind oder bergauf) zuerst hinter sich – wenn Sie am Ende erschöpft sind, ist es nur noch schlimmer. Und mit Rückenwind anzukommen fühlt sich einfach besser an.
- Fühlen Sie sich als Held bzw. Heldin: Sie haben nicht nur akzeptiert, dass die Physik beim Radfahren gegen Sie ist, sondern auch verstanden, warum. Und Sie fahren trotzdem weiter.

Alltags-Störfaktor
Lifehack-Faktor
Katastrophenpotenzial

Für Klugschnacker – Seitenwind kommt manchmal von vorne!

Stellen Sie sich vor, Sie fahren mit 20 km/h die Straße entlang. Bei Windstille beträgt der Luftwiderstand durch den Fahrtwind 10 Newton (siehe oben). Lassen wir nun dazu Wind mit 20 km/h pusten, und zwar genau von der Seite.

Wie addieren sich Fahrtwind und Seitenwind zum relativen Wind?

Wenn der Wind von der Seite kommt, verlaufen Fahrtwind und Seitenwind nicht mehr entlang einer Linie, und man kann sie nicht einfach addieren, um den relativen Wind zu errechnen. Wir müssen auf eine Formel zurückgreifen, die den meisten wahrscheinlich ewig im Gedächtnis bleiben wird: $a^2 + b^2 = c^2$, den Satz des Pythagoras. Ihn können wir benutzen, weil Fahrtwind (a) und Seitenwind (b) rechtwinklig zueinander stehen. Wenn man das einsetzt, erhält man $400\ (km/h)^2 + 400\ (km/h)^2 = 800\ (km/h)^2$. Daraus die Wurzel gezogen, ergibt ca. 28 km/h, und das ist der relative Wind. Ein bisschen stärker als der Fahrtwind, aber auch ein bisschen schwächer, als wenn der wahre Wind von vorne käme. Der so addierte Wind ist also etwa 1,4-mal stärker.

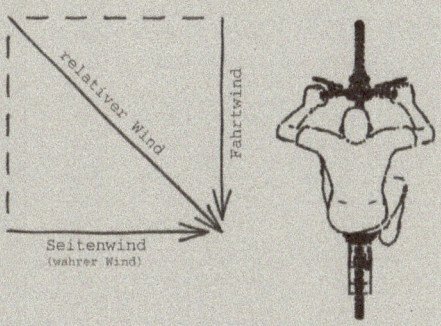

relativer Wind
Fahrtwind
Seitenwind
(wahrer Wind)

Welche Kraft übt der Wind jetzt auf uns aus?

Die Berechnung des Windwiderstandes erfolgt mit dieser Gleichung: $F = \frac{1}{2} c_w A \rho v_r^2$.

c_w ist der bei Autoliebhabern bekannte c_w-Wert, der die Stromlinienförmigkeit des Fahrzeuges widerspiegelt. A ist die Angriffsfläche des Windes, also die Fläche des Fahrrades inklusive Fahrer, wenn man von vorne, genau aus Windrichtung guckt. ρ ist die Dichte der Luft. Die muss auch mit eingehen, denn wo weniger Luft ist, z.B. in den Bergen, gibt es auch weniger Luftwiderstand. v_r schließlich ist die Geschwindigkeit des relativen Windes und wird, das ist wichtig und lästig, quadriert. Wenn wir folgende Werte annehmen ($c_w = 1,2$, $A = 0,55$ m², $\rho = 1,2$ kg/m³ und $v_r = 28$ km/h $= 7,8$ m/s) kommt man auf einen Windwiderstand von 20 Newton.

Wie doll muss ich jetzt strampeln?

Der ausgerechnete Windwiderstand wirkt in der Richtung des relativen Windes, also diagonal nach hinten. Um herauszubekommen, wie sehr er unsere Fahrt nach vorne bremst, müssen wir die Kraft zerlegen in eine Komponente, die seitlich wirkt, und eine, die nach hinten wirkt. Genau anders herum als bei der Addition der beiden Winde oben. Wenn wir das machen, erhalten wir für den Windwiderstand in Fahrtrichtung gerade $F_{vorne} = F / 1{,}4$ = 14 Newton. Die 1,4 ergeben sich genau daraus, dass wir die Kräfte im gleichen Dreieck zerlegen mussten wie oben die Winde.

Fazit der Rechnung: Obwohl der Seitenwind selbst kein Stück von vorne kommt, erhöht er doch den Strömungswiderstand entgegen der Fahrtrichtung von 10 Newton auf 14 Newton. Das nervt!

Toastbrot im Weltall

Wie ein Mann versuchte, die Explosion der Challenger zu verhindern – und warum Elastomere es gern warm haben

Stellen Sie sich vor, Sie sind Polizistin und stehen an einer Kreuzung. Ein Auto hält, und der Fahrer fragt Sie nach dem Weg: Soll er rechts oder links abbiegen? Sie kennen die Gegend, und Sie wissen: Der richtige Weg ist rechts. Links geht es auf einen Abgrund zu, das Auto wird hinabstürzen, und der Fahrer wird sterben. Natürlich zeigen Sie nach rechts. Vielleicht holen Sie sogar Ihr Handy heraus und zeigen dem Fahrer auf einer Karte, dass der linke Weg in die Katastrophe führt. Der Fahrer schaut verärgert, beschimpft Sie – und biegt links ab. Sie können nur hilflos zusehen, wie der Wagen an der Klippe zerschellt.

Roger Boisjoly war kein Polizist, sondern Ingenieur. Aber er hat etwas sehr Ähnliches erlebt, und es hat sein Leben für immer verändert. Die Geschichte beginnt im Jahr 1985 mit ein paar Gummiringen, die Roger Boisjoly im Auftrag seines Arbeitgebers in Augenschein nehmen sollte. Der Arbeitgeber, die Firma Morton Thiokol, baute unter anderem Feststoffraketen für die NASA. Diese Raketen, auch Booster genannt, waren gefüllt mit einer Mischung verschiedener Stoffe (unter anderem Ammoniumperchlorat, Aluminium und Eisenoxid). Sie lieferten den Hauptantrieb, um das Spaceshuttle der NASA ins All zu befördern. War der Treibstoff verbrannt, lösten sich die Booster vom Spaceshuttle – das Shuttle flog weiter, die Boosterraketen stürzten ins Meer, wo sie geborgen und untersucht wurden.

Für eine solche Untersuchung war Roger Boisjoly nach Florida gefahren. Nun hielt er die Dichtungsringe aus den Boostern der Raumfähre Discovery in den Händen und »bekam fast einen Herzinfarkt«, wie er später dem *Guardian* sagte. Denn die Gummiringe waren nicht mehr hell, honigfarben und elastisch, sondern dunkel verfärbt und voller Narben, als hätte jemand Stücke herausgebissen. Für den erfahrenen Ingenieur war klar: Hier war heißes Gas am Werk gewesen – genau das Gas, das die Dichtungsringe hätten abhalten sollen. Die Ringe waren so ramponiert, dass Boisjoly sich wunderte, dass die Discovery nicht abgestürzt war.

Jetzt fragen Sie sich vielleicht, wofür eine Raumfähre Dichtungsringe braucht, sie ist ja kein Einweckglas. Tatsächlich aber haben ein Einweckglas und ein Raumschiff gewisse Ähnlichkeiten. In beiden sorgen Dichtungsringe dafür, dass die Teile eng verbunden bleiben. Wenn Sie den Deckel eines Einweckglases ohne Gummiring schließen (wir meinen diese nostalgischen Gläser, bei denen die Deckel mit einer Metallklammer am Glas befestigt sind und um deren Deckel man einen breiten, flachen Gummiring legt), wird er immer wackeln, denn Glas und Deckel sind hart und lassen eine Ritze zwischen sich frei.

So ist das auch bei einer Boosterrakete. Sie wird in vier Teilen gefertigt. Jeweils zwei werden bei der Herstellerfirma bereits vormontiert; die Techniker der NASA fügen die beiden angelieferten Hälften dann vor Ort zusammen und verankern sie ineinander. Und zwischen diesen Teilen befinden sich die Dichtungsringe, die dafür sorgen, dass keine Lücke entsteht, auch wenn sich die abzudichtenden Teile geringfügig verformen. Sie sehen aus wie ein »O« und laufen einmal um die ganze Rakete herum. Deshalb nennt man sie auch O-Ringe. Die Verankerung der beiden Raketenteile wird mit zwei übereinanderliegenden O-Ringen abgedichtet – oder, wie im Fall der Discovery, eben nicht.

Sofort informierte Roger Boisjoly die NASA über seinen Fund und natürlich seine eigene Firma, Morton Thiokol. Dann machte er sich daran herauszufinden, was die Ursache für die beschädigten Dichtungen war. Könnten die Ringe verdreht gewesen sein? Unwahrscheinlich – bei einem Test drehten sie sich sofort von selbst wieder zurück.

Was könnte es dann gewesen sein? Boisjoly und seine Kollegen bauten einen recht einfachen Versuch auf: Sie legten einen Dichtungsring zwischen zwei Metallplatten und quetschten ihn leicht ein. Dann lockerten sie den Druck und beobachteten, ob der Ring den Kontakt zu beiden Platten hielt. Solange es warm war (die Ingenieure experimentierten mit 100 Grad Fahrenheit, also 37,7 Grad Celsius), schafften die Dichtungsringe das mühelos. Doch je kühler die Ringe waren, desto langsamer dehnten sie sich aus. Bei 75 Grad Fahrenheit (23,8 Grad Celsius) brauchten sie bereits 2,4 Sekunden, um den Kontakt wiederherzustellen. Das ist für diesen Einsatzzweck eine unfassbar lange Zeit. Viel, viel zu lang. Schon bei einer Fünftelsekunde ohne Kontakt gibt es Probleme.

Zum Schluss versuchten die Ingenieure es bei 50 Grad Fahrenheit, also 10 Grad Celsius: »Nach zehn Minuten haben wir aufgehört, zu messen«, erinnert sich Roger Boisjoly. Er und seine Kollegen hatten das Problem gefunden: Als die Discovery gestartet war, hatte die Außentemperatur 11,6 Grad Celsius betragen. Die Dichtungsringe waren steif vor Kälte. Der erste Ring hatte sich nicht ausgedehnt, und heißes Verbrennungsgas war an ihm vorbeigeströmt, ein Blow-by, wie das in der Raumfahrt heißt. Glücklicherweise hatte der zweite Ring das Gas aufgehalten und eine Katastrophe verhindert.

Warum Sommerreifen bei Frost steif werden

Sie können den Versuch der Ingenieure leicht zu Hause nachmachen, indem Sie Haushaltsgummis längs über ein Lineal spannen und ins Gefrierfach legen. Nachdem Sie sie wieder herausgeholt und vom Lineal gelöst haben, brauchen die Gummis eine ganze Weile, bis sie wieder auf ihre ursprüngliche Größe geschrumpft sind. Denn

Gummis sind Elastomere. So bezeichnet man Kunststoffe mit besonders elastischen Eigenschaften. Wie alle Kunststoffe bestehen sie aus ineinander verknäulten Molekülketten. Sie können sich das so ähnlich vorstellen wie einen Teller voller gekochter Spaghetti (in unserem Buch *Physik ist, wenn's knallt* finden Sie das ausführlich beschrieben, inklusive Experimente zum Selbermachen). Die Molekülketten im Elastomer sind – anders als Spaghetti – an vielen einzelnen Stellen miteinander verbunden. Das ist Absicht, denn nur so kann das Gummi sich ausdehnen und danach wieder in seine ursprüngliche Form zurückfinden. Um das zu erreichen, wird Naturkautschuk z.B. mit Schwefel versetzt, um Brücken zwischen den langen Molekülen zu bilden.

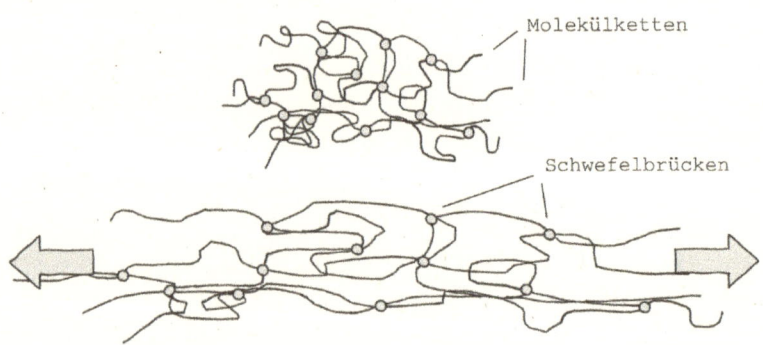

Molekülketten

Schwefelbrücken

So schwuppt das Gummi, wenn es verformt wird, wieder in den ursprünglichen Zustand zurück. Ziel erreicht. Aber: Wenn Elastomere verformt werden und wieder in ihren Ausgangszustand zurückwollen, müssen die Molekülketten beweglich sein. Diese Beweglichkeit hängt von der Temperatur ab. Wenn es nun sehr kalt ist, sind die langkettigen Moleküle in den Elastomeren weniger beweglich – und brauchen länger, um sich zurückzuformen.

Eine weitere Eigenschaft von Elastomeren verschärft das Problem. Wenn sie verformt werden (also beispielsweise von zwei Raketenteilen zusammengedrückt), geben sie Wärme an die Umgebung ab. Wenn sie sich aber wieder entspannen, müssen sie Wärme aus der Umgebung aufnehmen. Ist die Umgebung kalt, steht dafür nicht genug Wärme zur Verfügung. Das Entspannen wird stark verlangsamt oder kommt sogar zum Stehen.

Das Verhalten der Elastomere bei Temperaturschwankungen ist unterschiedlich, je nach Rezeptur. Die Sommerreifen unseres Autos beispielsweise werden bei kühlen Temperaturen eher steif und haben möglicherweise nicht mehr genügend Haftung auf der Straße. Winterreifen bestehen aus einer anderen Kautschukzusammensetzung und bleiben auch bei niedrigeren Temperaturen flexibel.

Um für die Raumfahrt geeignet zu sein, muss ein Kunststoff vor allem zwei Dinge können: Er muss sehr viel Hitze aushalten, und er muss sich schnell ausdehnen. Denn die Dichtungsringe sitzen ja zwischen beiden Teilen der Feststoffrakete. Sie sorgen dafür, dass keine Ritzen entstehen, durch die heißes Verbrennungsgas entweichen könnte. Der Kontakt zwischen Gummiring und den Teilen der Rakete muss also jederzeit bestehen bleiben! Beim Kunststoff der Raketen-Dichtungsringe handelt es sich deshalb um ein Fluor-Elastomer (Fluor-Kautschuk oder abgekürzt FKM). Es besteht aus langen Kohlenstoffketten, an denen Fluor haftet. Fluor geht sehr stabile Verbindungen ein, weswegen es besonders hitzestabil ist. Auf Kälte aber sind diese Elastomere nicht eingestellt. Bei kalten Temperaturen büßen sie schnell ihre Dehnbarkeit ein.

Gefahr erkannt, Gefahr gebannt, könnte man nun denken. Raumfähren mit diesen Dichtungsringen müssen einfach bei höheren Temperaturen starten, ist in Florida ja kein Problem. Boisjoly informierte seine Vorgesetzten bei Morton Thiokol und hielt die Sache für erledigt. Doch die nächste NASA-Mission war bereits in Planung: Die Raumfähre Challenger sollte ein halbes Jahr später abheben, um im All einen Kommunikationssatelliten auszusetzen. Im Januar – erwartungsgemäß nicht gerade der wärmste Monat.

Und genauso sehr, wie Roger Boisjoly diesen Start verhindern wollte, wollten andere ihn durchsetzen.

Boisjoly merkte das daran, dass nach seiner Information erst mal wenig passierte. Wenn man sich im Internet den Vortrag ansieht[4], den er später an zahlreichen Universitäten gehalten hat, ist ihm anzumerken, wie sehr ihn das auch lange nach den Ereignissen mitnimmt: Boisjoly ist ein großer, kräftiger Mann, schwer bewaffnet mit Zahlen und Daten. Ein Ingenieur, der zeit seines Lebens auf der Basis von Fakten entschieden und damit Verantwortung getragen hat. Denn an einer Weltraummission hängen Menschenleben und sehr viel Geld. Und nun rückte der geplante Start der Challenger näher, und niemand reagierte auf seine Daten! Boisjoly konnte es nicht glauben.

Ende Juli 1985 schrieb er schließlich ein Memo an die Manager von Thiokol, in dem er »eine Katastrophe« vorhersagte. »Es ist meine ehrliche und sehr reale Angst«, schrieb er, »dass wir, wenn wir nicht unmittelbar handeln, es riskieren, einen Flug zu verlieren. Das Resultat wäre eine Katastrophe und der Verlust von Menschenleben.«

Endlich bewegte sich etwas: Eine Taskforce wurde gegründet, wenn auch nur bestehend aus fünf Ingenieuren. Unterstützung aus dem Management, so Boisjoly, gab es nicht. Und auch die Erkenntnisse änderten sich selbstverständlich nicht: Bei niedrigen Temperaturen waren die Dichtungsringe zu steif, um sich auszudehnen.

Die Raumfähre Challenger sollte am 27. Januar 1986 starten. Für diesen Tag waren am Kennedy Space-Center Minustemperaturen angesagt. Minusgrade! Noch nie hatte die NASA bei so einer Kälte

---

4 Wenn Sie einen Vortrag sehen möchten, suchen Sie am besten nach Stichwörtern wie »Unethical Decisions – The Causes of the Space Shuttle Challenger Disaster« und »Roger Boisjoly«.

eine Rakete starten lassen. Roger Boisjoly und seine Ingenieurskollegen kannten ihre Daten. Für sie war klar, was ihnen blühte: eine gigantische Explosion direkt auf der Startrampe.

Die zwischen zwei eng aneinanderliegenden Teilen eingequetschten O-Ringe mussten unter allen Umständen in der Lage sein, sich auszudehnen, wenn durch den extrem hohen Druck in den Raketen oder nicht vorhersehbare Erschütterungen kleine Lücken zwischen den Bauteilen auftreten würden. Bei Minusgraden ist das Elastomer aber eben kein Elastomer mehr und kann die Lücken nicht schließen. Durch die niedrigen Temperaturen fehlte die für die Wieder-Ausdehnung benötigte Energie. Noch ein weiteres Problem kam hinzu: Kunststoffe lassen sich *generell* nur verformen, wenn die Molekülketten warm genug sind. Nur dann können diese sich ein winziges bisschen hin und her bewegen und verharren nicht in einer eingefrorenen Position. Kühlt man einen Kunststoff[5], erreicht man irgendwann die Glasübergangstemperatur – die Temperatur, bei der er nicht mehr flüssig oder flexibel ist, sondern hart und spröde, wie Glas eben. Oberhalb dieser Temperatur ist der Kunststoff mehr oder weniger weich, darunter nicht mehr. Deshalb nennt man die Glasübergangstemperatur auch Erweichungstemperatur.

Wir haben dieses Phänomen einmal mit einem Stück Gummischlauch nachgestellt. Mit flüssigem Stickstoff haben wir den Schlauch heruntergekühlt auf -196 Grad, und dann haben wir mit einem Hammer draufgehauen. Der Schlauch zersplitterte spektakulär in tausend Teile.

Sie selbst haben wahrscheinlich keinen flüssigen Stickstoff zu Hause. Glücklicherweise haben wir versehentlich ein ähnliches Experiment für Sie entdeckt, das jeder nachmachen kann. Und zwar mit einer Packung Toast. Wir kaufen Toast immer auf Vorrat und

---

5 Das gilt für Kunststoffe, die nicht vollständig kristallin vorliegen.

frieren ihn ein, denn mit sechs Personen im Haushalt ist eine Packung schnell verfrühstückt. Weil wir zu faul sind, den ohnehin in Plastik verpackten Toast noch zusätzlich in einen Gefrierbeutel zu stecken, legen wir ihn einfach so ins Gefrierfach. Der Toast übersteht das problemlos – aber nicht seine Verpackung. Die wird bei Minusgraden rissig. Man kann sie einfach durchbrechen!

Unser Gefrierschrank steht im Waschkeller, und wenn man mit der einen Hand einen vollen Wäschekorb auf der Hüfte balanciert, kann man mit der anderen Hand gerade noch den Toast packen und ihn aus dem Gefrierschrank ziehen. Tja, und wenn man die gefrorene Packung dann nur am vorderen Teil festhält, sagen wir, hinter den ersten vier Scheiben, dann kracht sie einfach durch. Und die gefrorenen Toastscheiben klackern auf den Kellerboden.

Das hätten wir wissen können, wenn wir die Warnung auf der Website von »Golden Toast« gelesen hätten. Dort steht, unter einem wirklich appetitlichen Foto von jeder Menge frisch aufgetauter Toastscheiben: »Verwende zum Einfrieren einen Gefrierbeutel oder Gefrierfolie, da unsere Verpackungsfolie bei den eisigen Temperaturen an Flexibilität verliert und somit reißen könnte. Achte darauf, das Produkt fest mit Gefrierfolie zu umwickeln oder in einen passenden Gefrierbeutel mit dem Hinweis ›gefriergeeignet‹ zu stecken.« Tja – Warnung nicht beachtet, Pech gehabt. Denn Golden Toast wird in einer Verpackung aus PP (Polypropylen) geliefert, während Gefrierbeutel aus PE (Polyethylen) bestehen. PP besteht ebenso wie PE aus langen Molekülketten. Im Polypropylen bilden diese aber immer wieder kleine Bereiche, in denen sie sehr geordnet, also kristallin vorliegen. Dadurch ist der Stoff in seiner Beweglichkeit stark eingeschränkt, und die Glasübergangstemperatur liegt zwischen 0 Grad Celsius und 10 Grad Celsius. Also Gefrierschranktemperatur. Nicht geeignet für einen Balanceakt der gefrorenen Toastpackung auf dem Wäschekorb.

Höllisch gekämpft

Das ist natürlich eine lächerliche Konsequenz im Vergleich mit dem, was Roger Boisjoly befürchtete: Die Dichtungsringe der Challenger würden direkt auf der Startrampe ihren Dienst versagen, heißes Verbrennungsgas würde ausströmen und die Tanks mit dem Flüssigbrennstoff zum Explodieren bringen. Erneut warnten er und seine Kollegen vor einem Start bei so kaltem Wetter. Oder, wie Boisjoly es später einem Reporter gegenüber beschrieb: »Ich habe höllisch gekämpft, um das zu verhindern.«

Einen Tag noch bis zum Start. Zwischen Ingenieuren und Managern von Thiokol und NASA wurden hastig Telefonkonferenzen angesetzt (Telefon, nicht Video, es war 1986!). Die NASA bat um eine Präsentation – so kurzfristig, dass Roger Boisjoly seine Daten nur handschriftlich mitbringen konnte. Dennoch, da war er sicher, waren es genug Fakten, um den Flug zu stoppen. Temperaturangaben für eine Startempfehlung hatte er absichtlich weggelassen, denn inzwischen, so sagt es Boisjoly, hatte er Bedenken bei allen Temperaturen, die nicht wirklich warm waren. Schon 11,6 Grad waren ja zu kalt gewesen, und nun war Winter! »Das Material wird wie Stein, wenn es friert.«

Im Alltag kennen wir das Problem eher, wenn wir Kunststoffe zu heiß werden lassen. Beim Bügeln zum Beispiel. In vielen Klamotten sind ja Kunstfasern verarbeitet, meistens Polyester oder Polyamid. Sie sind weich, bleiben gut in Form und trocknen schnell. Deshalb eignen sie sich besonders für Sportkleidung. Polyester hält auch relativ viel Hitze aus (der Schmelzpunkt liegt bei 235–260 Grad), aber wenn man mit einer Trainingshose aus Polyester in der Sporthalle hinfällt und über den Boden rutscht, kann es wegen der Reibung schon mal Brandlöcher geben. Polyamid dagegen ist sehr hitzeempfindlich, und schon eine 60-Grad-Wäsche kann zum Problem werden.

Für die Challenger bestand aber das Problem in der Kälte. Sechs Stunden dauerte die Telefonkonferenz am Tag vor dem Start der Challenger. Die Ingenieure argumentierten, lieferten Fakten, beantworteten Fragen. Roger Boisjoly schien es, als seien die Projektmanager bei Thiokol überzeugt: kein Start. Aber dann drehte sich die Stimmung. »Ich bin entsetzt von Ihrer Empfehlung«, habe einer der NASA-Programmmanager gesagt. Und ein anderer setzte nach: »Wann sollen wir denn starten – nächsten April?«

Die Thiokol-Manager baten um eine Unterbrechung der Sitzung. Fünf Minuten wollten sie sich ohne die NASA beraten. Roger Boisjoly erinnerte sich so daran: »Kaum war der Mute-Knopf gedrückt, sagte einer der Thiokol-Manager mit leiser Stimme zu den anderen: ›Wir müssen jetzt eine Management-Entscheidung treffen.‹« Eine halbe Stunde lang trugen die Manager laut Boisjoly eine Liste mit Punkten zusammen, die einen Start rechtfertigen würden. Das wichtigste Argument auf der Liste: Die Daten der Ingenieure seien nicht aussagekräftig.

Die Ingenieure im Raum wurden nicht in die Diskussion einbezogen. Irgendwann sei er aufgestanden, erinnert sich Roger Boisjoly, und zu den Managern hinübergegangen. Vor sie auf den Tisch warf er Fotos der zerstörten Dichtungsringe aus der Discovery: »Ich habe sie förmlich angeschrien, je niedriger die Temperatur, desto mehr Blow-by!« Es nützte nichts. Hinterher wurde der Vizepräsident von Thiokol mit der Aufforderung zitiert: »Take off your engineering hat and put on your management hat.«

Thiokol wollte den wichtigen Kunden NASA nicht verprellen – und die NASA wollte den Start nicht verschieben. Er war schon mehrmals aufgeschoben worden, wegen schlechten Wetters, einer anderen Mission und technischen Problemen. Ein weiterer Aufschub, fürchtete man, würde am Image kratzen. Und so nahm die NASA die Zusage von Thiokol dankbar an. Als die Manager ihre neue Entscheidung verkündeten, gab es keine einzige Rückfrage.

Die Telefonkonferenz war innerhalb von Minuten beendet. Ein Sieg des Wollens über die Fakten.

Am nächsten Tag, dem 28. Januar 1986, stiegen sieben Frauen und Männer in die Challenger und ließen sich in ihren Sitzen festschnallen – bei strahlendem Sonnenschein, aber nur zwei Grad. An den Gerüsten der Startrampe hingen Eiszapfen. Unter den Astronauten war Christa McAuliffe – eine Lehrerin. Sie hatte sich bei der NASA für das Programm »Teacher in Space« beworben und war aus 11.000 Kandidaten ausgesucht worden. Aus dem Weltall sollte sie über das Fernsehen zwei Unterrichtsstunden abhalten. Die erste Zivilistin, die die NASA ins Weltall fliegen lässt! Amerika fieberte mit ihr mit. Als die Challenger startklar gemacht wurde, saßen ungefähr 17 Prozent der US-Amerikaner live vor dem Fernseher.

Roger Boisjoly war zunächst nicht dabei. Er hatte sich entschieden, den Start nicht anzusehen. Immer noch war er sicher, dass die Challenger nicht einmal von der Startplattform abheben, sondern wegen der steifen Dichtungsringe direkt explodieren würde. Aber einer seiner befreundeten Kollegen hatte eine Tochter, die noch nie einen Start gesehen hatte, und als die beiden ihn fragten, ob er mit dabei wäre, sagte er zu. Der Countdown lief, unter dem Jubel der Zuschauer hob die Challenger ab. »Wir haben gerade eine Kugel abgefeuert«, flüsterte Roger Boisjoly seinem Freund zu. Sie sahen auf die Uhr, zählten die Sekunden, erwarteten die Katastrophe. Sekunde um Sekunde passierte nichts. Als die Raumfähre eine Minute in der Luft war, schickte Boisjoly ein Dankgebet zum Himmel: »Wir haben es geschafft!«

Dreizehn Sekunden später passierte es: Genau 73 Sekunden nach dem Start, die Challenger befand sich in 15 Kilometer Höhe, sahen Boisjoly und seine Kollegen, dass sich eine Boosterrakete vom Shuttle zu trennen schien. Sein erster Gedanke: Das ist zu früh, das sollte erst nach 120 Sekunden passieren. Dann war der Fernsehbildschirm ein Feuerball. Eine Boosterrakete fiel inmitten von Rauch und Feuer in Richtung Erde. Vom Shuttle selbst war zunächst nichts zu sehen. Auf Film- und Tonaufnahmen ist das Entsetzen der Kommentatoren spürbar, und auch die NASA-Mitarbeiter am Boden waren erschüttert. »Das Shuttle ist explodiert«, hieß es dann aus dem Kontrollraum.

Aber das war nicht der Fall. Stattdessen war passiert, was Boisjoly befürchtet hatte: Wenige Sekunden nach dem Start versagte einer der Dichtungsringe, an der Seite entstand ein Leck. Durch dieses Leck trat heißes Verbrennungsgas aus. Allerdings verschloss sich das Leck offenbar zunächst wieder (möglicherweise mit heißer Schlacke). Sonst wäre die Challenger wohl gar nicht von der Startrampe weggekommen. Zum Unglück der Astronauten hielt der Schlackepfropfen aber nicht. Vermutlich löste er sich, als das Shuttle eine starke Windböe durchflog. Heiße Gase traten aus und trafen die Verbindung des Boosters mit dem mit Wasserstoff gefüllten Außentank. Flüssiger Sauerstoff und Wasserstoff traten aus – und dehnten sich sofort stark aus. Dadurch wirkte der Unfall wie eine Explosion. Untersuchungen ergaben später, dass weitere Aspekte ebenfalls eine Rolle spielten, doch dieses war die Hauptursache.

Die Kapsel, in der die Astronauten saßen, explodierte nicht. Aber sie ließ sich auch nicht von der Crew kontrollieren. Die Stromversorgung fiel aus, die Kapsel prallte mit ungeheurer Kraft auf die Meeresoberfläche und versank. Erst im März wurde sie gefunden, mit allen sieben Besatzungsmitgliedern darin.

Als das passierte, hatte Roger Boisjoly furchtbare Wochen hinter sich. Er wurde in ein Untersuchungsteam berufen, hatte aber nicht den Eindruck, dass der wahre Grund für die Katastrophe offengelegt werden sollte. Als die »Presidential Commission« von Präsident Reagan die Thiokol-Ingenieure befragte, so Boisjoly in seiner Vorlesung, seien sie angewiesen worden, die Fragen nur knapp zu beantworten. Er entschied sich, diese Anweisung nicht zu befolgen. Statt nur mit »Ja« oder »Nein« zu antworten, gab er der Kommission seine Unterlagen inklusive des Memos, in dem er vor einer Katastrophe gewarnt hatte.

Held oder Verräter

Für die einen wurde Roger Boisjoly damit zum Helden. Seine Unterlagen ermöglichten es der Untersuchungskommission, den wahren Grund für den Absturz der Challenger herauszufinden. Im Juni 1986 legte die Untersuchungskommission ihren Bericht vor, in dem sie die NASA hart kritisierte und die Ringe als Ursache für die Katastrophe benannte (berühmt ist die Szene, in der Richard Feynman, Nobelpreisträger für Physik, Teile eines Dichtungsrings in ein Glas mit Eiswasser legt, um zu zeigen, wie hart und fest er bleibt. Ein Experiment sagt mehr als tausend Worte). Der Bericht enthält auch bis dahin unveröffentlichte Fotos, auf denen zu sehen ist, dass schon Sekunden nach dem Start kleine Rauchwolken aus der unteren Verbindungsstelle der rechten Boosterrakete austreten. Diese Wolken werden schließlich zur Flamme, die den Treibstofftank in Brand setzt.

Das Shuttle-Programm der NASA wurde vorübergehend eingestellt. Die *American Association for the advancement of science* verlieh Roger Boisjoly einen Preis, den »Award for Scientific Freedom and Responsibility«.

Aber er zahlte auch einen Preis. Denn für seine Kollegen war Roger Boisjoly ein Verräter. Jemand, der den Ruf der Firma Morton Thiokol in den Dreck zog und damit Arbeitsplätze gefährdete. Dass er in Utah in einer Stadt wohnte, in der Morton Thiokol der wichtigste Arbeitgeber war, verschlimmerte die Lage noch. Bei der Arbeit selbst fühlte Boisjoly sich isoliert. Zwar wurde er nicht entlassen, bekam aber keinen Zugang mehr zum Raumfahrtprogramm. Er litt unter Kopfschmerzen, Schlafstörungen und Depressionen,

Ärzte diagnostizierten eine posttraumatische Belastungsstörung. Während Kollegen und Nachbarn ihn verurteilten, weil er zu viel gesagt habe, machte er sich Vorwürfe, zu wenig getan zu haben. Schließlich verließ er Morton Thiokol und machte sich als Berater selbstständig. In seinen Vorträgen diskutierte er immer wieder das wichtigste Thema seines Lebens: Ethik in Natur- und Ingenieurwissenschaften. Studierenden an zahlreichen Universitäten erklärte er: »Wenn man die Wahrheit ausspricht, ist es nicht immer leicht, aber man hat ein reines Gewissen und schläft nachts gut.«

Beeindruckt haben uns an dieser Geschichte zwei Dinge: Dass ein so kleines Teil wie ein Dichtungsring aus Gummi so wesentliche Auswirkungen haben kann. Und dass nicht die Naturgesetze der NASA und den Ingenieuren das Leben schwer gemacht haben, sondern das Ignorieren derselben. Bei welcher Temperatur ein Kunststoff sich dehnt oder steif wird, ist nicht verhandelbar – ebenso wenig wie die Schwerkraft, elektrostatische Aufladung, der Treibhauseffekt oder andere physikalische Phänomene. Wir tun gut daran, das zu akzeptieren.

Alltags-Störfaktor
Lifehack-Faktor
Katastrophenpotenzial

Hallo? Hallo?? Bist du noch dran?

Warum es so schwer ist, Funklöcher zu stopfen

Ein Telefongespräch aus dem ICE von Berlin nach Köln: »Hallo? Hallo?? (kurzer, prüfender Blick aufs Handy) ... Ich bin hinter Berlin, kann sein, dass ich gleich weg bin ... Hallo? ... Du warst gerade kurz weg (Handy wird fest ans Ohr gedrückt) ... Hallo? ... (Stimme wird lauter) ... Ich melde mich noch mal, wenn wir am nächsten Bahnhof halten, okay?«

Boah. Im Handyabteil des ICE, wo nicht ein solches Gespräch stattfindet, sondern viele, kann die Fahrt schon anstrengend werden – zumal wir alle dazu neigen, unwillkürlich lauter zu sprechen, wenn wir befürchten, die Verbindung sei abgerissen. Das nützt natürlich überhaupt nichts, passiert aber einfach. Was bitte ist so schwer daran, flächendeckend für Handyempfang zu sorgen? Wieso fallen wir in manchen Regionen alle paar Kilometer in ein Funkloch, und was könnte man dagegen tun?

Unsere Neugier auf dieses Thema erwachte bei einem Seminar in einem Tagungshaus in Niederbayern. Was das eigentliche Thema war, haben wir vergessen, aber wir wissen noch sehr gut, was in den Pausen passierte. Die Gruppe sprang auf, drehte sich im Kreis, schwenkte die Arme, lief nach rechts und links. Bis einer rief: »Hier!« Dann stürzten alle zu ihm und drängten sich zusammen, wie beim Kindergeburtstag, wenn Reise nach Jerusalem gespielt wurde. Nur wollten sie keinen Stuhl, sondern etwas viel Kostbareres: Handyempfang. Nach jedem Ausdruckstanz und jedem Abendspaziergang zum Hügel, auf dem zumindest diejenigen, die im Netz der Deutschen Telekom waren, noch Empfang hatten, wurde die Stimmung gereizter. Der Kursleiter begann, sich in jeder Pause einen

Wacholderschnaps zu genehmigen – vielleicht hätte er sonst nur seine Nachrichten gecheckt.

Jeder, dem wir diese Geschichte erzählen, hat eine eigene beizusteuern. Deutschland scheint aus einer Anhäufung von Funklöchern zu bestehen, ein Schweizer Käse der Telekommunikation. In einer Studie der Firma Open Signal, die unter anderem die Erfahrungen von Nutzern mit dem Mobilfunknetz auswertet, landete Deutschland in Sachen Mobilfunk auf Platz 50 von 100 Ländern, hinter Indonesien und Kirgisistan. Besonders schlecht steht es offenbar um die Verbindungsstabilität in ländlichen Gegenden, aber auch mitten in Berlin klafft nach dem Empfinden der Nutzer offenbar ein 4G-Loch. Von mindestens einem Minister geht das Gerücht, er lasse sich aus dem Auto heraus nicht mit ausländischen Kollegen verbinden, es sei ihm zu peinlich, wenn die Verbindung ständig abbreche.

Wie groß das Problem wirklich ist, bleibt unklar, denn eine wissenschaftliche Definition von »Funkloch« gibt es nicht. Reicht es schon, wenn es in einzelnen Straßen kein Netz gibt? Oder muss ein ganzer Ort betroffen sein? Und was ist mit Gegenden, in denen Vodafone-Nutzer kein Netz haben, sondern nur Kunden der Telekom? Klar ist: Flächendeckend richtig rund läuft es nicht mit dem mobilen Telefonieren in Deutschland, vom Streamen ganz zu schweigen. Denn eigentlich wollen wir ja nicht nur lückenlos telefonieren, sondern auch mal an einer Videokonferenz teilnehmen – im Idealfall, während unser selbstfahrendes Auto sich per Internet mit den anderen autonomen Wagen verbindet. Wäre das technisch überhaupt möglich?

Werfen wir einen Blick darauf, was beim Telefonieren passiert: Wenn Sie jemanden anrufen, sendet Ihr Handy elektromagnetische Wellen aus. Die breiten sich im Raum aus, auf der Suche nach dem nächsten Sendemast. »Funkzelle« heißt der Bereich um einen solchen Mast herum, in dem Signale von Handys empfangen werden. Wenn wir mit dem Zug von Berlin nach Köln fahren, hangelt sich unser Handy unterwegs von einer Funkzelle zur anderen. Von dort werden die Signale per Richtfunk oder Kabel weitergeleitet – zu Ihrem Kollegen ins Büro, nach Hause zu Ihren Kindern oder zu ausländischen Ministerkollegen, falls Sie Politiker sind.

Unsere Kinder haben mal angefangen, nach so einer Antenne Ausschau zu halten – und hatten bei ihrer Suche ganz klassisch eine oder mehrere dünne Antennen im Kopf, oder Satellitenschüsseln, die irgendwo auf Häusern stehen müssten. Aber so sehen Mobilfunkantennen gar nicht aus. Sondern eher wie eine dicke Metallstange, an der eine ganze Reihe merkwürdiger länglich-grauer Kästen befestigt ist. Diese Form ist Absicht, denn die Antennen *müssen* länglich sein. In ihnen kommt nämlich ein physikalischer Trick zum Einsatz! In jedem einzelnen Kasten sind mehrere gleiche Sender übereinander angebracht. Würde man nur einen einzelnen Sender nutzen, würde sich das Signal in alle Richtungen gleichmäßig ausbreiten, also nach oben, zur Mitte und nach unten. Ungefähr so, als wenn eine Glühbirne leuchtet. Unterhalb und natürlich auch über der Antenne will man das Signal aber gar nicht haben, schon gar nicht, wenn man in dem Haus unter dem Sender wohnt.

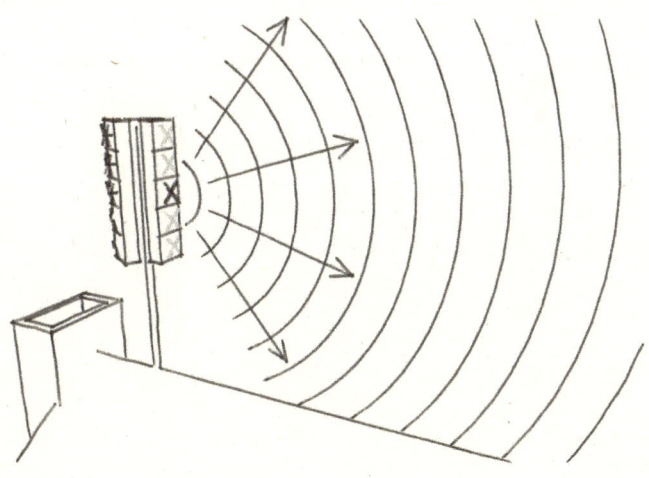

Als Ingenieure stünden wir vor der Frage: Wie können wir das Signal so lenken, dass es sich nicht überall verstreut, sondern möglichst weit geradeaus verläuft? Bei Lampen, deren Licht nicht streuen soll, löst man das Problem mit einem Lampenschirm. Der lässt das Licht nur in die gewünschte Richtung durch. Das ist bei Funkantennen schwierig. Aber es gibt eine einfache und physikalisch spannende Möglichkeit, die Ausbreitung zu steuern: Man lässt die Funkwellen mehrerer Sender aufeinander los, damit sie sich gegenseitig im Zaum halten.

Darum sind an einem Sendemast mehrere Antennen übereinander. Deren Funkwellen überlagern sich. Wenn man sie schlau ausrichtet, verstärken sich die Wellen in seitlicher Richtung, also parallel zum Boden, während sich die Wellenberge und Wellentäler nach oben und unten hin gegenseitig abschwächen oder sogar auslöschen. So kommt die Sendeleistung dort an, wo man sie braucht, nämlich seitlich vom Sender. Sie breitet sich parallel zum Boden aus und kann so weite Strecken zurücklegen – jedenfalls, wenn nichts im Weg steht, wie zum Beispiel Berge, Bäume oder Häuser. Auch 30 km weit draußen auf dem Meer kann man (zumindest vor der deutschen Küste) in der Regel noch telefonieren.

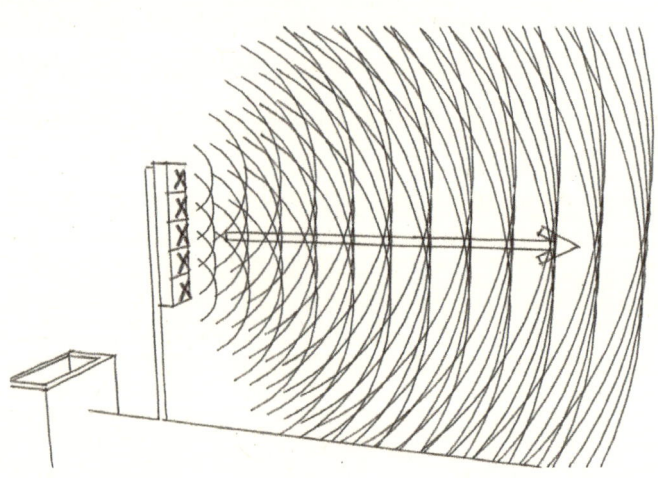

Jetzt haben Sie vielleicht einen Sendemast entdeckt, der besonders weit oben steht (auf einem Hochhaus vielleicht oder auf dem Fernsehturm). Da möchte man ja durchaus, dass das Signal in Richtung Boden gelenkt wird. Klar, wir könnten den Kasten mit den Sendern leicht kippen. Müssen wir aber gar nicht. Wir müssen uns nur das Überlagerungsprinzip zunutze machen. Wenn die Wellen an den unteren Sendern geringfügig verzögert abgestrahlt werden, verstärken sich die Wellen in einem Winkel näher zum Boden, während sie sich dort, wo sie nicht benötigt werden, gegenseitig auslöschen. Wer mal auf einem großen Konzert war, kennt die schmalen, langen Boxen, die rechts und links der Bühne aufgehängt sind. Hier werden ebenfalls fröhlich Wellen überlagert, damit der gute Ton im Publikum und nicht an der Hallendecke landet.

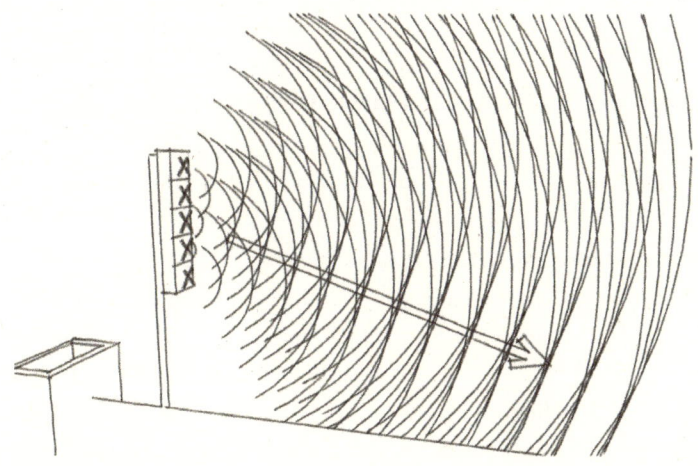

Jetzt wollten wir natürlich unsere persönliche Funkantenne finden. Wo rund um unsere Wohnung könnte der nächste Mast sein? Bei Spaziergängen und auf dem Weg zum Einkaufen starrten wir nach oben, was wahrscheinlich ziemlich bescheuert aussah. Wir vermuteten die Antenne eher im Westen unseres Hauses, denn im Wohnzimmer (nach Osten gelegen) ist der Empfang immer am Schlechtesten.

Gefunden haben wir erst einmal nichts. Also gaben wir die Frage »Wo steht mein nächster Mobilfunkmast« in eine Suchmaschine im Internet ein. Und hurra! Auf der Seite der Bundesnetzagentur kann man genau sehen, wie die Funkzellen verteilt sind (schauen Sie einmal rein, wir waren ganz überrascht, wie detailliert die Ansicht ist).[6] Hier sehen Sie nicht nur die großen Antennen, wie sie oft auf großen Gebäuden montiert werden, sondern auch die zusätzlichen »Small Cells«. Das sind kleinere Antennen, die überall dort aufgebaut worden sind, wo sich extrem viele Menschen aufhalten. An Messehallen zum Beispiel oder in Innenstädten. In Kombination mit Google Street View können Sie so ganz leicht sehen, wo Ihr zuständiger Sendemast sich befindet.

Unser persönlicher Funkmast

Wir gaben unsere Adresse ein und stellten stolz fest: Wir hatten recht. Der nächste Mast steht westlich von unserem Haus. Leider thront zwischen ihm und uns ein kleiner, mit Bäumen bewachsener Hügel. Im Osten dagegen findet sich kilometerweit kein Sendemast. Und der, der dann kommt, befindet sich genau hinter einem anderen Haus. Das passt zu unserer Alltagserfahrung: Im Osten (Wohnzimmer, Schlafzimmer) haben wir fast keinen Handyempfang. Wenn wir stabil telefonieren wollen, müssen wir an der Haustür stehen (Westseite). Ganz besonders gut geht es auf einem kleinen Stück Flur neben dem Schuhregal. Dort ist der Teppich schon ganz

---

6   https://www.bundesnetzagentur.de/DE/Vportal/TK/Funktechnik/EMF/
    start.html

abgewetzt, weil wir zum Telefonieren immer dort herumlungern. Und natürlich ist der Empfang unter dem Dach super, von wo man über den lästigen Hügel und das Haus auf die Masten sehen kann. (Dort wohnen unsere Kinder, und es ist sehr praktisch, dass wir sie gut mobil erreichen können. Denn Kopfhörer mit Noise-Cancelling verhindern, dass der analoge Ruf zum Essen gehört wird. Anruf wirkt immer.)

Aber warum schafft es der Mast auf der Westseite, trotz des Wäldchens bis zu uns zu senden, während der auf der Ostseite an einem Haus scheitert? Müssten wir dann nicht von beiden Seiten *keinen* Empfang haben, weil das Signal geblockt wird? Wir sind natürlich dankbar, dass das nicht der Fall ist, aber so richtig logisch erscheint das erst mal nicht.

Tatsächlich verdanken wir es der Physik, dass sich das Signal des westlichen Mastes doch bis zu uns durchmogelt. Die Funkwellen haben ein paar Kniffe drauf, ganz ähnlich wie das sichtbare Licht. Da wird reflektiert, gestreut und gebeugt, was das Zeug hält. Hauswände können das Signal spiegeln, an Dachkanten können die Wellen nach unten gebeugt werden, und unebene Oberflächen streuen Ihren YouTube-Stream in alle Richtungen. Dazu kommt, dass sich die Wellen, wenn sie uns gleichzeitig auf direktem Weg und von anderer Stelle gestreut erreichen, verstärken oder abschwächen können. Deshalb ist es möglich, dass Sie nie an dem einen, aber immer an dem anderen Fenster in Ihrem Wohnzimmer guten Empfang haben. Am deutlichsten ist dieser Effekt, wenn im Auto an der Ampel das Radiosignal verschwindet. Manchmal reicht es, nur einen Meter weiterzufahren, und alles ist wieder gut.

Durch manche Materialien gehen die Funkwellen auch einfach hindurch. Grundsätzlich gilt: Je dicker eine Wand ist, desto schwerer ist es, sie zu durchdringen. Eine Betonwand ist durch den darin verbauten Stahl viel undurchlässiger als eine Wand aus Kalksandstein. Leitfähige Materialien wie Stahlbeton sind ohnehin der Angstgegner von Wellen. Nehmen wir die Mikrowelle. Sie »sendet« in einem Frequenzbereich ganz in der Nähe von LTE und 5G, nämlich bei genau 2,455 GHz. Und hier wird schon das Problem deutlich: Breiten sich die elektromagnetischen Wellen aus Ihrer Mikrowelle ungehindert in Ihrer Küche aus? Nein. Denn sie werden durch die Metallwände der Mikrowelle abgeschirmt. In unserem Büro haben wir das einmal eindrucksvoll erlebt: Wir hatten ein großes Whiteboard aufgehängt. Merkwürdigerweise hatten wir danach nur noch sehr schlechten WLAN-Empfang. Auf den Zusammenhang zwischen beidem kamen wir nicht etwa selbst – es war unser IT-Administrator. Wir hatten das Whiteboard schlicht auf die Rückseite derjenigen Wand gehängt, an der der WLAN-Router befestigt war. Der Router mühte sich nun vergeblich, sein Signal durchs metallische Whiteboard ins Büro zu senden.

Wellen mit Superkräften

Warum kam er da nicht durch? Hier lohnt sich ein schneller Blick darauf, wie elektromagnetische Wellen funktionieren. Man kann sie als viele kleine elektrische und magnetische Felder betrachten, die miteinander gekoppelt sind. Sie schwingen senkrecht zur Richtung, in der sie sich ausbreiten. Solche Wellen kommen aus ihrer Mikrowelle, Ihrem Handy, einer Taschenlampe oder einem Radio, und sie sind unterschiedlich lang. Das hat Auswirkungen darauf, wie gut sie mit Hindernissen umgehen können. Licht und Handystrahlung dringen zum Beispiel nicht durch einen Aluminiumkoffer, Röntgenstrahlung schon. Jede Wellenlänge hat eigene Superkräfte und eignet sich deshalb zu unterschiedlichen Zwecken.

- **Langwellen** sind mit einer Wellenlänge von bis zu 10.000 Metern der Riese unter den Wellen. Sie übertragen das Zeitsignal für unsere Funkuhren und kommen locker tausend Kilometer weit, weil sie am Boden entlang der Erdkrümmung folgen.

- **Kurzwellen** sind so kurz, dass sie an der Ionosphäre reflektiert werden. Dadurch werden die Signale um die ganze Welt getragen. Als Kinder waren wir absolut fasziniert von dem Spionage-Programm auf dem Kurzwellenempfänger. Mithören konnte jeder, der ein einfaches Radio hatte. Verstehen aber nur Spione, die den richtigen Schlüssel zum Decodieren hatten.
- **Ultrakurzwellen** nutzen wir alle zum Radiohören. Außerdem wird hier gefunkt wie wild. Zivil, militärisch, Flugnavigation, Seefunk, auch Satelliten werden über diese Frequenzen gesteuert.

Handysignale bestehen aus zwei »Sorten« von Wellen: Dezimeterwellen und Zentimeterwellen. **Dezimeterwellen** sind (wenig überraschend) mindestens einen Dezimeter lang, 10 cm bis maximal 1 Meter. Ihre Frequenz beträgt zwischen 300 Megahertz und 3 Gigahertz. Hier passiert enorm viel: Unzählige Funk- und Navigationsdienste sowie Ihr WLAN senden und empfangen auf diesen Frequenzen. Wenn wir als »Die Physikanten« für Wissenschaftsshows auf der Bühne stehen, senden hier auch unsere Headsets. Einige Radaranlagen nutzen die ziemlich kurzen Wellenlängen, und Ihre Mikrowelle tut das auch! Die Superkraft der Dezimeterwelle ist ihre Informationsdichte! Selbst wenn einzelne Frequenzen sehr nah beieinanderliegen, stören sie sich nicht gegenseitig. So können die Wellen mit extrem vielen Daten beladen werden. Ihre Schwachstelle: Die Wellen lassen sich durch elektrisch leitfähige Gegenstände in der Größe der Wellenlänge stören, wie große Blätter an Bäumen.

Zentimeterwellen (Länge 1–10 cm) sind der Turbo unter den Funkwellen. Sie ermöglichen extrem hohe Datenraten für die 5G-Technologie. Damit arbeiten auch die Radarsysteme der Schifffahrt und Fernsehsatelliten. Ihre Superkraft ist die noch höhere Informationsdichte! Der Nachteil der Zentimeterwellen: Besonders bei den höheren Frequenzen stört die Atmosphäre. Wasserdampf und Regen vermindern die Reichweite (was man aber wiederum für die Wetterbeobachtung nutzen kann. Regentropfen reflektieren die Wellen, und deshalb funktioniert der Regenradar so gut).

Wie man sieht, haben es die Wellen unterschiedlich schwer, ihre Empfänger zu finden. Für Fernseh- und Radiosignale (UKW-Bereich) wurden deshalb besonders starke und hohe Sendeantennen gebaut, die es ihnen erlauben, weite Strecken zurückzulegen. So war es beispielsweise in der DDR möglich, Fernsehen aus dem Westen zu empfangen. Allerdings nicht überall. Es gab auch die DDR-Bürger, die im »Tal der Ahnungslosen« lebten. Konkret war das der Raum um Greifswald (ganz im Nordosten) und der Bezirk Dresden. Bis hierhin gelangten die elektromagnetischen Wellen der Westsender einfach nicht. Die Bürgerinnen und Bürger mussten mit dem (zensierten) DDR-Fernsehen auskommen – und die Abkürzung ARD wurde häufig ironisch umgewandelt in »Außer Rügen und Dresden«. Spannend daran ist: Laut einer Studie, für die Stasi-Unterlagen ausgewertet wurden, waren die Menschen im »Tal der Ahnungslosen« unzufriedener mit dem politischen System der DDR als diejenigen, die Westfernsehen empfangen konnten. Man hätte es umgekehrt erwartet, oder? Die Autoren der Studie führen das darauf zurück, dass Westfernsehen nicht als Informationsquelle genutzt wurde, sondern zur Unterhaltung und Zerstreuung. Diese mediale Fluchtmöglichkeit führte offenbar dazu, dass die Menschen das politische System nicht mehr ganz so schlimm fanden.

Heute muss das deutsche Funknetz Bilder transportieren, Filme und die gewaltige Menge Daten, die für selbstfahrende Autos, Videokonferenzen und das Internet der Dinge benötigt werden. Ausgebaut wird daher aktuell das 5G-Netz. Mit ihm können besonders viele Daten transportiert werden – und das sehr zielgerichtet. Der

Nachteil: 5G-Wellen, die im Zentimeterwellenbereich gesendet werden, haben eine vergleichsweise kurze Reichweite. Entsprechend müssen deutlich mehr Sendemasten gebaut werden.

Das würde auch unser Silvesterproblem lösen. Jedes Jahr um kurz nach Mitternacht versuchen wir, unsere Lieben anzurufen, die in einem anderen Bundesland leben. Und jedes Jahr wieder bekommen wir kein Signal. Am Sendemast kann das nicht liegen, der steht ja genauso da wie den Rest des Jahres. Aber die Kapazitäten des Funknetzes sind begrenzt. Die Mobilfunkbetreiber versuchen abzuschätzen, wie viele Handys sich vermutlich gleichzeitig in einer Funkzelle einwählen. Dort, wo viele Menschen wohnen, stehen deshalb viele Sendemasten – und in ländlichen Gegenden wenige. Wenn dann in unserem Vorort im Ruhrgebiet plötzlich viele Menschen gleichzeitig ihren Lieben ein frohes neues Jahr wünschen möchten, sind die Funkzellen quasi wegen Überfüllung geschlossen. Dann kann es passieren, dass Ihr Handy einfach keine Funkzelle findet, in der es sich anmelden kann. Und dann ist nichts mehr mit Telefonieren. So wie im ICE zwischen Berlin und Köln.

Mehr Sendemasten, das ist technisch und physikalisch kein Problem, politisch und wirtschaftlich möglicherweise schon. Denn Funkmasten haben kein gutes Image. Telefonieren wollen wir alle, die Antenne auf unser Haus gebaut bekommen eher nicht. Immer wieder gibt es Proteste, wenn Masten in der Nähe von Schulen, Kindergärten oder Lebensräumen von Tieren aufgestellt werden sollen.

Klar: Wo ein Sendemast ist, werden elektromagnetische Wellen abgestrahlt und aufgefangen. Physikalisch ist es allerdings so: Je mehr Sendemasten wir aufstellen, desto *weniger* Strahlung ist unterwegs. Klingt komisch? Ist aber so. Das liegt daran, dass die Masten immer mit möglichst geringer Leistung betrieben werden. Häufig sind das nur 50 Watt (unsere Mikrowelle hat 650 Watt). Diese Leistung reicht normalerweise, um die Signale innerhalb einer nicht allzu großen Funkzelle zu verbreiten. Wenn die Masten aber sehr weit voneinander entfernt sind, ist eine höhere Leistung notwendig, um die Signale zu übertragen. Das verursacht mehr Strahlung.

Ähnlich verhält es sich mit dem Handy im Funkloch. Dort, wo ich keinen oder schlechten Empfang habe, strahlt mein Handy nicht weniger, sondern mehr elektromagnetische Wellen ab – weil es sich so verzweifelt bemüht, sich zu verbinden. Ergo: Je mehr Sender es gibt, desto geringer ist die Strahlung, die wir abbekommen. Denn die Handys verausgaben sich nicht so.

Ein Satz heiße Ohren

Ist es überhaupt ein Problem, wenn elektromagnetische Wellen uns treffen? Physikalisch verhält es sich so: Wenn ich mir mein Handy irgendwo an den Körper halte, wird die Stelle, die sich nah daran befindet, geringfügig erhitzt. Ein Wassermolekül ist nämlich polar, also auf der einen Seite positiv und auf der anderen Seite negativ geladen. Kommen elektromagnetische Wellen einer passenden Frequenz vorbei, dann wird es in Drehung versetzt und bewegt seine Umgebung gleich mit – das Wasser erwärmt sich. Bei der Mikrowelle ist das erwünscht. Beim Handy natürlich nicht. Aber kann ich mit meinem Handy mein Gehirn kochen? Das kann man ganz leicht – also ganz leicht *nachrechnen* natürlich.

Gehen wir der Einfachheit halber davon aus, dass unser Körper aus Wasser besteht (zum großen Teil tut er das ja auch). Um ein Kilo Wasser um ein Grad zu erwärmen, müssen wir eine Energie von etwa 4.000 Joule (man kann auch Wattsekunden sagen) aufbringen[7]. Der Höchstwert, mit dem die Geräte auf unseren Körper wirken,

---

7   Die Wärmekapazität von Wasser (Energiemenge, um ein Kilogramm Wasser um ein Grad zu erwärmen) beträgt 4,183 kJ / (kg K).

beträgt 2 Watt pro Kilogramm. Man kann leicht ausrechnen, dass es dann 2.000 Sekunden, also mehr als eine halbe Stunde, dauern würde, um das betroffene Gewebe um ein winziges Grad zu erhitzen. Allerdings ist das ein theoretischer Wert, denn unser Blutkreislauf sorgt ja dafür, dass die Wärme direkt verteilt wird. Von der Erwärmung bleibt dann nicht viel übrig.

Aber warm ist warm. Es ist unstrittig, dass da etwas passiert zwischen dem Handy und unserem Körper. Viele Menschen finden das besorgniserregend. Das Gute ist, dass es keinen Hinweis darauf gibt, dass außer der minimalen Erwärmung irgendetwas anderes mit unseren Zellen, unseren Nerven und unserer DNA passiert. Es gibt in unserem Körper, zumindest nach dem, was wir aktuell wissen, keine Antennen für die Handystrahlung. Derzeit gibt es keine methodisch sauberen Studien, die belegen, dass ein kausaler Zusammenhang zwischen Mobilfunkwellen und Krankheiten besteht.

Das Ohr wird, erstaunlicherweise und im Gegensatz zur obigen Rechnung, beim längeren Telefonieren übrigens trotzdem ordentlich warm! Grund ist aber nicht, dass das Handy so stark heizt, sondern, dass es unser Ohr daran hindert, Wärme abzustrahlen. Es ist, als wäre das Ohr warm zugedeckt.

Bis alle Funklöcher in Deutschland geschlossen sind, wird es vermutlich dauern. So lange kann man nur das Beste draus machen. Einige Hotels, die in tiefen Funklöchern liegen, bieten unter dem Motto »Digital Detox« explizit Ferien ohne Handyempfang an. Und die Mieten für Wohnungen und Häuser sind dort, wo kein Empfang ist, auch viel günstiger.

Alltags-Störfaktor ⛈ ⛈ ⛈ ⛈ ⛈
Lifehack-Faktor 💡 💡 💡 💡 💡
Katastrophenpotenzial 💣 💣 💣 💣 💣

Für Klugschnacker – 5 Fun-Facts für 5G

Ob TikTok-Video, Musik-Streaming oder Telefonat: Was übermittelt wird, ist ein gewaltiger, digitaler Zahlenstrom. Der lässt sich als sehr schnelle Abfolge von Einsen und Nullen beschreiben, die irgendwie gefunkt werden sollen. Das geht mithilfe einer Funkwelle, einer sogenannten Trägerwelle. In einem bestimmten, festgelegten Takt werden hiermit Informationen übertragen.

Eine nackte Funkwelle an sich trägt erst einmal noch keine Informationen. Um Daten auf ihr zu transportieren, muss ich die Welle verändern, sie modulieren. Dafür gibt es mehrere Möglichkeiten, von denen hier zwei eine Rolle spielen.

1. Amplitudenmodulation: Hierbei wird die Größe der Welle verändert, also ihre Amplitude. Im einfachsten Fall heißt das: Wenn eine Eins gesendet werden soll, schlägt die Welle groß aus, bei einer Null wenig oder gar nicht. Dies ist in kleinen Schritten möglich und bietet unzählige Optionen.

2. Phasenmodulation: Hier wird die Welle zeitlich ein bisschen verschoben. Je nach Art der Verschiebung können so auch 0 und 1 codiert werden.

Praktischerweise lassen sich beide Techniken kombinieren und sogar noch erweitern. So lässt sich pro Takt damit nicht nur ein Bit (also eine Eins oder Null), sondern im Falle von 5G sogar

acht Bit (also eine Zahl zwischen 0 und 255) ver-
schicken.

Das Tolle an 5 G ist, dass noch viele weitere Tricks
zum Einsatz kommen.

1. **Hohe Frequenzen:** Für 5G ist der Einsatz von
   extrem hohen Frequenzen bis über 40 GHz
   geplant. Wellen mit einer hohen Frequenz
   sind kurz. Das bedeutet, dass in kürzerer Zeit
   viel mehr Wellenberge und -täler beim Empfänger ankommen. Die Welle kann also einen
   schnelleren Takt haben und viel mehr Informationen transportieren.
2. **Datenautobahnen:** Wenn man sich vorstellt,
   dass die Übertragung auf einer Frequenz einer Datenautobahn entspricht, warum sollte
   man da nicht gleich mehrere nutzen? 5G ermöglicht es, auf bis zu 16 Autobahnen gleichzeitig zu fahren. Der Datenstrom kann also auf
   16 Frequenzen aufgeteilt und in Ihrem Handy
   wieder zusammengesetzt werden. Damit ver-
   kürzt sich Ihr Download der nächsten Staffel
   Ihrer Lieblingsserie fast auf ein Sechzehntel!
3. **Autobahnen mit Tausenden von Spuren:**
   Bevor die Daten gesendet werden, werden
   sie auf bis zu Tausende sehr nah beieinander-
   liegende Frequenzen aufgeteilt. Man kann
   sich das wie sehr schmale Spuren auf der
   Autobahn vorstellen. Auf denen wird einzeln
   nur sehr wenig transportiert, aber in der Sum-

me kommt genau so viel an. Der große Vorteil liegt darin, dass diese Technik (OFDM) viel weniger störanfällig ist. Wenn eine einzelne Spur, also eine Unterfrequenz, eine Störung erleidet, dann kann beim Empfänger das komplette Signal wieder aus den anderen Daten zusammengebaut werden. Eine ähnliche Technik kommt übrigens auch in QR-Codes zum Einsatz. Wenn diese ein bisschen verschmiert sind oder jemand etwas darauf geschrieben hat, sind sie meistens trotzdem noch lesbar, weil in den schwarzen Pünktchen redundante Informationen stecken.

4. **Autobahnen übereinander:** Noch mehr Daten können übertragen werden, indem die Basisstation das Signal von mehreren, eng nebeneinanderliegenden Antennen sendet, und zwar auf der gleichen Frequenz. In moderneren Handys sind mehrere Antennen verbaut, die locker verschiedene Signale empfangen. Damit gelingt idealerweise eine Verdoppelung der Datenrate, wenn z. B. zwei Antennen bei Sender und Empfänger vorhanden sind (MIMO-Technik, Mulitple Input Multiple Output).

5. **Datenübertragung mit der Keule:** Für das 5G-Netz ist geplant, an Orten mit besonders hoher Nutzerzahl sogenannte Massive-MIMO-Antennen einzusetzen. Dahinter verbirgt sich z. B. ein Kasten, in dem sich eine schach-

brettgroße Anordnung von acht mal acht kleinsten Antennen befindet. So kann man die Richtung des Signals gezielt steuern. Es lassen sich sogar Empfänger einzeln mit Wellen-Keulen versorgen. Da die Massive-MIMO-Antenne für einen Empfänger, je nachdem, wo man sich befindet, unterschiedliche Signale abstrahlt, verhält sie sich physikalisch sehr ähnlich wie ein Hologramm, das ja auch aus verschiedenen Blickwinkeln unterschiedlich aussieht, um einen 3-D-Effekt zu erzeugen. Phantastisch!

Sie sehen, es wird gewaltiger Aufwand getrieben, um immer noch mehr Daten zu übertragen. Das bringt leider auch Probleme mit sich. Wegen der geringeren Reichweite werden mehr Basisstationen benötigt, die in Summe mehr Energie verbrauchen. Dazu kommt die zu erwartende Zunahme des Datenvolumens. Beides wird zu einer Steigerung des Energieverbrauchs führen.
Die erforderliche, gewaltige Rechenleistung für das 5G-Netz kann natürlich nicht mit einem Commodore 64 bewältigt werden. Im Gegenteil. Es gibt nur wenige Chip-Produzenten, die die erforderliche Elektronik konstruieren können. So ist die Auswahl der Lieferanten für diese wichtigen Infrastruktur-Bausteine zu einem hochpolitischen Thema geworden, denn beispielsweise in den USA setzt man nicht viel Vertrauen in die Si-

cherheitsstandards chinesischer Hersteller – reinschauen kann man schließlich nicht in die Chips. Als wir vor einiger Zeit in einem New Yorker Elektronikladen darum baten, man möge eine SIM-Karte im chinesischen Handy unseres Sohnes einrichten, hob der Verkäufer abwehrend die Hände: »Das dürfen wir nicht.«

Einstürzende Brücke? Laaangweilig!

Warum Schwingungen dramatische Auswirkungen haben können

Was würden Sie tun, wenn neben Ihnen eine Brücke einstürzt? Wegrennen vielleicht? Oder stehen bleiben und mit dem Handy filmen? Jedenfalls würden Sie vermutlich nicht gelangweilt weitergehen. Doch genau das taten die Menschen, die dabei waren, als am 7. November 1940 die Tacoma Narrows Bridge in den USA einstürzte. Auf wackeligen Schwarz-Weiß-Filmen (irgendjemand hat offenbar doch eine Kamera draufgehalten) sieht man die mehr als 800 Meter lange Hängebrücke in der Luft wirbeln wie ein Springseil, das kräftig geschleudert wird – während gut gekleidete Herren in Hut und Mantel mit unbewegten Mienen ihrer Wege gehen. Einige kommen sogar von der schwankenden Brücke und flanieren dann gaaanz langsam herunter. Als sie an der Kamera vorbeigehen, sind ihre Gesichter deutlich zu sehen: Angst oder Überraschung? Fehlanzeige.

Offenbar hatten sich die Menschen im US-Bundesstaat Washington zu sehr an die verrückte Brücke gewöhnt. Die Tacoma Narrows Bridge schwankte schon beim leisesten Windhauch – immer. Das lag an der Art, wie sie gebaut war: Extrem lang und extrem schmal. Mit 853 Meter Spannweite war sie die drittlängste Hängebrücke weltweit (nach der Golden Gate Bridge und der George-Washington-Brücke). Trotzdem bot sie gerade genug Platz für zwei Fahrspuren und einen kleinen Fußweg. Die Brücke bockte beim geringsten Lüftchen – und wurde bald nur noch »Galloping Gertie« genannt. Gerade deshalb zog sie viele Touristen an, manche kamen sogar extra zum »Achterbahnfahren«. Vermutlich waren die Passanten am 7. November 1940 deshalb so entspannt, als ein leichter Sturm aufkam und die Brücke wieder zu schwanken begann.

Es lohnt sich, die historischen Filme über den Einsturz der Tacoma Bridge im Internet anzusehen. In verwackeltem Schwarz-Weiß galoppiert »Galloping Gertie« mehr und mehr, bis sie schließlich in der Mitte auseinanderbricht. Ein Auto, das bis zuletzt auf der Brücke stand, stürzt ins Wasser – der Fahrer hatte sich schon in Sicherheit gebracht. Glücklicherweise wurde niemand verletzt – abgesehen von der Ehre des Architekten. Leon Solomon Moisseiff hatte durchaus am Puls der Zeit geplant, denn schmale Brücken waren damals »in« – auch die Rodenkirchener Brücke in Köln ist ähnlich gebaut. Was also war da los? Die Tacoma Narrows Bridge war ja nicht die erste schmale Brücke auf der Welt. Hatte der Architekt geschlampt?

Hatte er nicht. Ihm war einfach die Physik in die Quere gekommen – und er hatte ein bisschen Pech mit dem Wetter. Passiert war Folgendes: Der Wind wehte am Standort der Brücke meist seitlich, also quer zur Brücke. Dadurch geriet die Fahrbahn ins Schaukeln und begann, sich zu verdrehen. In dieser aufgeschaukelten Position traf sie der Wind, und sie nahm immer mehr Energie auf, die den Schwung verstärkte – eine selbsterregende Schwingung nennen Physiker das. Und einen Test im Windkanal gab es für Brückenmodelle damals noch nicht.

Inzwischen gibt es den – und der berühmte Architekt Norman Foster (aus dessen Kopf auch die Idee für die Kuppel auf dem Reichstag stammt) wähnte sich vermutlich in Sicherheit, als er in London die Millennium Bridge baute, eine sehr elegante Fußgängerbrücke über die Themse. Sie wurde am 10. Juni 2000 feierlich eröffnet – und bekam in kürzester Zeit den Spitznamen »Wobbly Bridge«, die Wackelbrücke. Wenn zu viele Menschen (es waren über 2.000), gleichzeitig über die Brücke gingen, fing sie an, seitlich zu schwingen, und zwar in einem sehr schönen Rhythmus: einmal pro Sekunde hin und her – ein Hertz. Zwei Tage später musste die Brücke aus Sicherheitsgründen geschlossen werden. Auch hier handelte es sich auch um eine Art selbsterregende Schwingung: Als die Brücke durch die vielen Fußgänger leicht anfing zu schwingen, änderten diese unbewusst ihren Gang und passten ihren Schrittrhythmus an den Takt der Schwingung an – man spricht hier auch von Synchronisation. Ihre Bewegungen ähnelten schließlich der beim Rollschuhfahren. Das wiederum verstärkte die Schwingung der Brücke. Die Videobilder sind beeindruckend![8]

Wir beobachteten all diese Brückenkatastrophen mit heiterer Gelassenheit. Die Brücken, über die wir im Ruhrgebiet fahren, sind weniger schön, aber stabil aus Beton und wackeln nicht. Wir fühlten uns vom Problem selbsterregender Schwingungen nicht betroffen – bis wir von unserer Waschmaschine angegriffen wurden.

Galoppierende Waschmaschinen

Es passierte, als unsere Tochter in den Keller kam, um die Handtücher aus der Maschine zu nehmen. Die Waschmaschine kam ihr schon entgegen. Sie hoppelte im Schleudergang auf sie zu und trommelte dabei einen schnellen, gleichmäßigen Takt auf den Kellerboden. Unsere Tochter rief nach Hilfe, wir stürzten in den Keller und waren kurz der wahnsinnigen Meinung, die Maschine aufhalten zu können. Eine bekloppte Idee. Wenn Sie noch nie an eine Waschmaschine gefasst haben, die mit 1.200 Umdrehungen pro Minute im Schleudergang auf sie zuhoppelt, lassen Sie sich gesagt sein: Es fühlt sich an, als hielte man einen sehr schweren Presslufthammer. Am Ende blieb uns nur, zur Seite zu springen und schockiert zu beobachten, wie die Maschine den Wäschekorb zermalmte und eine Del-

---

8   Eine Suche bei YouTube unter »millennium bridge wobble« führt zu mehreren Videos.

le in der Wand hinterließ. Erst als sie damit fertig war, kam sie zum Stehen und ließ sich widerstandslos zurück in ihre Ecke schieben.

Zunächst dachten wir, das Wandern der Maschine rühre daher, dass sich die Füße im Laufe der Zeit verstellt hatten und nun ungleich hoch waren. Fehlanzeige, sie ließ sich keinen Millimeter kippeln. Erst unser Haushaltsgeräte-Techniker, ein Genie, der uns schon häufig mit der günstigen Reparatur verloren geglaubter Geräte überrascht hatte, erklärte, dass die Schwingungsdämpfer in der Waschmaschine ihren Geist aufgegeben hatten. Die Aufgabe von Schwingungsdämpfern ist es nämlich, der Schwingung Energie zu entziehen und so zu verhindern, dass sich diese immer weiter aufschaukelt. Genau das hat nun aber nicht geklappt und ermöglichte den Weg durch unseren Keller.

Das singende Teesieb

Mit einem Phänomen, das in der Lage ist, Brücken in Schutt und Asche zu legen und Waschmaschinen wandern zu lassen, sollte es doch ein Leichtes sein, auch clevere Experimente zu machen, oder? Für unser Lieblings-Schwingungs-Experiment brauchen Sie nur zwei Dinge: ein Teesieb aus Metall (eins aus Edelstahl mit ganz feinen Löchern darin) und einen Wasserhahn.

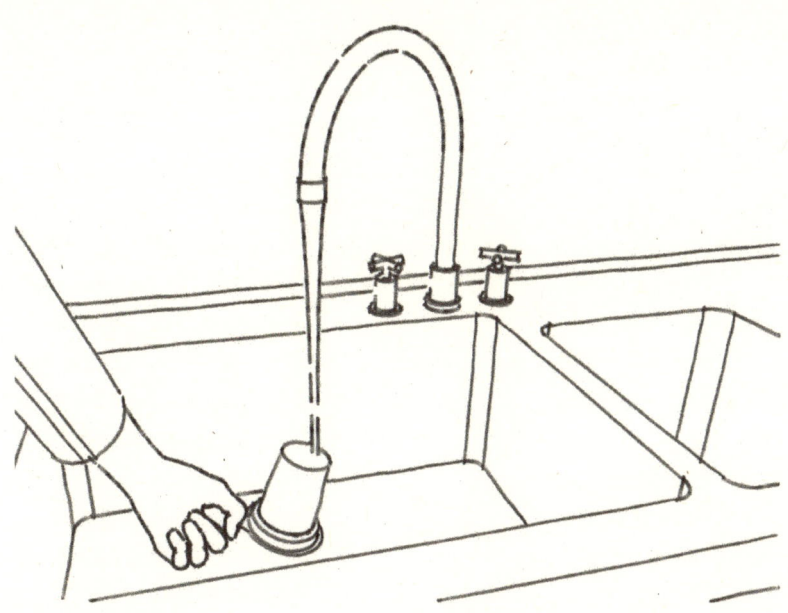

So geht's:

- Stellen Sie den Wasserstrahl in Ihrer Küche so ein, dass der Strahl gerade noch glatt ist. Er soll nicht tröpfeln, aber auch keine Blasen aus dem Perlator (dieser Aufsatz oben am Wasserhahn, der dem Strahl Luft hinzufügt, um Wasser zu sparen) enthalten.
- Nun halten Sie das Teesieb mit der Unterseite schräg nach oben, und lassen Sie den Strahl mittig auf die Unterseite treffen. Variieren Sie Höhe und Stärke des Wasserstrahls, bis Sie einen singenden Ton hören.

Dieses Experiment hätte es vor zehn Jahren noch nicht gegeben. Denn damals wurde Tee meistens in Baumwollnetzen aufgegossen, oder einfach in Teebeuteln. Doch seit es immer häufiger Kannen gibt, in denen praktische Teefilter aus Stahl gleich mitgeliefert werden, bemerken immer mehr Teetrinker, dass die Siebe jammern, wenn man eigentlich nur die verbliebenen Teeblätter ausspülen möchte. Uns machte ein Fernseh-Redakteur auf das Phänomen aufmerksam: »Mein Teesieb kreischt. Warum ist das so?«

Es gibt keine Frage, die für einen Physikerhaushalt einen so hohen Aufforderungscharakter hat wie »Warum ist das so?«. Es ist die beste Frage der Welt. Sie lädt ein zum Experimentieren, Nachdenken – und Erklären. Im Fall des singenden Teesiebs waren die ersten Experimente allerdings frustrierend: Unseres gab keinen Ton von sich. Erst nach einigen Fehlversuchen kam uns die Methode »Zufall« zu Hilfe. Wir hatten den Wasserstrahl genauso eingestellt wie oben beschrieben und festgestellt: Es singt nur, wenn wir es tief halten.

Für das singende Teesieb ist es nämlich wichtig, wie schnell das Wasser ist. Und unten ist es nun mal schneller, weil Dinge, die fallen, während des Fallens immer weiter beschleunigen. Das gilt nicht nur für einen Ball, den wir vom Balkon auf die Terrasse fallen lassen, sondern auch für das Wasser, das aus dem Hahn fällt. Für unser Teesieb herrscht die optimale Wassergeschwindigkeit knapp über dem Boden des Waschbeckens.

Woher kommt nun aber der Ton? Der Mechanismus ist der gleiche wie bei einem dünnen Stock, den man kräftig durch die Luft drischt. Unsere Kinder tun das gern, wenn sie beim Wandern (»Müssen wir immer wandern?«) keine Lust mehr haben zu laufen. Der Stock macht dann ein Geräusch, das so klingt wie »wusch«!

Dieses »wusch« kommt daher, dass die Luft schnell um den Stock strömt. Dabei entstehen viele kleine, fixe Wirbel. Was heißt viele – es sind unzählige, alle weniger als einen Millimeter groß. Und sie drehen sich einander entgegen, die einen linksrum, die anderen rechtsrum. Wenn ein Wirbel sich vom Stock ablöst, entsteht sofort der nächste. Je schneller die Luft sich bewegt, desto schneller geht das. Hinter dem Stock entsteht eine lange Folge von sich gegeneinander drehenden Wirbeln, eine Kármánsche Wirbelstraße. So eine Straße bildet sich immer, wenn Luft oder Wasser um ein Hindernis strömt, und sie sieht wirklich schön aus. Das passiert zum Beispiel in schnell fließenden Bächen. Dort kann man hinter aus dem Wasser ragenden Stöcken oder Steinen zuweilen sehr schöne Kármánsche Wirbelstraßen beobachten.

Woher kommt der Teesieb-Ton?

Hören kann man die Wirbel im Bach allerdings nicht wirklich (abgesehen davon, dass der Bach an sich nett plätschert). Warum ist das beim Teesieb anders? Und das zu verstehen, hilft es, sich das Sieb nicht als Metall mit Löchern vorzustellen, sondern umgekehrt: als großes Loch mit Metallhindernissen dazwischen.

Das Wasser fließt um all diese Hindernisse herum, wie der Bach um herausragende Stöckchen. Hinter jedem Hindernis entstehen gegenläufige Wirbel, werden vom nachströmenden Wasser abgelöst und fallen nach unten. Während sie das tun, drehen sie sich weiter. Denn Wirbel sind enorm stabil! Es gibt wenig, was sie stoppt: Wirbel erfahren kaum Reibung am Wasser oder der Luft um sie herum. Schon einfache, selbst gemachte Wirbel im Schwimmbad können durch das ganze Becken gleiten,[9] und hinter Flugzeugen breiten sich manchmal sogar gefährliche Wirbelschleppen aus, die andere Flieger zum Absturz bringen können.

Bei so viel Gewirbel kann man sich gut vorstellen, dass das an unserem Wasserstrahl nicht spurlos vorbeigeht. Er wollte ja eigentlich in einer schönen, gleichförmigen Bewegung nach unten strömen. Da kam ihm als Erstes die Schwerkraft dazwischen, die ihn zwang, immer schneller zu werden. Und jetzt auch noch die Wirbel! Sie drehen sich gegeneinander und sorgen dafür, dass der Druck im Strahl ordentlich schwankt.

An den Metallverbindungen des Teesiebs wird also gerüttelt und geschüttelt, und es gerät kräftig in Schwingung. Anfangs schwingt es vielleicht nicht ganz gleichmäßig, aber nach einer kleinen Weile stellen sich Sieb und Wirbel aufeinander ein. Man kann sich das ganz ähnlich vorstellen wie bei den Menschen auf Norman Fosters Millennium Bridge in London, die ihre Schritte genau der Schwingung der Brücke anpassten und diese dadurch noch verstärkten.

Für den Teefilter heißt das: Strömt das Wasser mit optimaler Geschwindigkeit, bilden sich Wirbelstraßen, und der Filter beginnt, im Takt zu schwingen. In diesem Takt regt er weitere Wirbel an, die ihn noch mehr zum Schwingen bringen. So bildet sich ein stabiles System.

Wichtig dabei ist, dass der Teefilter nicht irgendwie schwingt, sondern in seiner Eigenfrequenz. Das ist die Frequenz, mit der ein

---

9   Schwimmbad-Wirbel machen richtig viel Spaß! Wenn Sie Lust haben, das auszuprobieren: Eine ausführliche Anleitung und witzige Geschichten darüber, was mit solchen Wirbeln passieren kann, finden Sie in »Physik ist, wenn's knallt« (Heyne 2019).

Gegenstand am liebsten schwingt, die ihm also eigen ist. Eine Glocke, die man anschlägt, tönt immer mit ihrer Eigenfrequenz. Wenn Sie mit dem Löffel gegen Ihren Teebecher klopfen, hören Sie seine Eigenfrequenz (oder eine davon, denn wenn der Becher einen Henkel hat, hat er sogar mehrere Eigenfrequenzen. Probieren Sie das einmal aus, indem Sie an verschiedenen Stellen dagegen klopfen). Ein Eierbecher hat eine andere Eigenfrequenz als ein Bierglas. Und sogar Gläser derselben Art, die man mit unterschiedlich viel Wasser füllt, schwingen verschieden.

Der Boden unseres Teesiebs schwingt also in seiner Eigenfrequenz und erzeugt den Ton. Wilfried Suhr vom Institut für Didaktik der Physik an der Universität Münster hat dazu ein wunderbares, sehr ausführliches Paper geschrieben,[10] in dem er unter anderem vorschlägt, dass der Versuch wegen seiner großen Alltagsnähe auch in Schulen durchgeführt werden sollte. Zumindest bei unseren Kindern ist das leider noch nicht passiert, kann aber ja noch kommen!

Musik mit Wirbeln

Verdient hätte das Experiment es, denn mit Kármánschen Wirbelstraßen und Eigenfrequenzen lässt sich richtig Musik machen. Man könnte das mit verschiedenen Teesieben tun, die je nach Beschaffenheit des Siebbodens unterschiedlich klingen. Wir haben einmal versucht, uns so ein Teesieb-Orchester zusammenzustellen – leider erfolglos. Nach einer Shoppingtour durch die Haushaltswarenabtei-

---

10 Suhr, Wilfried. »Pfeiftöne vom Teefilter – Ein strömungsakustisches Alltagsphänomen«. *PhyDid A-Physik und Didaktik in Schule und Hochschule 1*/19 (2020), 57–66.

lungen unserer Stadt sowie verschiedene Onlineshops mussten wir feststellen: Die Teesieb-Industrie ist noch nicht so weit.

Aber es gibt ein Instrument, das nach demselben Prinzip funktioniert: Die Windharfe oder Äolsharfe. Die Dicke und Länge ihrer Saiten sind so gewählt, dass sie bei einer bestimmten Windgeschwindigkeit schwingen. Dann stellt man sie einfach an einem passenden Platz auf, und sobald Wind aufkommt, erklingt Musik. Ganz, ohne dass jemand das Instrument berührt. König David (der aus dem Alten Testament) hatte angeblich so eine Äolsharfe über seinem Bett hängen – wobei man sich fragt, wie windig es in seinem Schlafzimmer gewesen sein mag. Es gibt ein ganzes Gedicht über die Windharfe, das von Johannes Brahms vertont wurde. Darin besingt Eduard Mörike die betörende Wirkung, die die Harfe auf ihn hat. Darin finden sich die Worte:

»*Ein holder Schrei der Harfe
Wiederholt, mir zu süßem Erschrecken
(…)*«

Erschrocken haben sich auf jeden Fall die Menschen in Rotterdam. Dort thront die Erasmus-Brücke. Sie sieht schon auf den ersten Blick aus wie eine Harfe: Ein 139 m hoher, angewinkelter Pylon thront über der Nieuwe Maas und hält mit dicken, schräg verlaufenden Stahlseilen die Fahrbahn. Obwohl diese Seile so dick sind wie ein Oberschenkel (bis zu 22,5 cm),[11] begannen sie tatsächlich zu schwingen wie die Saiten des Instruments. Aber nicht durch Stürme oder den Takt von Fußgängern – die Schwingung begann erst, als Wind mit einer Windstärke von 6–7 Beaufort aufkam und es dazu noch regnete. Eines der

---

11 C. Geurts, Numerical Modelling of Rain-Wind-Induced Vibration: Erasmus Bridge, Rotterdam, Structural Engineering International, Mai 1998.

gewaltigen Seile schwang im Sekundentakt sogar bis zu 70 cm hin und her! Sobald der Regen allerdings aufhörte, verschwanden die Schwingungen wieder.

Was hat der Regen mit der Schwingung zu tun? Schuld sind die Wasser-Rinnsale, die sich an den schräg verlaufenden Seilen bilden. Im Vergleich zum Durchmesser der Seile sind sie harmlos flach. Es ist aber schon lange bekannt, dass kleine Oberflächenveränderungen einen großen Einfluss auf Strömungen haben können. Golfbälle zum Beispiel fliegen mithilfe der kleinen Vertiefungen auf ihrer Oberfläche, die Dimples genannt werden, fast doppelt so weit wie ein vollkommen glatter Ball. Wenn das Seil angefangen hat zu schwingen, bildet sich an der Ober- und Unterseite jeweils ein Rinnsal, wo regelmäßig Luftwirbel abreißen. Jetzt ist ein kompliziertes System entstanden aus schwingendem Seil, sich dadurch hin und her bewegenden Rinnsalen und periodischen Luftwirbeln. Beste Voraussetzungen dafür, ein tonnenschweres Stahlseil von der Dicke eines Oberschenkels kräftig schwingen zu lassen!

Glücklicherweise gibt es für fast jedes physikalische Problem auch eine physikalische Lösung: Sowohl die Millennium Bridge in London als auch die Seile der Erasmus-Brücke in Rotterdam wurden geschickt mit Schwingungsdämpfern ausgestattet, sodass sich die Schwingungen nun nicht mehr aufschaukeln können. Was bei milliardenschweren Bauwerken gelang, klappte auch bei uns zu Hause. Dank neuer Schwingungsdämpfer rührt sich unsere Waschmaschine keinen Millimeter mehr vom Fleck.

Alltags-Störfaktor
Lifehack-Faktor
Katastrophenpotenzial

Kein Sofa aus dem Fenster werfen!

Warum wir uns der Schwerkraft nicht entziehen, aber mit ihrer Hilfe einen guten Cocktail mixen können

Manche Geschichten klingen, als seien sie aus einem Trickfilm geklaut. Der folgende Unfallbericht eines Dachdeckers ist so eine: Er hatte das Dach eines sechsstöckigen Hauses gedeckt, und ihm waren offenbar zu viele Ziegel angeliefert worden. Als er fertig war, hatte er jedenfalls noch 250 Kilo Dachziegel übrig. Natürlich hatte der Mann überhaupt keine Lust, dieses Gewicht die Treppe hinunterzutragen. Werfen wollte er sie auch nicht, denn dann wären sie wahrscheinlich kaputtgegangen. Er entschied sich, sie langsam außen am Gebäude herunterzulassen. Dafür suchte er sich eine große, stabile Tonne und befestigte sie an einem Seil, das er über eine Rolle führte.

Dann lief er sechs Stockwerke hinunter, befestigte das Seil unten am Boden, lief sechs Stockwerke wieder rauf und belud die Tonne.

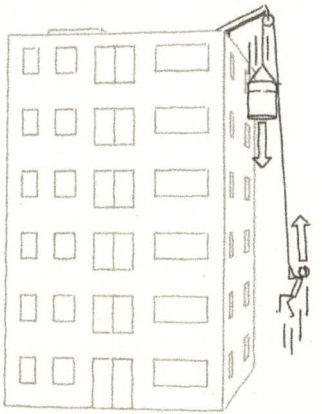 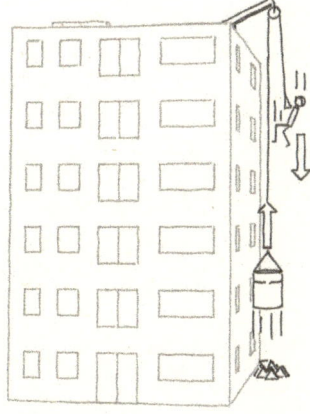

Erneut ging er die sechs Stockwerke runter – und band das Seil vom Boden los. Am unteren Ende des Seiles hing nun der Handwerker mit seinen 75 Kilo, am oberen Ende die Tonne mit 250 Kilo Ziegeln. Sie blieb nur sehr kurz oben. Die Tonne rauschte runter, der Handwerker hoch (das Seil immer noch tapfer in der Hand). In seinem Unfallbericht schreibt er: »Etwa im Bereich des dritten Stockes traf ich die Tonne, die von oben kam.« Als sie unten auf die Erde aufschlug, brach der Boden heraus, und die Steine krachten nach unten durch. Nun wog die leere Tonne nicht mehr 250 Kilo, sondern vielleicht noch 25. Der Dachdecker oben am Seil war plötzlich schwerer – und der ganze Prozess lief umgekehrt ab. Er sauste zur Erde, der Tonnenrest nach oben. Glücklicherweise hat er mit einigen Knochenbrüchen überlebt. Trotzdem eine krasse Geschichte. Und wer ist schuld? Die Schwerkraft! Sie fällt wohl den meisten Menschen zuerst ein, wenn man sie fragt, was sie über Physik wissen. Wie schon in der Einleitung erzählt: Im Physikantenbüro hängt die dazu passende Postkarte mit der Aufschrift »Was ich über Physik weiß: Sachen fallen runter, und Strom schmeckt aua«. Da ist viel Wahres dran – und das fordert uns natürlich heraus, mal zu schauen, ob man sie nicht doch irgendwie austricksen kann, die Schwerkraft (oder die Gravitation, wie sie physikalisch korrekt heißt).

Da haben wir uns einen (entschuldigen Sie den Kalauer) echt schweren Gegner ausgesucht. Die Gravitation ist eine von vier Grundkräften der Physik, aber im Unterschied zu den anderen dreien[12] spüren wir sie täglich am eigenen Leib. Sie bestimmt unser Leben – im Guten wie im Schlechten. Die Schwerkraft als die Ausprägung der Gravitation auf der Erdoberfläche ist schuld, dass wir

---

12 Die anderen Grundkräfte sind der Elektromagnetismus, die »schwache Wechselwirkung« (verantwortlich u. a. für radioaktive Kernumwandlungen) und die »starke Wechselwirkung«, die den winzigen Atomkern zusammenhält.

hinfallen, sorgt aber freundlicherweise auch dafür, dass wir auf dem Planeten bleiben.

Kinder fallen nicht so tief

Das mit dem Hinfallen ist nicht so schlimm, wenn wir Kinder sind. Kleine Kinder purzeln ständig hin und stehen ebenso ständig wieder auf. Sie haben flexiblere Knochen und Gelenke und eine geringere Masse als Erwachsene. Außerdem fallen sie aus einer geringeren Höhe. Dadurch hat der Körper weniger Zeit, im Fallen zu beschleunigen. Je älter wir werden, desto weniger gerne fallen wir hin. Das ist auch sehr vernünftig, denn im Alter wird das Hinfallen immer gefährlicher. Beim Statistischen Bundesamt kann man erfahren, dass jedes Jahr etwa 10.000 Menschen durch einen Sturz im Haushalt sterben, meist beim Putzen. Das sind deutlich mehr Tote als durch Autounfälle (hier sterben jährlich nur ca. 3.500 Menschen). Die Konsequenz ist klar: Wer überleben will, lässt das Putzen sein!

Schwerkraft kann also eine gefährliche Geschichte sein. Dabei hat es mit ihr doch so harmlos angefangen, mit Isaac Newton und seinem Apfel (Sie kennen sicher die Legende, wonach Newton im Sommer 1665 unter einem Baum lag und sich fragte, wieso ein Apfel immer gerade zu Boden fällt. In einigen Berichten ist sogar die angebliche Sorte aufgeführt, »Flower of Kent«). Tatsächlich gelang es Newton als Erstem, die Schwerkraft in einer Formel zu beschreiben, dem Gravitationsgesetz. Davor hatte es ziemlich wilde Theorien gegeben, was Körper dazu anstiften könnte, nach unten zu fallen. Die Griechen, namentlich Aristoteles (384–322 v. Chr.), sahen den Kosmos als perfektes, abgeschlossenes System, Bewegungen generell als einen Prozess, der eines Antriebs bedarf, und »Stoff« als eine Mischung aus Feuer, Wasser, Erde und Luft. Nach dieser Theorie streben schwere Dinge, die aus den Elementen Erde und Wasser bestehen, zur Erde. Sie fallen demnach umso schneller, je schwerer sie sind. Die Elemente Luft und Feuer streben konsequenterweise nach oben.

Aristoteles' Weltbild hielt sich über 2.000 Jahre, weil es den Alltagserfahrungen sehr gut entsprach und alle Bereiche (Kosmos, Bewegung, Stoff) scheinbar ohne Widersprüche miteinander verbunden waren. Wer an Details rüttelte, wie Nikolaus Kopernikus mit seiner Entdeckung, dass die Erde sich als einer von mehreren Planeten um die Sonne dreht, erschütterte das ganze Gedankengebäude, an dem auch deshalb festgehalten wurde, weil es von der christlichen Kirche vertreten wurde. Im Mittelalter entwickelten arabische Gelehrte die Theorie zur Kraft zwischen Massen weiter, in unserer westlichen Welt konnten sich diese Entwicklungen allerdings immer noch nicht verankern.

Nutella fällt nicht schneller

Aber dann kam Galileo Galilei. Er läutete Anfang des 17. Jahrhunderts den Beginn der Physik ein, wie wir sie heute kennen. Galilei führte als einer der Ersten physikalische Experimente durch, z. B. zum freien Fall. Und er stellte mit klugen Gedankenexperimenten die bis dahin geltende Lehre infrage. Sein berühmtestes Gedankenexperiment ging so: Nach Aristoteles fallen schwere Gegenstände schneller als leichte. Was passiert aber nun, wenn man einen leichteren Gegenstand (z. B. eine Tafel Schokolade) unter einen schwereren Gegenstand (z. B. ein Nutella-Glas) legt und beides fallen lässt? Die Schokoladentafel müsste einerseits das Nutella-Glas abbremsen. Andererseits bilden die Tafel und das Glas (hoffentlich belassen Sie es zum Schutz des kostbaren Inhalts bei einem Gedankenexperiment!) zusammen einen schwereren Körper, der schneller fallen müsste als das Nutella-Glas allein. Das ist ganz offensichtlich ein Widerspruch! Das brachte ihn zu der Erkenntnis, dass alle Gegenstände gleich schnell fallen, wenn man den Widerstand durch die Luft vernachlässigen kann.

Getoppt wird Galilei auf der Skala der Gravitationsforscher aber eindeutig von Isaac Newton. 1687 veröffentlichte der sein Hauptwerk »Philosophiae Naturalis Principia Mathematica«, und die Bedeutung dieses Werkes für die Physik ist kaum zu überschätzen.[13] Er handelt darin »mal eben« den kompletten Bereich der Mechanik ab und liefert das Werkzeug dafür, nahezu jede Art von Bewegungen zu berechnen. Jede Physikstudentin und jeder Physikstudent verbringt das erste Semester fast nur damit, die newtonsche Mechanik anzuwenden, und lernt zu bewundern, dass all das nur auf den berühmten 3 newtonschen Axiomen beruht. In Newtons Buch taucht aber auch zum ersten Mal das Gravitationsgesetz auf, mit dem es gelingt, sowohl einen fallenden Apfel der Sorte »Flower of Kent« als auch die um die Sonne kreisenden Gestirne mathematisch zu beschreiben. Newtons Formel war also im Einklang mit den bahnbrechenden Beobachtungen von Galileo Galilei.

Jetzt ist es an der Zeit, sie endlich vorzustellen. Meine Damen und Herren, hier ist sie, die erste Formel für eine der vier Grundkräfte überhaupt (Tusch):

$$F_G = G \, \frac{m_1 m_2}{r^2}$$

Wer genau wissen möchte, was die Formel aussagt und wie man mit ihr rechnet, dem empfehlen wir den Klugschnackerkasten unter

---

13 Natürlich wollen wir keinen wichtigen Menschen unterschlagen, deshalb: Vor Newton hatte der Astronom Johannes Kepler (1571–1630) bereits drei wichtige Gesetze entwickelt, die die Planetenbahnen beschreiben. Robert Hooke (1635–1703) hatte die Idee, dass die Anziehung zweier Massen durch die Schwerkraft sich proportional zum Quadrat ihres Abstands verhält. Beides half Newton bei seinen Überlegungen zur Gravitationskraft.

diesem Kapitel. Für alle anderen ist erst einmal nur wichtig: Die Gravitation hängt ab von den Massen der beiden Körper, die im Spiel sind, und von ihrem Abstand zueinander. Denn die Gravitation betrifft alle Körper, die eine Masse haben, nicht nur Planeten: einen Elefanten, Ihr Auto, jedes einzelne Luftmolekül und eine Tonne voller Dachziegel. Und natürlich auch uns selbst.

Die Gravitation am Küchentisch

Als wir dieses Kapitel schrieben, saßen wir zusammen am Tisch und dachten: Eigentlich müsste man ja auch die Gravitationskraft zwischen uns beiden berechnen können. Wir müssen nur unser Gewicht und den Abstand in die Formel einsetzen! Das haben wir getan – und herausbekommen: Wenn wir, Marcus mit seinen 80 Kilo und Judith mit ihren 65 Kilo, uns mit einem Meter Abstand gegenübersitzen, beträgt die Gravitationskraft zwischen uns ganze 0,0000003364 Newton. Das entspricht der Gewichtskraft von 34 Mikrogramm, ist also lächerlich wenig. Es kostet nicht viel Anstrengung, diese Gravitationskraft zu überwinden und mit dem Stuhl ein Stück weiter wegzurutschen oder in die Küche zu gehen und einen Kaffee zu holen. Wenigstens diese Gravitationskraft können wir schon mal besiegen.

Schwieriger fühlt es sich morgens an, wenn es gilt aufzustehen, um Kaffee zu kochen. Aber da kämpfen wir ja auch gegen die Gravitation des gemütlichen Bettes und vor allem der Erde. Wie schwer Letztere ist, können wir auch mit dem Gravitationsgesetz ausrechnen. Wir stellen die Formel einfach um und kommen zu dem Ergebnis: Die Erde wiegt 5,97 Trilliarden Tonnen. Klingt heftig, dagegen kommen wir nicht an. Doch obwohl die Erde so viel schwerer ist, sind sie und wir doch gleichberechtigte Partner. Die Kraft wirkt zwischen beiden Körpern. Genauso, wie die Erde uns anzieht, ziehen wir auch die Erde an.

Der Darwin-Award und die Schwerkraft

Leider nützt uns das bei Stürzen wenig. Sehr viele spektakuläre Geschichten über die Schwerkraft enden tödlich: Die von dem Anwalt, der sich im 24. Stockwerk eines Hochhauses gegen ein Fenster warf, um zu demonstrieren, dass es stabil war (war es nicht). Oder die des Autofahrers, der sich während eines Staus einmal schnell auf dem Seitenstreifen erleichtern wollte, über die Leitplanke sprang und übersehen hatte, dass dort eine Schlucht war. Die »dümmsten« Todesfälle sammelt und prämiert seit mehr als 20 Jahren das Team des Darwin Awards. Aus seinen Listen stammen auch die beiden eben genannten Beispiele. Nicht immer geht es dabei um Schwerkraft. Ein Kriterium für den »Preis« ist, dass derjenige durch eigene Dummheit zu Tode gekommen ist. Aber weil die Schwerkraft allgegenwärtig ist, hat sie oft ihre Finger im Spiel.

Physikalisch spannend ist, dass man immer noch nicht weiß, wie die Gravitation genau funktioniert. Klar, Körper ziehen sich an – aber wie genau machen sie das? Von den anderen Grundkräften der Physik, zum Beispiel elektromagnetische Strahlung, weiß man, dass sie auf dem Austausch von Teilchen basieren. Sogenannte Austauschteilchen vermitteln die Kräfte von A nach B. Bei der elektromagnetischen Kraft sind das z. B. die Lichtteilchen, die Photonen. Könnte das bei der Gravitation ähnlich sein? Wissenschaftlerinnen und Wissenschaftler vermuten das. Und sie wissen auch schon, wie sie die Gravitationsteilchen nennen würden: Gravitonen. Die haben laut verschiedenen Theorien keine eigene Masse, aber einen bestimmten Eigendrehimpuls. Nachgewiesen wurde das Graviton bisher noch nicht. Mit Sicherheit weiß man aber, dass sich auch die Gravitationskraft mit Lichtgeschwindigkeit ausbreitet, wie Albert Einstein in seiner allgemeinen Relativitätstheorie schon vermutete. Vor einigen Jahren gelang es sogar zum ersten Mal, Gravitationswellen zu messen: Sie entstehen zum Beispiel beim Verschmelzen von zwei schwarzen Löchern, die ca. 1 Million Lichtjahre von der Erde entfernt sind. Dies verursacht Verformungen der Raumzeit. Albert Einstein wäre erstaunt gewesen – er hatte nie gedacht, dass Messungen dieser Präzision jemals möglich würden.

Warum schwebt das Essen auf der ISS?

Unserem Ziel, die Gravitationskraft wenigstens ein bisschen auszutricksen, sind wir damit noch nicht näher gekommen. Vielleicht ist das Weltall der Schlüssel dazu. Da ist doch keine Schwerkraft, oder? Doch! Dass es im All keine Gravitation gibt, ist ein weitverbreiteter Irrtum. »Im Weltraum wirkt die Schwerkraft nicht, daher schwebt das Essen der Astronauten«, behaupteten zum Beispiel die Stuttgarter Nachrichten auf ihrer Kinderseite. Ziel des Textes war, den Leserinnen und Lesern zu erklären, warum die Sandwiches der Raumfahrer nicht auf den Tellern bleiben, sondern durch die ISS schweben. Dazu kann man nur sagen: Kinder, glaubt ihnen kein Wort (natürlich nicht den Medien im Allgemeinen, sondern nur in diesem speziellen Fall)! Die Gravitationskraft wirkt im gesamten Universum. Überall. Muss sie ja auch, denn sonst würden alle Planeten unseres Sonnensystems fröhlich auseinanderdriften.

Es stimmt, dass die Anziehungskraft der Erde abnimmt, je weiter man sich von ihr entfernt. Die Internationale Raumstation ISS zieht in einer Höhe von 420 km ihre Kreise. Klar, dass da weniger Gravitationskraft herrscht als auf der Erde. Mithilfe des Gravitationsgesetzes kann man sogar leicht ausrechnen, wie viel weniger: 12 Prozent. Die Erde zieht also die ISS dort oben mit 12 Prozent weniger, also immer noch 88 Prozent der Kraft an, als wenn die Raumstation vor dem Aldi geparkt wäre.

Ist das nicht überraschend? Warum fällt die Raumstation dann nicht runter? Weil sie so schnell ist. Sie fliegt mit extrem hoher Geschwindigkeit – und wenn die Erdanziehungskraft nicht wäre, würde sie einfach unendlich weiter geradeaus zischen. Gut für die Astronauten, dass es die Erdanziehungskraft gibt: Sie zieht die ISS permanent ein bisschen zur Erde hin und biegt die Flugbahn ein wenig um. Bei der richtigen Geschwindigkeit gleichen sich die Bewegung der ISS und die Erdanziehungskraft genau aus – und die Raumstation fliegt auf einer schönen Kreisbahn um unseren Planeten.

Fast.

Die Schwerkraft gewinnt immer – so auch in diesem Fall. Deshalb muss die ISS ab und zu richtig Gas geben, um nicht runterzufallen. Wenn man sich die Flughöhe der Internationalen Raumstation über einen längeren Zeitraum hinweg anschaut, sieht sie so aus:

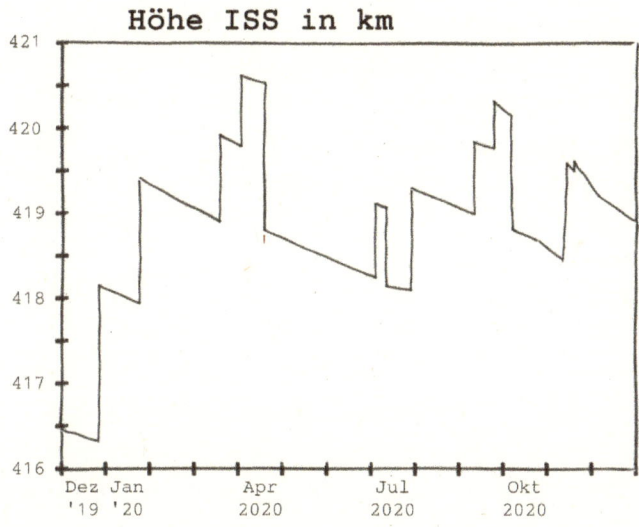

Dort, wo die Kurve senkrecht nach oben geht, wurde der Antrieb der ISS angeworfen. Denn auch in 420 km Höhe muss sich die Raumstation mit einem gewissen Strömungswiderstand auseinandersetzen. Auch dort oben gibt es eine Atmosphäre, wenn auch eine sehr viel »dünnere« als bei uns auf der Erde. Dieser atmosphärische Widerstand sorgt für Reibung – und dafür, dass die ISS langsamer wird. Deshalb muss die ISS alle paar Wochen einmal Gas geben und sich wieder auf die richtige Höhe bringen. Sie verliert langsam, aber sicher an Geschwindigkeit. Deshalb verlaufen die Linien im Diagramm leicht abwärts. Der Abstand zur Erde wird kleiner, bis zur nächsten Triebwerkszündung. Ohne zwischenzeitlichen Antrieb wäre das Gleichgewicht zwischen Schwerkraft und Zentrifugalkraft gestört, und die ISS würde wie in einem Strudel immer engere Kreise um die Erde ziehen, bis sie irgendwann abstürzen würde.

Jetzt wollen wir natürlich trotzdem wissen, warum denn nun das Essen der Astronauten schwebt! Und nicht nur das, auch die Astronauten schweben ja, schlagen Purzelbäume in der Luft und müssen sich anschnallen, wenn sie schlafen möchten. Sie sind in der ISS schwerelos. Das liegt aber nicht daran, dass es dort keine Erdanziehung gäbe. Im Gegenteil. Für die Raumstation und alles, was sich darin befindet, gelten die gleichen Prinzipien. Genau wie die Hülle der ISS fliegt das Sandwich der Astronauten mit 7,66 Kilometern pro Sekunde um die Erde und erfährt die gleiche Zentrifugalkraft. Genau wie die ISS erfährt das Sandwich aber auch die Schwerkraft der Erde. Zentrifugalkraft und Schwerkraft heben sich bei beiden auf. Das Sandwich verhält sich daher im Vergleich zur ISS in Ruhe. Es schwebt! Wenn man dem Sandwich nun einen Schubs verpasst, hat es streng genommen nicht mehr die gleiche Geschwindigkeit wie die ISS und müsste sich daher von der Erde entfernen oder sich ihr nähern. Dieser Effekt ist aber so gering, dass man ihn nicht bemerkt.

Das ist auch gut so, denn für die Astronauten ist Essen sehr wichtig. Sie sind schließlich monatelang im Weltraum und können nicht eben mal einkaufen gehen, wenn etwas nicht schmeckt. Die NASA betreibt ein »Space Food Lab«, um Gerichte zu entwickeln, die haltbar und lecker sind. Was sie mitnehmen, suchen die Astronauten selbst aus. Wie satt sie von dem Essen werden, das hat dann wieder etwas mit Schwerkraft zu tun. Wenn wir etwas essen, landet das normalerweise unten in unserem Magen. Von dort melden die sogenannten Mechano-Rezeptoren, dass etwas angekommen ist. Wenn das Essen aber im Magen schwebt, passiert das nicht immer. Das Sättigungsgefühl tritt deshalb später ein – erst, wenn der Magen sich leicht dehnt.

Schwerkraft-Cocktail

Auf einer Geburtstagsparty einer Freundin gab es neulich einen Cocktail, der nur durch die Schwerkraft möglich wurde (ja, ja, streng genommen bleibt jedes Getränk wegen der Gravitationskraft im Glas. Aber für diesen Cocktail gilt das eben besonders!) Der geht so:

Sie brauchen:
- Orangensaft
- Sekt oder Sprudelwasser, mit Lebensmittelfarbe blau gefärbt
- Sekt oder Sprudelwasser, mit Lebensmittelfarbe grün gefärbt
- Granatapfelsirup (ein anderer roter Sirup geht auch)

So geht's:

Füllen Sie etwas Orangensaft in ein Glas. Lassen Sie den Sirup mit einem Löffel vorsichtig hineinlaufen. Am besten halten Sie die Löffelspitze knapp unterhalb der Orangensaftoberfläche gegen den Glasrand. Weil der Sirup dank seines hohen Zuckergehalts schwerer ist als der Saft, sinkt er im Glas nach unten. Mit derselben Methode lassen Sie nun den blauen und grünen Sekt (oder das Wasser) nacheinander ins Glas laufen. Das hat noch weniger Zucker als der Saft und bleibt deshalb über ihm. Jetzt haben Sie einen schönen, bunt geschichteten Cocktail.

Erst wenn Sie umrühren, verschwinden die Dichteunterschiede, und die Farben vermischen sich. Wenn Sie kräftig rühren, lösen Sie wahrscheinlich auch das Kohlendioxid aus dem Sekt oder dem Sprudelwasser, und der Cocktail prickelt nicht mehr auf der Zunge.

So etwas gibt es auch in der Natur. Das ist dann nicht mehr lustig, sondern tödlich. 1986 starben 1.700 Menschen in Kamerun, weil sich aus einem See große Mengen Kohlendioxid lösten. Der Nyos-See ist sehr tief. Die unteren Wasserschichten enthalten extrem viel Kohlendioxid, weil auf ihnen ein hoher Druck lastet. Sie können sich das vorstellen wie eine zugeschraubte Flasche Sprudelwasser. Wenn nun aus irgendwelchen Gründen der See »umgerührt« wird, zum Beispiel durch einen Erdrutsch oder ein kleines Erdbeben, gelangt das kohlendioxidhaltige Wasser nach oben. Hier ist der Druck geringer, das Kohlendioxid kann nicht länger gelöst bleiben und wird gasförmig. Dabei reißen die Gasblasen Wasser mit nach oben, und eine gewaltige Umwälzung des Sees findet statt. 1986 gelangten so 1,6 Millionen Tonnen CO_2 in die Luft. Sie strömten in zwei benachbarte Täler und töteten viele Menschen und Tiere. Die Region ist heute Sperrgebiet. Damit das nicht auf ewig so bleibt, wurden lange senkrechte Röhren im See installiert. Das kohlendioxidhaltige Wasser schießt als ein 40 Meter hoher Dauer-Geysir durch die Röhren in die Höhe, und der CO_2-Anteil des Sees sinkt kontinuierlich.

Der Schwerkraft entkommen

Gibt es überhaupt irgendeine Möglichkeit für uns Menschen, die Gravitation zu überlisten? Ja, die gibt es. Hier sind drei Möglichkeiten:

- **Parabelflüge**: Ein Flugzeug schießt mit vollem Schub nach oben, drosselt dann die Triebwerke und beschreibt einen parabelförmigen Bogen erst nach oben und wieder zurück in Richtung Erde. In diesen 25–30 Sekunden sind die Menschen im Innern des Flugzeugs schwerelos. Der Pilot fängt die Maschine ab, indem er wieder voll durchstartet. Die Insassen werden auf den Boden des Fliegers gepresst – bis zur nächsten Schwerelosigkeit. Dieses Prozedere wiederholt sich pro Flug etwa 30-mal. Astronauten üben so für die Schwerelosigkeit im All. Andere bezahlen mehrere Tausend Euro, weil sie einmal erleben möchten, wie sich Schwerelosigkeit anfühlt. Gemeinsam haben alle, dass ihnen übel wird, sehr oft jedenfalls. Vor dem Start bekommen die Insassen ein Medikament, das den Magen beruhigen soll. Trotzdem werden die Flieger flapsig »Kotzbomber« genannt.

- Wem schnell flau im Magen wird, dem gefällt unsere nächste Schwerelosigkeits-Empfehlung vielleicht besser. Reisen Sie zum **Mittelpunkt der Erde**! Hier würden Sie nämlich von genau gleich viel Masse nach rechts gezogen wie nach links, nach oben wie nach unten, nach vorne wie nach hinten. Die Schwerkraft aller Bestandteile der Erde hebt sich gegenseitig genau auf. Leider würden Sie weder den 3,6 Millionen Mal höheren Druck noch die Temperatur von 7000 Grad Celsius besonders gut vertragen. Dann doch lieber Übelkeit.

- Der Geheimtipp: **Die Lagrange-Punkte**. Wer versucht, der Schwerkraft der Erde zu entkommen, darf nicht vergessen, dass um die Ecke noch die Sonne lauert. Sie wiegt 300.000-mal mehr als die Erde, und ihrer Schwerkraft kann man sich kaum entziehen – es sei denn, man nimmt diejenige der Erde zu Hilfe. Es gibt nämlich ein paar Stellen im Weltall, wo sich die Gravitationskraft der Erde und der Sonne sowie die Zentrifugalkraft gerade aufheben. Die Abstände zu Erde und Sonne bleiben dort immer gleich. Diese ganz wenigen Stellen kann man praktischerweise genau berechnen und sogar technisch nutzen. Sie werden Lagrange-Punkte genannt und lassen sich an einer Hand abzählen: Es sind genau fünf.

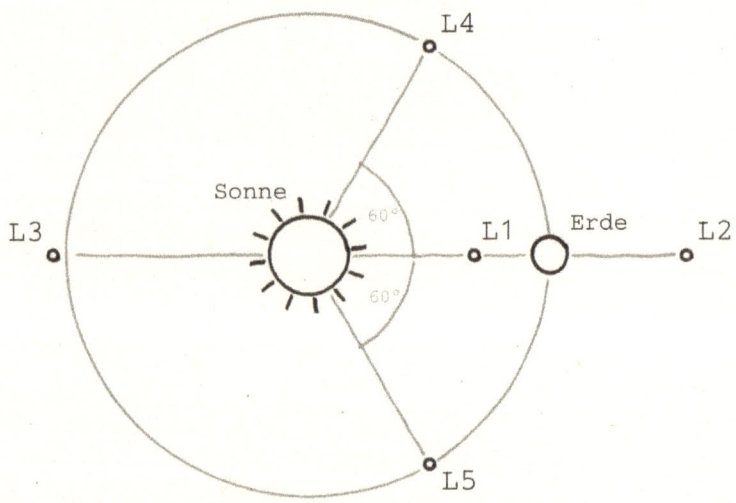

An den Punkt L2 wird der Nachfolger des Hubble-Teleskopes gebracht werden. Vorteil: Er muss nicht wie ein Nullachtfünfzehn-Fernsehsatellit dauerhaft um die Erde kreisen, sondern bleibt hinter der Erde von der Sonnenstrahlung abgeschirmt. Ein anderer Lagrange-Punkt, L3, regt von jeher die Fantasie von Science-Fiction-Autoren an. Er liegt von der Erde aus gesehen genau hinter der Sonne und kommt in verschiedenen Büchern und Filmen als möglicher Standpunkt für eine »Gegenerde« vor, also ein Planet, der genau so aussieht wie die Erde, den wir aber nie zu Gesicht bekommen, weil er immer genau auf der anderen Seite der Sonne kreist. Physikalisch plausibel ist das nicht: Wenn es dort eine weitere Erde gäbe, hätte diese ja auch eine Masse mit einer eigenen Anziehungskraft. Das würde das ganze System aus dem Gleichgewicht bringen. Trotzdem hat die Idee einige lustige Geschichten hervorgebracht: Im Film *Unfall im Weltraum* von 1969 landen Astronauten auf der Gegenerde und stellen fest, dass dort alles genauso ist wie bei uns, nur spiegelverkehrt. Die Möbel stehen auf der anderen Seite des Zimmers, und die Organe liegen auf der falschen Seite im Körper. Sogar im Kinderbuch *Urmel fliegt ins All* gibt es einen solchen Planeten. Er heißt Arutuf – das ist »Futura« rückwärts. Vielleicht wirkt dort ja auch eine rückwärts gerichtete Schwerkraft. So rein theoretisch.

Auf unserer aktuellen Erde kommen wir um die Schwerkraft nicht herum. Als wir darüber nachdachten, welche Missgeschicke sie uns schon bereitet hat, fiel uns Henning Timmer ein, der Sänger von Marcus' Schülerband. Er lief damals, das ist schon Jahrzehnte her, einmal durch die Straßen unserer Stadt, als aus einem Fenster weiter oben ein Sofa auf ihn fiel. Falls Sie sich das jetzt vorstellen wie in einem Zeichentrickfilm: Ganz so war es glücklicherweise nicht. Das Sofa streifte ihn lediglich, er kam mit einem Schreck und Kratzern davon. Glück gehabt. Denn wenn so ein Sofa einmal fällt, hat die Schwerkraft es fest im Griff – und wir haben dem nichts entgegenzusetzen.

Alltags-Störfaktor
Lifehack-Faktor
Katastrophenpotenzial

Für Klugschnacker – Das Gravitationsgesetz

$$F_G = G \; \frac{m_1 m_2}{r^2}$$

So sieht es aus, wenn man es in eine Formel gießt: das Gravitationsgesetz. Was sagt uns dieses Gesetz genau? Es beschreibt die Anziehungskraft, die zwischen zwei Körpern aufgrund ihrer Masse wirkt. Kräfte heißen in der Physik immer »F«, das-Force«. Die Abkürzung für die Kraft der **G**ravitation heißt deshalb **F_G**.

Mit der Formel können wir ausrechnen, wie stark die Anziehungskraft zwischen einer Person und dem Planeten ist, auf dem sie steht. Fangen wir vorne an: Auf der rechten Seite der Gleichung steht **G** – eine sehr kleine, unveränderliche Konstante, die in Laboren mit großem Aufwand gemessen wurde. Ihr Wert beträgt 6.67430×10^{-11} m³ / (kg s²). Für uns interessanter sind die Massen der beteiligten Körper, also Mensch und Planet. In der Formel heißen die **m_1** und **m_2**.

Je größer die Massen sind, desto größer die Anziehungskraft. Die Gravitationskraft ist also proportional zu beiden Massen. Wäre die Erde halb so schwer, würde die Waage beim morgendlichen Check nur die Hälfte anzeigen.

Natürlich muss auch der Abstand zwischen den Massen, hier **r** genannt, eingehen. Je näher die Körper sich sind, desto stärker ziehen sie sich an. Gerechnet wird vom Schwerpunkt aus – im Fall eines Planeten vom Erdmittelpunkt.

Wäre der Erdradius bei gleicher Masse also nur halb so groß, befänden wir uns automatisch näher an ihrem Schwerpunkt. Die Anziehungskraft würde sich dramatisch erhöhen. Und nicht nur das! In der Formel steht r^2: Bei halbem Abstand zum Schwerpunkt würde sich die Gravitationskraft vervierfachen. Aus diesem Grund ist es in der Nähe von Neutronensternen mit ihrer unglaublich großen Dichte auch so ungemütlich.

Etwas besser ist es, wenn Sie auf dem Mars stehen: Der rote Planet wiegt nur ungefähr ein Zehntel der Erde. Das verringert Ihre Anziehungskraft auf dem Marsboden deutlich. Da er gleichzeitig nur halb so groß ist wie die Erde, liegt sein Schwerpunkt viel näher an Ihnen, und die Verringerung der Kraft wird ein wenig ausgeglichen. Zusammen führen diese Effekte dazu, dass eine Badezimmerwaage uns auf dem Mars nur das 0,38-Fache unseres Erd-Gewichtes anzeigen würde. Vielleicht können unsere Kinder oder Enkelkinder irgendwann mal hinfliegen und das ausprobieren.

Treibhauseffekt im Kinderzimmer

Warum Fenster Licht hereinlassen, aber Hitze nicht wieder raus – und wie das unseren Planeten gefährdet

Große Fenster, helle Räume: Darauf hatten wir uns am meisten gefreut, als wir neu in unser Haus zogen. Endlich raus aus der dunklen Dachwohnung, rein in ein sonniges Reihenhaus mit Garten. Okay, mit Gärtchen. Aber trotzdem: Die Fenster im Wohnzimmer gehen bis zum Boden, durch eine Tür in der Glasfront tritt man direkt auf die Terrasse. Nur unseren Kindern war es offenbar *zu* hell – jedenfalls bauten sie als Erstes eine Höhle. Im Wohnzimmer, während die neuen Kinderzimmer im obersten Stockwerk unbespielt blieben. Die Großeltern hatten ihnen dafür extra Spielpolster geschenkt: knapp einen Quadratmeter große Schaumstoffrechtecke, liebevoll mit selbst genähten Bezügen bedeckt. Mit diesen Polstern, Stühlen und vielen Decken bauten die Kinder ein großartiges »Haus im Haus«, aus dem sie nur auftauchten, um Salzstangen, Zwieback oder Schokoriegel in die Höhle abzuschleppen.

Nach drei Tagen war drinnen offenbar ein Zustand erreicht, der den Höhlenbewohnern unangenehm war. »Da drin muss mal gesaugt werden«, erklärte unser Sohn, »aber ihr dürft sie nicht abbauen!«

Die Höhle stand drei weitere Tage lang. Dann setzte sich unsere Tochter versehentlich in einen halb geschmolzenen Schokoriegel, und die Kinder erteilten uns die Genehmigung zum Abriss. Gemeinsam sammelten wir die Polster ein. Doch als unsere Tochter das letzte vom Fenster abzog, stieß sie einen Schrei aus: »Die Scheibe ist Schrott!« Tatsächlich: Die bodentiefe Fensterscheibe hatte einen langen Riss. Wir waren stocksauer auf die Kinder – bestimmt hatten sie beim Spielen mit einem Bauklotz oder Ähnlichem gegen die Scheibe geschlagen! Aber sie schworen, das härteste, was sie in die Höhle mitgenommen hätten, sei der Zwieback gewesen.

Unser Ärger schwenkte um auf den Bauträger. Schließlich war das Haus ganz neu, wir hatten quasi noch Garantie. Wir riefen an, beschwerten uns und bekamen die Scheibe ersetzt. Kurz herrschte Ruhe. Aber einige Wochen später hatte die Scheibe im Kinderzimmer einen Riss. Auch dieser Raum hatte ein großes Fenster, das bis zum Boden ging. Diesmal verdächtigten wir gar nicht erst die Kinder, sondern direkt den Bauträger. Was für Schrottfenster hatte der denn verbaut?

Doch bei unserem erneuten Beschwerde-Anruf bekamen wir eine Abfuhr: »Haben Sie vielleicht etwas an die Scheibe gelehnt?«, fragte die Frau am Telefon genervt, »ein Kissen oder so?« Marcus stand mit dem Telefon mitten im Kinderzimmer. Tatsächlich: An dem kaputten Fenster lehnte eines der Höhlen-Bau-Polster. Es war so dunkelrot wie Marcus' Gesicht in diesem Moment. Kleinlaut legten wir auf und räumten das Polster weg. Der Stoff war warm – es war Frühsommer, und die Sonne knallte auf die Fensterscheibe. Offensichtlich hatte sie das Polster erhitzt, und das hatte dem Fenster nicht gefallen. Aber wieso kam die Scheibe mit dem warmen Sonnenlicht von draußen zurecht, nicht aber mit der Wärme des Polsters? Die Antwort auf diese Frage führt tief hinein in die Physik. Und am Ende liefert das Polster an der Fensterscheibe sogar die Erklärung, warum unser Planet durch den Klimawandel bedroht ist.

Aber von Anfang an: Das Sonnenlicht fällt auf das Kinderzimmerfenster, und die Scheibe lässt das Licht ungehindert hindurch (dafür ist sie ja da). Trotzdem müssen wir hier bereits das erste Mal genauer hinschauen. Denn »DAS« Sonnenlicht gibt es nicht. Das Licht der Sonne besteht aus einem ganzen Spektrum von Wellenlängen. Einige davon können wir sehen, andere nicht. Genau genommen sehen wir auf der Erdoberfläche nur einen erschreckend kleinen Teil des Lichts, wie die folgende Grafik zeigt.

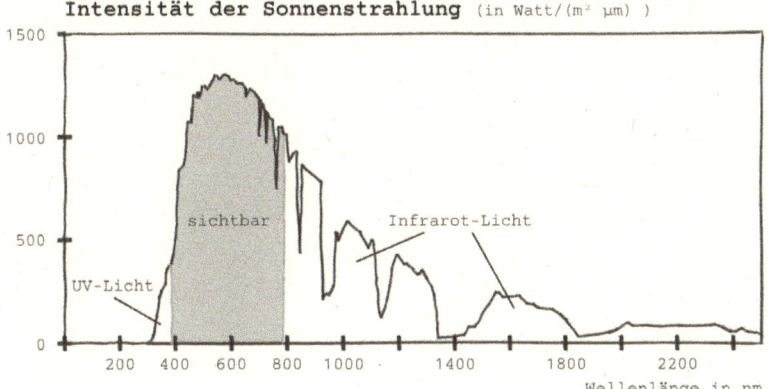

Intensität der Sonnenstrahlung (in Watt/(m² µm))

Auf der waagerechten Achse ist die Wellenlänge des Lichtes in Nanometern (milliardstel Meter) aufgetragen. Die linke Achse zeigt die Strahlungsenergie, die mit diesem Licht auf der Erde ankommt. Was wir sehen, ist nur der gefärbte Bereich! Dieses sichtbare Licht hat eine Wellenlänge von etwa 380–780 Nanometern. Es enthält viel Energie, sogar mehr als das Licht aller anderen Wellenlängen des Sonnenlichts zusammen.

Links unten neben dem sichtbaren Licht ist noch ein Zipfel mit ultraviolettem Licht zu erkennen. Dieses Licht können wir nur indirekt sehen, wenn es als Sonnenbrand unsere Haut rot färbt oder wenn es Neon-Farben strahlen lässt. Auf der Zeichnung rechts neben dem sichtbaren Licht beginnt der breite Bereich des Infrarotlichts. Diese Lichtfrequenzen sind harmlos für uns, und sehen können wir sie auch nicht. Einige Schlangenarten haben uns da etwas voraus: Sie besitzen das sogenannte Grubenorgan, mit dem sie Infrarotstrahlung wahrnehmen können. Diese Tiere sehen quasi ein Wärmebild ihrer Umgebung. Das ist praktisch, um nachts zu jagen. Das Grubenorgan ist am Kopf der Schlangen gut zu sehen: Es handelt sich um zwei kleine Vertiefungen rechts und links jeweils zwischen Nasenlöchern und Augen.

Wir Menschen haben so etwas leider nicht, aber wir haben Wärmebildkameras. Damit können wir Wärmelecks an Häusern finden oder einfach lustige Bilder machen, auf denen man erkennt, dass die Nasenspitze kühler ist als die Stirn. Wenn Sie gern basteln und das einmal ausprobieren möchten, finden Sie im Internet Anleitungen, wie Sie eine einfache Webcam für den PC zur Infrarotkamera umbauen können. Denn meist haben diese Webcams einen Filter, der das Infrarotlicht herausfiltert. Wenn Sie den ausbauen, haben Sie eine Wärmebildkamera. Oder Sie besorgen sich einen Wärmebild-Kamera-Aufsatz für Ihr Handy.

Wenn wir eine Wärmebildkamera auf unser Polster an der Scheibe richten, sehen wir deutlich, was wir schon gefühlt haben: Der Stoff ist richtig warm. Das liegt daran, dass Sonnenlicht in seiner ganzen Pracht ziemlich gut durch unser Fenster hindurchkommt. Wenn es das geschafft hat, trifft es jedoch innen am Fenster auf das rote Polster – und im Unterschied zur Scheibe lässt das Polster das Licht nicht durch. Es reflektiert das rote Licht aus dem Sonnenlicht (darum sehen wir den Stoff rot), den Rest nimmt es in sich auf: Das Polster absorbiert das Licht. Die Ausbreitung des Lichts wurde also vom Polster gestoppt, seine Energie ist aber erhalten geblieben. Sie steckt jetzt im Polster – und das wird heiß.

Nun muss das Polster mit der Wärme irgendwohin. Vergleichen wir die Situation mit einem heißen Becher voller Kakao, den Sie in Ihren Händen halten. Er hat mehrere Möglichkeiten, seine Wärme loszuwerden – und von denen macht er auch Gebrauch.

1. Bereitwillig gibt der Becher Wärme an Ihre Finger ab, einfach dadurch, dass die durch die Hitze schnell schwingenden Atome der Becherwand ihre Bewegungsenergie an die Haut Ihrer Finger übertragen. Das ist die **Wärmeleitung**.

2. Über Ihrem Kakao steigt warme Luft nach oben. Kalte Luft wird von den Seiten nachgezogen. Sie berührt den warmen Kakao, wird dort durch Wärmeleitung wieder

erwärmt und steigt wiederum nach oben. Diese Wärme-
verteilung durch Luftbewegung nennt man **Konvektion.**
Die Konvektion ist z. B. sehr wichtig, um die Wärme vom
Heizkörper in Ihrer Wohnung zu verteilen.

Gäbe es nur diese beiden Möglichkeiten des Wärmetransports, dann
könnten wir die perfekte Isolierung bauen: Wir gießen den Kakao in
eine richtig dicht verschließbare Dose, schrauben sie fest zu und
hängen sie an einem ganz dünnen (und sehr schlecht Wärme leitenden) Faden in eine Vakuumkammer und saugen die Luft komplett
ab. Bingo!

Jetzt kann unser Kakao die Wärme an nichts mehr weiterleiten, weil
er (außer den Faden) nichts mehr berührt. Auch die Konvektion
funktioniert nicht, aus akutem Luftmangel. Sie ahnen schon, dass
die Sache einen Haken hat. (Richtig, oben in der Vakuum-Glocke.
Witz!) Es gibt nämlich noch eine dritte Art des Wärmetransports:

3. Die **Wärmestrahlung**. Ob er will oder nicht: Jeder Körper gibt elektromagnetische Strahlung ab, im Fall des warmen Kakaos Infrarotstrahlung. Man könnte sagen, das ist Infrarotlicht, das wir nicht sehen können. Und so verliert unser Kakao auch in der Tupperdose immer mehr Energie, also Wärme. Bis – ja, bis er keine mehr hat? Ganz so ist das nicht. Da ja *alle* Körper Wärmestrahlung aussenden, tut das auch die Vakuumkammer und das ganze Zimmer drum herum. Der Kakao nimmt also auch Wärmestrahlung auf. Die Temperatur des heißen Kakaos nimmt nur so lange weiter ab, bis er so kalt ist wie seine Umgebung. Dann heben sich die Wärmeverluste durch Wärmestrahlung gegenseitig auf, und alle Körper im Raum sind im Gleichgewicht.

Die Sache mit der Wärmestrahlung ist ein kompliziertes Geschäft. Bis Ende des 19. Jahrhunderts versuchte man vergeblich, sie mit Formeln in den Griff zu kriegen, um zu berechnen, wie viel und welche Energie von Körpern unterschiedlicher Temperatur ausgesendet wird. Eine Modellierung gelang erst dem berühmten Physiker Max Planck im Jahr 1900 mit seinem Planckschen Strahlungsgesetz.

Plancks Entdeckung war eine Revolution. Denn damals dachten viele Physiker, sie hätten die Welt komplett verstanden. Als Max Planck sein Physikstudium aufnahm, wurde ihm erklärt, dass schon fast alles erforscht sei und es nur noch gelte, unbedeutende Lücken zu schließen. Das war falsch. Max Planck schaffte es nicht nur, mit seiner Formel alle anderen schon bekannten Zusammenhänge zur Wärmestrahlung ohne Widersprüche abzudecken, sondern er wurde ungewollt zum Entdecker einer neuen Naturkonstante: Bereits bekannt waren die Lichtgeschwindigkeit (unten in der Formel als »c« sichtbar) und der Boltzmann-Faktor »k«. Bei Max Planck tauchte erstmals das Planck'sche Wirkungsquantum »h« auf. Diese winzig kleine Zahl, die Planck in seine Rechnung eingefügt hat, führt dazu, dass sich mit dieser Formel präzise berechnen lässt, wie viel Wärme ein Körper abstrahlt. »Nebenbei« war das außerdem die Geburtsstunde der Quantenphysik, aber das hat sich erst nach und nach herausgestellt. Das Plancksche Strahlungsgesetz sieht als Formel so aus:

$$B_\nu(T) = \frac{2h\nu^3}{c^2} \frac{1}{e^{h\nu/kT} - 1}$$

Ziemlich abschreckend? Keine Angst! Wie bei den meisten Formeln ist die Aussage sehr einleuchtend: Sie besagt, dass ein Körper mit einer bestimmten Temperatur *immer* Energie in einem bestimmten Wellenlängenbereich ausstrahlt. Max Planck arbeitete hier mit einem erdachten »idealen Schwarzen Körper«. Setzt man die Temperatur der Sonne (ca. 6.000 Grad) in die Formel ein, erhält man ein Strahlungsspektrum, das ähnlich aussieht wie unsere Zeichnung oben mit dem sichtbaren und unsichtbaren Sonnenlicht.

Auch unser heißes Polster ist ein Körper, der Energie abstrahlt. Seine genaue Temperatur konnten wir leider nicht messen, weil wir ja den Schaden am Fenster erst bemerkten, als es schon zu spät war. Wir können sie aber abschätzen (schätzen finden Physiker immer toll, wenn sie keine Ahnung haben). Also los: Unser Fenster besteht aus normalem Zweifach-Isolierglas. Solche Scheiben können es aushalten, wenn sie an verschiedenen Stellen unterschiedlich heiß werden. Denn es kommt ja vor, dass die Sonne morgens in die obere linke Ecke scheint und dann nach unten wandert. Aber die Toleranz der Scheibe hat eine Grenze.

Unsere Scheibe hat, so sagt es der Hersteller, eine Temperaturwechselbeständigkeit von 40 Grad Celsius. Die Temperatur an der Scheibe kann also links oben 20 Grad betragen (= normale Raumtemperatur), rechts unten beim Polster aber 60 Grad, ohne dass wir Glasbruch befürchten müssen. Bei uns muss der Unterschied größer gewesen sein, denn die Scheibe ist ja geplatzt. Nehmen wir also mal an, dass das Polster die Scheibe unten rechts auf 70 Grad erhitzt hat.

Nun kommt Max Planck ins Spiel! Wir geben die Temperatur von 70 Grad in seine Formel ein und sehen: Das Polster strahlt am meisten Wärme bei einer Wellenlänge von 8.500 Nanometern ab. Diese Strahlung trifft hauptsächlich das Fenster, an dem es lehnt. Das Polster hat sein Energieproblem damit erst mal gelöst. Mission erfüllt, Wärme abgestrahlt!

Leider hat nun das Fenster ein Problem. Denn das Polster lädt Strahlung in einem Wellenbereich auf ihm ab, mit dem das Fenster gar nichts anfangen kann. 8.500 Nanometer, das ist kein Bereich für sichtbares Licht, sondern reine Wärmestrahlung. Unser neues, helles, lichtdurchflutetes Reihenhaus hat natürlich Energiesparscheiben. Und die sind dafür gemacht, Wärme *drinnen* zu halten.

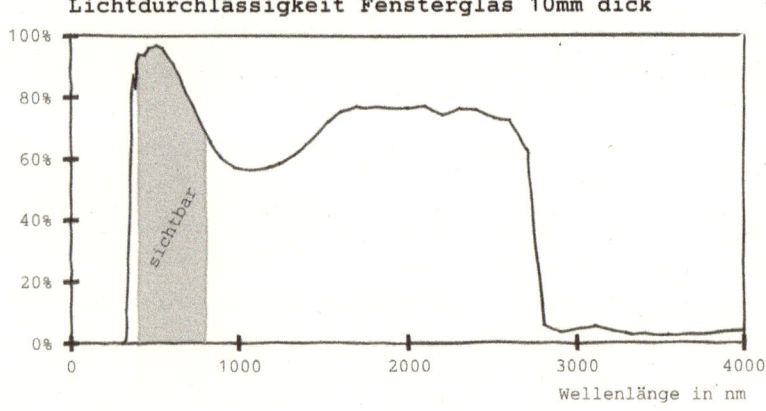

Hier[14] sehen Sie, wie die Lichtdurchlässigkeit moderner Scheiben aussieht: Das sichtbare Sonnenlicht von draußen mit einer Wellen-

---

14 Quelle: M. Rubin. Optical properties of soda lime silica glasses, Sol. Energy Mater. 12, 275–288 (1985).

länge zwischen 380–780 Nanometern wird dankbar durchgelassen, damit es schön hell ist im Haus. Auch ein großer Teil des für uns unsichtbaren Infrarotlichts dringt durch die Fenster (weshalb Sie mit einer Infrarot-Fernbedienung auch durch eine Fensterscheibe hindurch Ihren Fernseher anschalten könnten). Aber achten Sie einmal auf den rechten Rand der Zeichnung: Wir befinden uns hier bei knapp 4.000 nm, und die Scheibe lässt schon in dieser Wellenlänge quasi *nichts* mehr durch. Für noch größere Wellenlängen gilt dasselbe. Die Strahlung von 8.500 nm, die von unserem Polster kommt, gelangt also nicht durch die Scheibe. Simpel gesagt: Die Scheibe lässt das Sonnenlicht rein, die Wärme aber nicht wieder raus.[15]

Das Polster bekommt davon natürlich nichts mit. Es strahlt immer weiter Wärme ab. Die Energie staut sich an der Stelle, wo der Stoff am Fenster lehnt, das Glas dort erhitzt sich mehr und mehr. Und was tut die Scheibe? Sie versucht, sich auszudehnen, wie warme Körper das so machen. Aber viel Platz hat das Glas ja nicht. Es gerät immer mehr unter Spannung – bis es schließlich springt.

Sie können diesen Effekt in einem zerstörerischen Experiment nachmachen, wenn Sie kochendes Wasser schnell in ein Trinkglas gießen (natürlich stellen Sie das Glas dafür in ein Waschbecken oder einen Eimer und halten es nicht in der Hand). Sofern Sie kein Lattemacchiato-Glas oder Marmeladenglas mit extra dicken Wänden nutzen, sind die Chancen gut, dass es platzt. Das Glas wird dort, wo das Wasser hineingegossen wird, in kurzer Zeit sehr, sehr heiß. Es möchte sich ausdehnen, schafft das aber nicht schnell genug. Deshalb springt es. Wenn Sie das kochende Wasser dagegen langsam hineingießen und immer mal wieder etwas warten, wird das Glas überleben.

---

15 Das ist natürlich eine prima Sache für Backofenfenster. Auch die sollen ja die Wärme nicht durchlassen.

Die Nudelsaucen-Katastrophe

Unfreiwillig haben wir dieses Experiment vor kurzer Zeit selbst gemacht. Bei den Physikanten ist es Brauch, dass wir als Team jeden Mittwoch gemeinsam essen. Reihum ist jeder mal dran, ein Mittagessen mitzubringen oder im Büro zu kochen. Wir haben keine voll ausgestattete Küche, aber im Lager steht eine Küchenzeile mit Spüle, Kühlschrank und zwei elektrischen Kochplatten. Auf einer dieser Platten wollten wir eine Nudelsauce erwärmen (sehr lecker, Käsesahne mit Pilzen und kleinen Tomaten). Leider befand sich die köstliche Sauce in einem Topf aus Glas. Dieser war zwar für den Backofen geeignet, die lokale Wärme von Stufe neun unserer Elektrokochplatte überforderte ihn aber offenbar. Es knackte, und auf etwa einem Drittel der Höhe zog sich ein sauberer Riss rund um den Topf. Die sahnige Sauce ergoss sich über den Kühlschrank, auf dem die Kochplatte steht, bis auf den Boden. Glücklicherweise haben wir immer ein Glas Pesto im Schrank.

Aber es gibt Schlimmeres als verschüttete Nudelsauce! Sonnenlicht strahlt ein, die Wärme kann aber nicht wieder raus, erinnert Sie das an etwas? Genau. Den Treibhauseffekt. Dasselbe Phänomen wie an der Scheibe im Kinderzimmer haben wir auf unserem Planeten – nur mit Gas statt Glas. Die Funktion der Fensterscheibe übernehmen verschiedene Gase, die wir auf der Erde produzieren und die sich in der Atmosphäre sammeln. Kohlendioxid ist eines davon, aber auch Methan, Stickoxide und Wasserdampf. Diese Gase machen zwar weniger als ein Prozent der Atmosphäre aus, aber sie sorgen dafür, dass Wärme von der Erde nicht mehr ins Weltall abgestrahlt werden kann, sondern von der Gasschicht absorbiert wird. Diese strahlt sie dann in alle Richtungen, aber eben auch zurück in Richtung Erde, wo es wärmer und wärmer wird.

Treibhaus Erde: Gas statt Glas

Und es gibt noch ein weiteres Gas, das für den Treibhauseffekt verantwortlich ist: Wasserdampf. Er verursacht ungefähr zwei Drittel des natürlichen Treibhauseffekts. Und er ist Teil eines Teufelskreises: Durch den Klimawandel erwärmen sich Meere und andere Gewässer. Je wärmer die werden, desto mehr Wasser verdunstet aus ihnen – und desto mehr Wasserdampf gelangt in die Atmosphäre. Diese kann nur eine bestimmte Menge Wasserdampf aufnehmen. Doch je wärmer es wird, desto mehr Wasserdampf kann die Atmosphäre speichern. Die höhere Menge Wasserdampf wiederum verhindert noch stärker, dass Wärme ins Weltall abgegeben wird. Stattdessen wird sie zurück auf die Erde gestrahlt. Es wird wärmer, und mehr Wasser verdunstet. Eine positive Rückkopplung, ein sich selbst verstärkender Prozess, der die Erde wie ein Gewächshaus weiter und weiter erhitzt.

Gärtner wissen deshalb, dass man ein harmloses Gewächshaus im Garten immer ausreichend lüften muss und es außerdem mit Schatten spendenden Rollos oder Abdeckungen versehen sollte. Was ein ungedämmtes Treibhaus anrichten kann, haben Judiths Eltern vor längerer Zeit erlebt. Sie bauten mithilfe eines Architekten ein Gewächshaus auf ihr Garagendach. Kein fertiges, kleines Garten-Gewächshaus, sondern eine individuelle, moderne Konstruktion aus Balken und Glas, die beinahe das gesamte Garagendach einnahm und die man durch das Obergeschoss des Hauses betreten konnte. Hier sollten die großen Kübelpflanzen überwintern, die sonst auf der Terrasse standen: ein Zitronenbaum, eine Olive und ein großer Bleiwurz mit hellblauen Blüten – alles Pflanzen, die aus warmen Gegenden kommen und deutsche Winter eher nicht schätzen. Im Gewächshaus, so die Idee, hätten sie angenehme Temperaturen und ausreichend Licht.

Das mit dem Licht stimmte.

Was die Temperaturen anging, hatte der Architekt die Wirkung des Treibhauseffektes komplett unterschätzt. Die Pflanzen verbrannten einfach. Sogar im Winter! Nur ein paar Sonnenstrahlen genügten, um den Raum auf dem Garagendach in eine Todeszone zu verwandeln. Die Tatsache, dass die Glaswände bei diesem besonderen Gewächshaus schräg standen und der Sonne besonders viel Einfallsfläche boten, verstärkte den Effekt noch.

Nach dem ersten Winter entsorgten Judiths Eltern das verbrannte Gestrüpp, kauften neue Pflanzen und rüsteten das Glashaus mit Jalousien nach. Ein paar Jahre lang tat das Gewächshaus so seinen Dienst. Leider kristallisierte sich im Lauf der Zeit ein weiteres Problem heraus: Der Transport der schweren Kübel auf das Garagendach. Denn wir sprechen hier nicht von Blumentöpfen, die man einfach die Treppe hochträgt. Der Zitronenbaum beispielsweise stand in einem Tonkübel mit 500 Liter Erde, geschätztes Gesamtgewicht: 750 Kilo.

Der Architekt hatte hierfür einen Flaschenzug vorgesehen. An der Garagenwand war eine Stange angebracht, an der oben eine Rolle befestigt war, über die ein Seil lief. Damit hievten Judiths Eltern die schweren Kübel hoch. Ihr Vater befestigte unten die Kübel und zog, ihre Mutter stand auf dem Dach der Garage und nahm sie entgegen.

Irgendwann musste sich die Stange gelockert haben. Als Judiths Mutter jedenfalls einen Kübel annehmen wollte und sich an der Stange abstützte, brach die Stange heraus, und sie fiel vom Garagendach. Glücklicherweise stand unten nicht nur Judiths starker Vater, sondern auch eine Schubkarre mit Erde. Judiths Mutter landete genau darin und blieb unverletzt. Trotzdem wurden seit diesem Tag keine Pflanzkübel mehr auf die Garage hochgezogen.

Der Wintergarten erfuhr einen weiteren Umbau: Ein Teil der Glasscheiben wurde durch isolierte, feste Wände ersetzt. Ein Arbeitszimmer hatte im Haus ohnehin gefehlt. Der Zitronenbaum überwintert nun in der Garage, beleuchtet von einer Pflanzenlampe, die mediterrane Sonne von 8–18 Uhr vorgaukelt. Und der Olivenbaum bleibt den Winter über draußen auf der Terrasse. Bisher hat er das überlebt – der Klimawandel spielt in diesem Fall für ihn.

Alltags-Störfaktor
Lifehack-Faktor
Katastrophenpotenzial

Hochhaus verbrennt Auto

Warum der Brennglaseffekt richtig gefährlich werden kann, uns aber hilft, einen perfekten Lidstrich zu ziehen

Die Spiegeleier brutzelten appetitlich vor sich hin, das Eiweiß war schon beinahe fest. Eigentlich lecker – hätte die Pfanne nicht auf der Motorhaube eines Autos gestanden, mitten in der Londoner Innenstadt. Dort, im Bankenviertel, war es im Frühsommer 2013 heiß. Sehr heiß. Schuld daran war nicht der Klimawandel, sondern ein Hochhaus.

Normalerweise sorgen Hochhäuser ja eher für Ärger, weil sie ihren Nachbarn Licht wegnehmen. Dieses tat das Gegenteil: Es schickte gebündelte Sonnenstrahlen zur Erde, die Fahrradsättel schmelzen ließen und es Reportern erlaubten, auf Autos Spiegeleier zu braten. Auch der Lack eines Jaguars schmolz, Parkplätze mussten gesperrt werden.

Der Grund für die »death rays« (Todesstrahlen), wie die britische Presse sie nannte, war die besondere Form des Gebäudes Nummer 20, Fenchurch Street: Die Südfassade besteht komplett aus verspiegeltem Glas und ist außerdem konkav, also nach innen gewölbt. 2013 war das revolutionär, denn es war noch nicht lange möglich, so gebogene Fassaden zu bauen. Entsprechend teuer war das Projekt: 200 Millionen Pfund hatte das Hochhaus gekostet. Dafür bekamen die Londoner einen 160 Meter hohen Turm aus Büros, einem Restaurant, einem botanischen Garten und einer Aussichtsplattform.

Sie waren nicht besonders dankbar dafür – aus verständlichen Gründen. Schon während der Bauzeit kam es zu ersten Unfällen mit den »Todesstrahlen«. »Ein Gast sprach mich an und sagte, wir hätten ein ernstes Problem«, berichtete die Besitzerin eines Cafés einem Journalisten. »Ich ging raus auf die Straße und sah, dass ein Stuhlkissen qualmte.« Passanten erzählten von dem Gefühl, dass ihre ausgestreckten Hände verbrannten. Auf Filmaufnahmen messen Thermometer in den Straßen vor dem Gebäude 46,5 Grad im Schatten. Offenbar genügten wenige Sonnenstrahlen, um das Hochhaus wie ein Brennglas wirken zu lassen.

Physikalisch ist das einleuchtend. Die Südfassade des Gebäudes ist nach innen gewölbt und aus verspiegeltem Glas. So was nennt man einen Hohlspiegel. Und der tat, was ein Hohlspiegel tun muss: möglichst viel Licht einsammeln und auf einen Punkt fokussiert wieder abgeben. Diesen Punkt nennt man Fokus oder auch Brennpunkt – im Fall des Londoner Hochhauses eine durchaus passende Bezeichnung.

Mit einer geraden Fassade wäre das nicht passiert. Licht, das auf einen normalen, geraden Spiegel fällt, wird im selben Winkel wieder reflektiert, in dem es eingefallen ist. Das ausfallende Licht verteilt sich also genauso breit wie das einfallende. Das ist der Grund, warum die meisten Hochhäuser ihre Nachbarschaft nicht braten, selbst wenn sie verspiegelte Fassaden haben.

Bei einem gewölbten Spiegel ist das anders. Stellen Sie sich vor, der Spiegel wäre eine komplette Kugel. Nun stellen Sie ins Zentrum der Kugel eine punktförmige Lichtquelle: Die Wände der Kugel reflektieren das Licht genau wieder ins Zentrum zur Lichtquelle zurück.

Natürlich ist das Londoner Hochhaus nicht so stark gebogen wie eine Kugel. Aber man kann sich die gewölbte Fassade als winzigen Ausschnitt aus einer Kugeloberfläche vorstellen. Dieser Ausschnitt reicht aus, um Lichtstrahlen zu bündeln (man spricht deshalb auch von einem kugelförmigen Hohlspiegel).

Um zu verstehen, was passiert, wenn ein Lichtbündel in den Hohlspiegel fällt, müssen wir uns die Lichtstrahlen einzeln ansehen: Dort, wo ein Strahl auf den Hohlspiegel trifft, bekommt er von der Krümmung erst mal noch nichts mit. Er wird nach dem vertrauten Prinzip »Einfallswinkel gleich Ausfallswinkel« reflektiert. Heiß wird es erst, wenn wir auch die anderen Strahlen nachverfolgen. Denn sie alle schneiden sich nun in einem Punkt, dem Fokus. Hier wird die Energie vieler Strahlen gebündelt – und dann kann es sehr, sehr warm werden …

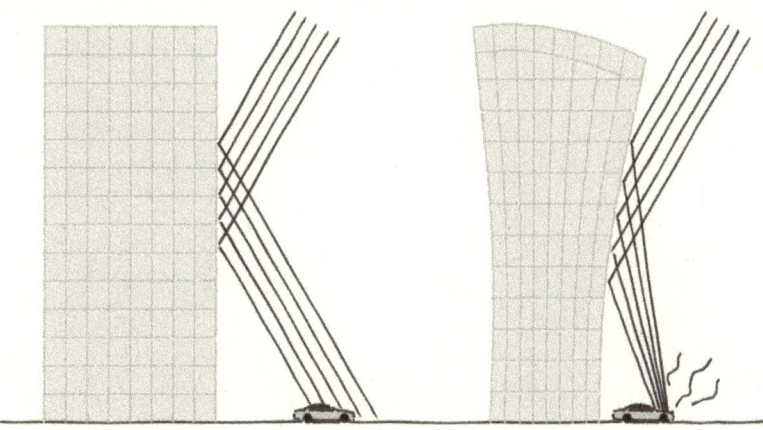

Ladenbesitzer aus den umliegenden Londoner Straßen bauten vor ihren Geschäften Gerüste mit schwarzen Netzen auf, um sich vor den Strahlen zu schützen. Und auch am Hochhaus selbst musste nachgerüstet werden: Auf der Südseite wurden Lamellen angebracht, die Sonnenlichtreflexionen verhindern. Nur innen drin war es schön kühl – schließlich hatte der uruguayische Star-Architekt Rafael Viñoly die Fassade extra mit verspiegeltem Glas bauen lassen.

Zufrieden waren die Londoner damit nicht. 2015 verliehen sie dem Hochhaus den »Carbuncle Cup«, die Auszeichnung für das hässlichste Gebäude Großbritanniens (ein »Carbuncle« ist ein wenig appetitliches Geschwür, eine Entzündung an der Haut). Von den Todesstrahlen abgesehen, gab es noch einige andere Kritikpunkte:

- Das Gebäude steht an einer Stelle, an der eigentlich gar keine Hochhäuser vorgesehen sind.

- Es ist unten schmal und wird nach oben breiter, was ihm den Spitznamen »Walkie Talkie« eintrug. Der britische Guardian schmähte diese Form als »Symbol der Gier«, die nur dazu diene, in den oberen, teurer vermieteten Stockwerken mehr Platz zu schaffen.
- Passanten und Nachbarn beschwerten sich über ungewöhnliche Pfeiftöne, die angeblich aus den Lichtschächten kamen.
- Das »Walkie Talkie« wurde für besonders starke Sturmböen verantwortlich gemacht, die Ladenschilder und Speisewagen umwarfen und sogar Menschen zu Fall brachten. Die könnten dadurch entstanden sein, dass Fallwinde von dem hohen Gebäude nach unten geleitet wurden.

Bemerkenswert ist außerdem, dass Architekt Rafael Viñoly den Fehler mit der gewölbten Fassade nicht nur in London gemacht hat. Schon 2010 hatte er in Las Vegas in den USA ein Hotel mit einer ähnlichen Fassade gebaut. Dort wurden die gebündelten Sonnenstrahlen in den Innenhof an den Pool gelenkt – allerdings nicht so geschickt, dass sie als natürliche Heizung für das Wasser hätten dienen können. Stattdessen knallten sie auf die Liegestühle, schmolzen Plastik-Badelatschen und brachten Urlauber dazu, in den Schatten zu flüchten. Umso erstaunlicher scheint es, dass er dem »Walkie Talkie« wieder eine konkave Form gab. Denn eigentlich hat ja Sartre recht mit seinem Ausspruch: »Man sollte *keine* Dummheit *zweimal* begehen, die Auswahl ist schließlich groß genug.«

Zur Ehrenrettung des berühmten Architekten (der viele spektakuläre Gebäude ganz ohne Todesstrahlen erschaffen hat) muss man sagen, dass der Brennglaseffekt immer wieder vorkommt, ganz unbeabsichtigt und überraschend. Während wir für dieses Buch recherchierten, schickte uns die Physikerin Wendy Sadler aus Großbritannien ein Foto ihres Schminkspiegels. Er ist am Fenster angebracht, was sinnvoll ist, damit man sich bei möglichst gutem Tageslicht zurechtmachen kann. Auf dem Foto deutlich sichtbar ist ein Brandfleck auf dem hölzernen Fensterrahmen.

Auch Schminkspiegel sind Hohlspiegel. Sie haben eine gebogene Spiegelfläche, mit der sie ihren Vergrößerungseffekt erzielen. Dieser wurde schon vor mehr als 300 Jahren von Medizinern genutzt, um Patienten genauer in Nase und Rachen schauen zu können. Und in diesem Fall war das vom Hohlspiegel gebündelte Licht offenbar zu viel für den hölzernen Fensterrahmen. Wendy ist damit nicht allein: Der Berliner »Tagesspiegel« widmete dem Brennglaseffekt einen eigenen Text, nachdem die Wohnung von Chefredakteur Lorenz Maroldt beinahe in Brand geraten wäre, ebenfalls durch einen Spiegel im Wohnzimmer.

Die Bezeichnung »Brennglaseffekt« ist übrigens eigentlich falsch: Ein Hohlspiegel ist ja kein Brennglas. Ein Brennglas ist ein durchsichtiges Glas, das wie eine Lupe konvex geschliffen ist, also nach außen gewölbt. Natürlich können aber sowohl Hohlspiegel als auch konvexe Linsen gefährlich sein. Und es braucht keine perfekte Linse, um den Brennglaseffekt hervorzurufen. In Hannover brannte im Sommer 2019 eine Wohnung, vermutlich weil auf dem Balkon Flaschen lagerten. Die Flaschen standen laut einem Bericht der Polizei so ungünstig, dass die Energie des gesammelten Lichts direkt auf einige Pappkartons gerichtet war, die drinnen hinter der Balkontür standen. In trockenen Sommern warnt die Polizei darum davor, Flaschen im Wald oder auf Feldern liegen zu lassen.

Wenn man aber Licht mit Absicht auf gebogenes Glas leitet, lässt sich damit ein schönes Experiment machen.

Sie brauchen:

- eine Lesebrille gern eine billige aus dem Drogeriemarkt
- eine Lichtquelle, beispielsweise eine Schreibtischlampe

So geht's:

- Knipsen Sie die Schreibtischlampe an und richten Sie das Licht aus mehreren Meter Entfernung auf eine Wand oder eine Tür.
- Halten Sie die Lesebrille so, dass das Licht direkt hindurch scheint und Sie einen Schatten des Brillenrahmens auf der Wand sehen.
- Bewegen Sie die Brille näher an die Wand heran und weiter davon weg. Beobachten Sie, wann an der Wand ein scharfes Abbild der Lampe zu sehen ist.

Das steckt dahinter:

In welcher Entfernung von der Wand Sie die Brille halten müssen, hängt von ihrer Brillenstärke ab. Diese wird in Dioptrien angegeben. Dioptrien bedeuten den Kehrwert der Brennweite in Metern. Heißt also, bei zwei Dioptrien ($^2/_1$) ist die Brennweite gerade ein halber Meter ($^1/_2$). In diesem Fall wird parallel einfallendes Licht genau 50 cm hinter der Brille gebündelt und dort scharf abgebildet. Das klappt sehr präzise, wenn die Lichtquelle weit weg ist, wie die Sonne. Wenn sich die Lichtquelle in ihrem Zimmer befindet, erfolgt die scharfe Abbildung ein bisschen hinter dem Brennpunkt. Man kann die Methode aber trotz dieser Ungenauigkeit verwenden, um die Brillenstärke irgendeiner Lesebrille für Weitsichtige grob zu ermitteln. Nehmen Sie einfach den Abstand zwischen Brille und scharfer Abbildung auf der Wand in Metern und berechnen Sie den Kehrwert. Beträgt der Abstand grob ein Meter, hat die Brille eine Dioptrie.[16]

Hohlspiegel haben Linsen jedoch etwas voraus: Während Linsen nur Licht bündeln können, fangen Hohlspiegel Wellen vielerlei Art ein: Licht, Radar, Radio und sogar Schall (wenn auch hierfür nicht immer kugelförmige Hohlspiegel verwendet werden, sondern Parabolspiegel. Sie haben die mathematisch perfekte Form, um Wellen zu fokussieren, sind aber schwieriger herzustellen). Die konkav gebogenen Satellitenschüsseln auf vielen Häusern fangen Fernsehsignale ein und leiten sie auf die kleine Antenne, die im Fokus der Schüssel steht. In großem Maßstab tun das auch die riesigen Parabolantennen, die für die Satellitenkommunikation eingesetzt werden.

Sterne und andere astronomische Beobachtungsobjekte werden im professionellen Bereich fast nur noch mit Hohlspiegeln beobachtet. Die benötigten Durchmesser lassen sich mit Linsen gar nicht mehr realisieren. Die mittlerweile über 10 Meter großen Spiegel werden aus sechseckigen Teilspiegeln zusammengesetzt, die auch noch feinjustiert werden können, um Lichtablenkungen in der Atmosphäre auszugleichen.

---

16 Dieses Experiment klappt nur mit Brillen für Weitsichtige, da in Brillen für Kurzsichtige Streulinsen eingesetzt werden, die nicht wie Lupen funktionieren.

Auch die »Todesstrahlen« des Londoner Hochhauses könnte man theoretisch sinnvoll nutzen, indem man ein Sonnenkraftwerk ins Bankenviertel der britischen Hauptstadt baut. Sonnenkraftwerke erzeugen Energie, indem sie mit zahlreichen Spiegeln die Sonnenstrahlen konzentrieren und diese dort in elektrischen Strom umwandeln. Das größte Kraftwerk dieser Art steht in Kalifornien. Spiegel mit einer Fläche von 2,6 Millionen Quadratmetern werfen ihr Licht auf drei Türme, in denen Wasserdampf erzeugt wird, mit dem dann wiederum Turbinen angetrieben werden. Die Leistung beträgt knapp 400 Megawatt, immerhin schon ein Viertel der Leistung eines modernen Atomkraftwerks. Und die Entwicklung geht weiter. In Dubai ist ein gigantischer Solarpark im Bau, der Fotovoltaik und Solarkraft gleichermaßen nutzen soll. Geplante Leistung: 5.000 Megawatt.

Solarkraftwerke sind absolut eine Zukunftstechnologie. Nachteile sind der große Flächenbedarf und, leider, die Auswirkungen auf die Vogelwelt. Als Wüstenvogel fliegt man besser nicht vor einem Solarturm entlang, wenn einem seine Federn lieb sind.

Alltags-Störfaktor
Lifehack-Faktor
Katastrophenpotenzial

Faule Biene vor blauem Himmel

Polarisiertes Licht schenkt uns wunderschöne Effekte – nur beim Skifahren müssen wir aufpassen!

Wenn Sie einen Tag lang ein Tier sein könnten, welches wären Sie? Vielleicht ein Vogel, um einmal zu spüren, wie es ist zu fliegen? Dann am besten ein Mauersegler, die schlafen sogar im Fliegen – auf diese Weise hätten Sie keine Minute Ihres kostbaren Tier-Tags vergeudet. Oder ein Fisch, der unter Wasser atmen kann? Unsere Kinder würden gern für einen Tag in den Körper unserer Kater schlüpfen, um herauszufinden, wie man so ausdauernd herumliegen kann, ohne sich zu langweilen. Und der Physiker im Haus? Der wäre am liebsten eine Biene. Nicht, um Nektar zu sammeln und Honig zu machen. Sondern nur, um wie eine Biene zu gucken.

Jawohl, nur gucken. Eine faule Biene quasi. Denn Bienen können etwas, was Physiker wahnsinnig neidisch macht: Sie sehen polarisiertes Licht. Das liegt an ihren Facettenaugen. Die nutzen sie, um trotz eines bewölkten Himmels den Sonnenstand zu ermitteln und sich zu orientieren. Nun ja, denken Sie jetzt vielleicht, was soll daran denn besser sein, als im Fliegen zu schlafen? Lassen Sie sich überraschen: Polarisiertes Licht ist einer der spannendsten optischen Effekte der Physik. Ohne ihn würde weder unser Laptop noch die digitale Anzeige des Weckers funktionieren. Und der blaue Himmel auf unseren Urlaubsfotos würde auch deutlich verwaschener aussehen. Um zu verstehen, wie das kommt, müssen wir ein Lichtbad nehmen. Halten Sie die Luft an und tauchen Sie ein!

Wir fangen an mit der grundsätzlichen Frage: Was ist Licht? Ganz allgemein ist Licht der Bereich der elektromagnetischen Strahlung, den wir Menschen sehen können (im vorletzten Kapitel haben wir schon gesehen, dass es auch andere Strahlungsbereiche gibt, die beispielsweise dafür sorgen, dass Fenster zerspringen und die Erdatmosphäre sich aufheizt). Auf Zeichnungen in Physikbüchern sehen Lichtwellen immer sehr brav aus, ungefähr so:

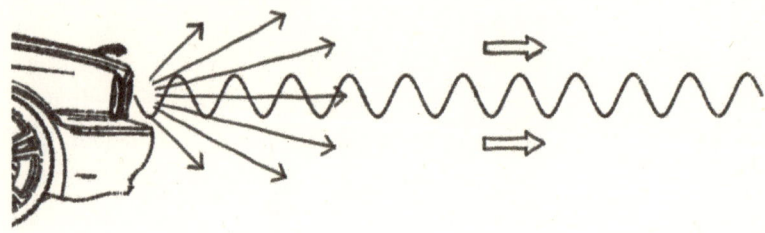

Das Licht breitet sich hier geradlinig aus, das elektrische Feld schwingt dabei senkrecht zur Ausbreitungsrichtung, im Bild also immer rauf und runter. Physikalisch spricht man hier von einer Transversalwelle. Sie können sich das vorstellen wie ein Seil, das man auf den Boden legt und dann von einem Ende aus schleudert. In den allermeisten Fällen schwingt das Licht aber nicht nur rauf und runter, sondern gleichzeitig in alle Richtungen: seitlich, schräg von unten nach schräg oben usw. (auch das ist mit einem Seil ja möglich). Das Licht hat keine bevorzugte Schwingungsrichtung. Es ist nicht polarisiert.[17] So kommt das meiste Sonnenlicht bei uns auf der Erde an, wild und unsortiert. Licht zu polarisieren bedeutet, einzelne Schwingungsrichtungen herauszupicken. Wir wollen quasi

---

17 Nur eine Schwingungsrichtung steht dem Licht nicht offen: die parallel zur Ausbreitungsrichtung. Es schwingt als Transversalwelle immer in irgendeiner Weise senkrecht zur Ausbreitungsrichtung. Sonst wäre es eine Longitudinalwelle wie der Schall (siehe Kapitel »Fingernägel auf der Tafel«).

das Licht sortieren – zum Beispiel, damit wir mit einer Sonnenbrille unsere Augen vor zu starker Sonne schützen können.

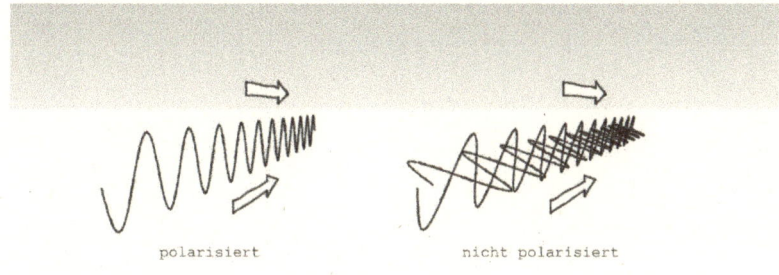

polarisiert   nicht polarisiert

Licht, gezähmt und dressiert

Licht zu polarisieren, das gelingt auf ganz unterschiedliche Arten. Die einfachste ist eine Polfilter-Folie. Diese besondere Folie können Sie sich vorstellen wie einen Gartenzaun aus vertikalen Latten. Hinter dem Zaun rennt ein Hund hin und her, und Sie möchten ihm einen Stock zum Spielen zuwerfen. Wenn Sie den Stock quer oder schräg gegen den Zaun werfen, wird er abprallen. Nur wenn sie den Stock genau senkrecht durch die Zaunlatten fallen lassen, landet er im Garten (auch wenn der Hund sich dann nicht besonders anstrengen muss, um ihn zu kriegen). So funktionieren Polfilter-Folien. Lang gestreckte Moleküle in diesen speziellen Kunststofffolien lassen nur Licht einer Polarisationsrichtung durch.

Diese Folien werden beispielweise in manchen Sonnenbrillen verbaut: Die Gläser lassen dann nur noch Licht durch, das dieselbe Polarisationsrichtung hat wie die Brille selbst. Das bedeutet umgekehrt: Die Lichtwellen, die in andere Richtungen schwingen, bleiben stecken oder prallen ab. Damit ist es für die Augen hinter der Brille deutlich dunkler als ohne Brille, denn ein großer Teil des

Lichts konnte ja nicht hindurch. Wir können Ihnen nur wärmstens empfehlen, sich eine solche Brille zuzulegen, weil man dann ständig kleine oder größere Effekte erlebt, die die Welt des Lichts sonst für sich behält (eine Alternative sind kleine Polfilter-Folien, die man für wenig Geld im Internet kaufen kann).

Putzen hilft

Auch ohne Folie wird das Licht um uns herum ständig polarisiert, und zwar immer dann, wenn es irgendwo abprallt. Zu Hause haben wir einen Parkettfußboden, der (zumindest im geputzten Zustand) diesen Job ganz wunderbar erledigt. Laminat oder Fliesen funktionieren auch. Das Sonnenlicht fällt auf den Boden und wird dort reflektiert. Dabei geht eine Schwingungsrichtung des Lichts weitgehend verloren.

Schauen wir uns mal einen Lichtstrahl an, der sich dem Holzboden nähert. Die wild schwingende Lichtwelle trifft auf Elektronen im Parkett und bringt diese ebenfalls zum Schwingen – in die Richtung, in die auch die Lichtwelle schwingt. Die Elektronen wirken wie kleine Antennen, die das Licht empfangen und wieder abstrahlen. Physiker sagen: Sie fungieren als Hertz'sche Dipole. Der Fußboden ist quasi voller kleiner Sender. Diese Sender nehmen das Licht auf und strahlen es wieder ab.

Das Besondere an den Dipolen ist: Sie strahlen das Licht nicht überall hin gleich gut ab, sondern nur seitlich. Lichtwellen, die ohnehin parallel zum Boden schwingen, haben damit gar kein Problem: Sie treffen in recht flachem Winkel auf die Dipole im Boden, und ihr Licht wird schön reflektiert (Zeichnung rechts oben).

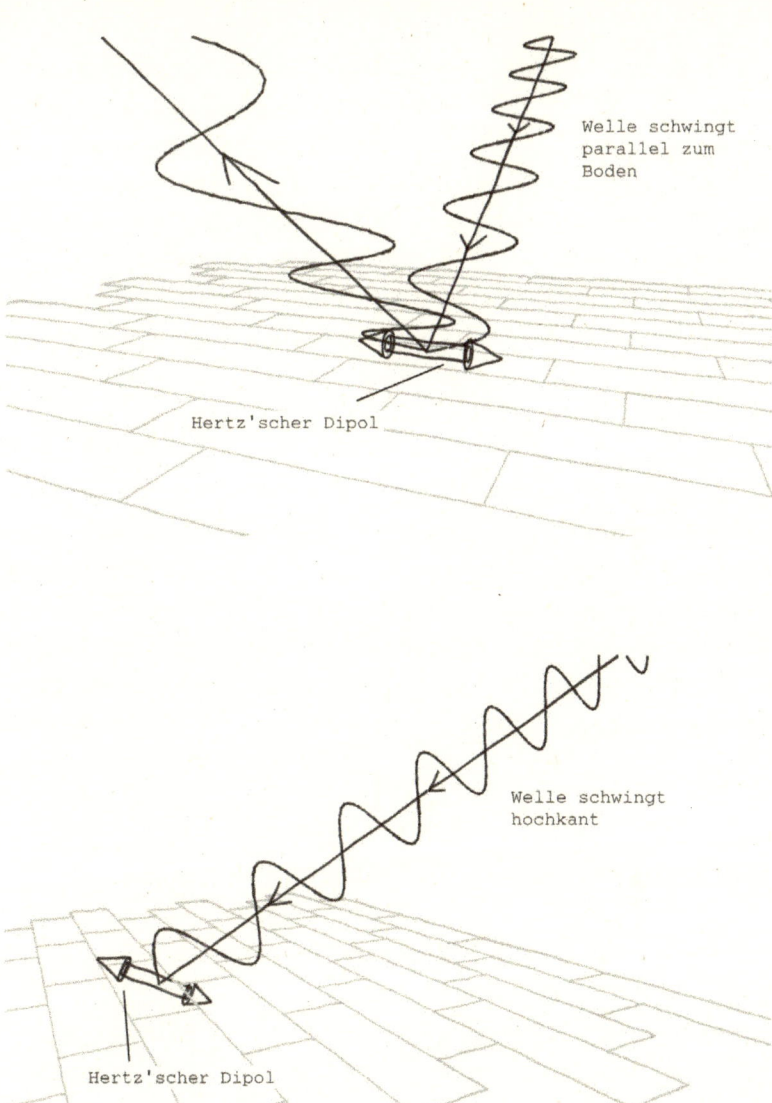

Welle schwingt
parallel zum
Boden

Hertz'scher Dipol

Welle schwingt
hochkant

Hertz'scher Dipol

Der hochkant schwingende Lichtstrahl auf der Zeichnung unten hat es schwerer: Er trifft so ungünstig auf den Boden, dass der Dipol das Licht vollständig in den Boden hineinleitet. Der Boden schluckt das Licht, und diese Schwingungsrichtung ist damit verloren. Das vom Parkettboden reflektierte Licht schwingt also nur noch in eine Richtung, nämlich parallel zum Boden. Es ist *polarisiert.*

In der Natur übernehmen Wasser- oder Eisflächen die Aufgabe unseres Parkettbodens. Sie reflektieren das Licht – und dann kann es gefährlich werden, wenn man als Skifahrer eine Polfilter-Sonnenbrille auf der Nase hat. Denn dann haben wir es mit doppelter Polarisation zu tun. Stellen Sie sich vor, Sie flitzen mit Ihren Skiern genau auf eine vereiste Stelle zu. Die verrät sich normalerweise durch gespiegeltes Licht, das, wie wir auf dem Parkettboden gezeigt haben, polarisiert ist. Leider filtert nun Ihre Polfilter-Sonnenbrille die hellen Reflexionen heraus. Schlecht ist es für die Knochen: Denn als Skifahrer erkenne ich möglicherweise zu spät oder gar nicht, dass es da vorn in der Kurve vereist und schrecklich glatt ist. Aua. Einer Biene wäre das wahrscheinlich auch passiert. Gut, dass die selten Ski fahren.

Blauerer Himmel mit Polfilter

Falls das Bein nach dem Unfall auf der Eispfütze nun gebrochen ist, konzentrieren Sie sich einfach darauf, tolle Fotos von blauem Himmel über weißem Schnee zu machen. Auch hierbei hilft die Polarisation. Das meiste Sonnenlicht, das uns erreicht, ist ja unpolarisiert – aber ein kleiner Teil eben auch nicht. Denn auch in der Atmosphäre befinden sich Elektronen, die als Dipole das Licht polarisieren. In einem bestimmten Himmelsbereich, abhängig vom Stand der Sonne, sind diese Dipole gerade so ausgerichtet, dass uns auf der Erde nur *eine* Schwingungsrichtung des Lichtes erreicht. Das passiert zum Beispiel, wenn die Sonne nachmittags schon ziemlich tief steht. Dann bilden Sonne, Dipole und unsere Blickrichtung genau einen rechten Winkel. So landet besonders viel polarisiertes Licht in unserem Fotoapparat.

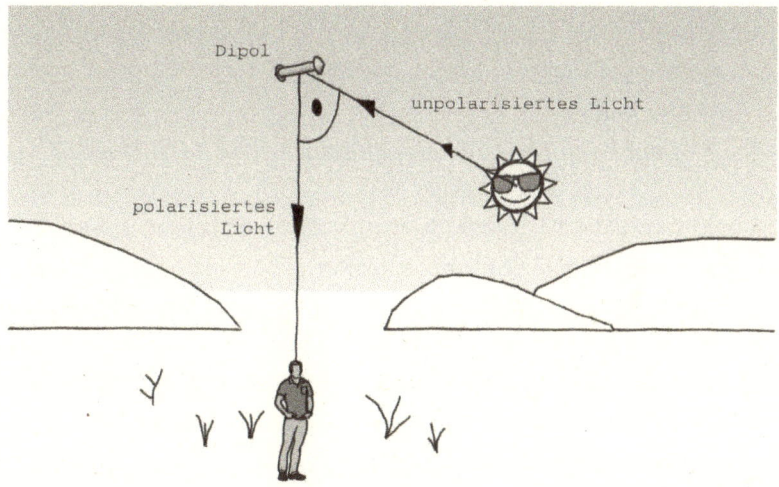

Hundertprozentig polarisiert ist dieses Licht trotzdem noch nicht. Von überall her fällt schließlich eine Menge Streulicht ein. Fotografen stecken deshalb gerne einen Filter (wie in der Sonnenbrille) senkrecht zur Polarisationsrichtung auf die Kamera. Der sortiert eine Schwingungsrichtung des Lichts komplett aus. Das Foto wird ein bisschen dunkler. Das Blau des Himmels wirkt deshalb intensiver, während die Wolken weiß strahlen, denen ist nämlich die Polarisation egal.

Lichtspielereien im Arbeitszimmer

Die meiste Zeit des Jahres sind wir leider nicht im Urlaub. Deshalb zeigen wir Ihnen ein paar witzige Spielereien, die Sie mit polarisiertem Licht in Ihrem Arbeitszimmer anstellen können. Damit kann man sich bei Bedarf von der Arbeit ablenken. Und nach dem Experiment wissen Sie, warum Ihr Laptop und Ihr Wecker ohne polarisiertes Licht gar nicht funktionieren würden.

Sie brauchen:

- einen eingeschalteten Bildschirm mit TFT- oder LCD-Anzeige (in der Regel besitzen normale Laptops, Computer oder Fernsehbildschirme solche Anzeigen, außer Plasma- oder OLED-Bildschirme)
- ein ausgeschaltetes Handy (oder eine andere spiegelglatte dunkle Fläche)
- Tesafilm – oder natürlich jede andere Art von durchsichtigem Klebeband
- evtl. noch Zellophan-Folie

So geht's:

Schalten Sie Ihren Laptop oder Ihren Computer an und sorgen Sie dafür, dass auf dem Bildschirm eine weiße, leere Oberfläche zu sehen ist – zum Beispiel, indem Sie ein leeres Word-Dokument öffnen. Kleben Sie mit dem Klebeband ein Kreuz oder einen Stern in die Mitte des Bildschirms. Bei unseren Versuchen hat sich das Klebeband immer ohne Rückstände entfernen lassen. Sollten Sie ganz sichergehen wollen, können Sie eine Frischhaltefolie über Ihren Bildschirm ziehen und darauf das Kreuz kleben.

Halten Sie nun Ihr ausgeschaltetes Handy seitlich neben den Bildschirm. Jetzt bewegen Sie das Handy einmal kreisförmig um den Bildschirm herum und betrachten Sie dabei durchgehend das Spiegelbild des Kreuzes auf der Display-Oberfläche. Merken Sie's? Sie sehen, dass sich das Kreuz aus Tesafilm verändert. Mal ist der Bildschirm dunkel und das Kreuz leuchtet hell, mal ist es umgekehrt. Vielleicht können Sie sogar Farben in dem Klebefilm erkennen!

Nehmen Sie ein zerknittertes Stück Zellophan-Folie und halten es so vor den Laptop, dass Sie es auf der glatten Fläche Ihres Handys gespiegelt sehen können. Drehen Sie die Zellophan-Folie ein bisschen hin und her. Nun können Sie im Spiegelbild auf Ihrem Handy in der Folie plötzlich bunte Farben erkennen. Faszinierend, oder?

Warum wird es auf dem Handy hell oder dunkel?

Bildschirme sind wahre Polarisationskünstler. Das Licht, das sie ausstrahlen, ist zu hundert Prozent polarisiert. Das gilt ebenso für alle anderen Geräte, auf denen uns Zahlen oder Buchstaben angezeigt werden – den Digitalwecker, den Laptop, das Display des Radios oder die Anzeige unserer Heizungssteuerung. In all diesen Haushaltsgeräten sind Flüssigkristallanzeigen verbaut. Mit ihnen gelingt es, die Drehung der Polarisationsrichtung elektrisch zu steuern! Die Anzeigen bestehen aus zwei Polfiltern, zwischen denen eine Schicht von Flüssigkristallen liegt. Sie drehen die Polarisationsrichtung des Lichts, wenn eine elektrische Spannung anliegt.

Um die Anzeigen genau steuern zu können, sind sie in verschiedene Segmente aufgeteilt. Dort, wo elektrische Spannung anliegt, kommt Licht durch, und auf der Anzeige wird etwas lesbar. An allen anderen Stellen bleibt es grau. In einfachen Taschenrechnern reichen sieben verschiedene Segmente, um damit alle 10 Ziffern anzeigen zu können. In hochauflösenden Bildschirmen sind es Millionen kleinster Flüssigkristall-Segmente, die jeden Pixel einzeln steuerbar machen, wobei jeder einzelne Pixel darüber hinaus auch noch aus drei nebeneinanderliegenden Farbflächen besteht.

Ihr Bildschirm schenkt Ihnen also 100 Prozent polarisiertes Licht. Dieses Licht gelangt nun, zum Teil durch den Klebefilm, auf Ihr Handy, das Sie kippen, bewegen – und früher oder später den perfekten, magischen Winkel treffen, der Brewster-Winkel heißt. Dieser Winkel, benannt nach seinem schottischen Entdecker David Brewster[18], ist der, unter dem das Licht wirklich komplett polarisiert ist. Wenn

---

18 Mit Reflexionen und Spiegeln kannte er sich aus. Er ließ sich das Kaleidoskop patentieren.

Sie die Richtung erwischen, die Ihr Laptop NICHT ausstrahlt, erscheint die Reflexion dunkel. Wenn Sie das Handy in einer anderen Position halten, dann erscheint das normale Spiegelbild, weil gerade genau die richtige Polarisationsrichtung am Handy durchgelassen wird.

Alles so schön bunt hier

Es gibt Materialien, die die Polarisationsrichtung des Lichts drehen. Dazu gehören die Flüssigkristalle, die in Ihrem Bildschirm verbaut sind, aber auch Zucker oder Milchsäuren (deshalb spricht man auch von rechts- oder linksdrehenden Milchsäuren). Und eben Kunststoffe wie Tesafilm und Zellophan-Folie. In unpolarisiertem Licht sieht man das nicht (was schade ist, denn sonst würde Tesafilm immer bunt schillern). Aber wenn man Zellophan-Folie zwischen zwei Polarisationsfilter hält, dann geht es los! Die Folie wirkt dann wie ein Schalter. Das Licht hinter dem ersten Filter (Bildschirm) wird von der Folie gerade so gedreht, dass es durch den zweiten Filter (Handy) hindurchgelangen kann. Halte ich die Folie zwischen beide Filter, macht sie das Licht sichtbar. Lasse ich sie weg, bleibt es dunkel. Die Folie schafft es jedoch nicht, die Polarisationsrichtung aller Farben gleich gut zu drehen. Das ist der Grund, warum plötzlich Farben in der Folie sichtbar werden, obwohl sie eigentlich komplett durchsichtig ist.

Noch besser als faule Bienen

Wenn es möglich wäre, einen Tag lang ein Tier zu sein, käme außer einer faulen Biene auch noch ein alleinstehender Schmetterling infrage. Der Blaue Passionsblumenfalter zum Beispiel. Der lebt im tropischen Regenwald von Lateinamerika, wo durch die dichten Blätter der Bäume wenig direktes Sonnenlicht einfällt. Und er kann einen wirklich coolen Trick mit polarisiertem Licht: Er lockt damit paarungswillige Partner an. Auf den Flügeln des Schmetterlingsweibchens befinden sich Muster, die polarisiertes Licht reflektieren. Die machen es den Männchen leichter, sie zu finden. Das System ist besonders ausgeklügelt, weil Vögel, die ja gern Schmetterlinge fressen, kein polarisiertes Licht sehen können. Das Paarungssignal wird also wirklich nur von willigen Schmetterlingsmännchen aufgefangen, und der Fressfeind kriegt nichts davon mit. Das ist gut – wir wollen ja an unserem einen Tag als Tier nicht gleich gefressen werden.

Alltags-Störfaktor
Lifehack-Faktor
Katastrophenpotenzial

Strom macht aua

Wieso wir an der Türklinke einen gewischt bekommen, aber seltener vom Blitz getroffen werden als Kühe

Es war die erste große Reise allein mit dem Zug, ganz ohne Eltern und Geschwister. Elf Jahre war unser Sohn alt, und er fuhr quer durch Deutschland, um seinen besten Freund zu besuchen, der nach Beeskow gezogen war. Beeskow liegt in Brandenburg, ein ordentliches Stück vom Ruhrgebiet entfernt. Vor dem Aufbruch ins Abenteuer besprachen wir mögliche Krisenfälle und wie er darauf reagieren sollte.

- Zug hat Verspätung: Ruhe bewahren und abwarten.
- Zug bleibt auf der Strecke liegen: Ruhe bewahren und abwarten.
- Toilette ist gesperrt: Ruhe bewahren, aber nicht abwarten, sondern zur nächsten freien Toilette gehen.

Gut gelaunt verabschiedeten wir uns am Bahnhof und versprachen, das Handy auf »laut« zu stellen, falls ein unvorhergesehener Krisenfall einträte und er uns anrufen müsste. Wir rechneten nicht damit, vor allem, weil wir kurz nach der Abfahrt die Nachricht bekamen: »Alles gut: Es gibt WLAN! ☺.«

Aber nach gut zwei Stunden klingelte das Handy doch. Der Krisenfall war eingetreten, und er hatte den Reisenden kalt erwischt. Auf alle möglichen Pannen bei der Deutschen Bahn hatten wir ihn vorbereitet – aber nicht auf die Kopfstützen im Zug. »Meine Haare kleben fest«, tönte es aus dem Handy. »Sie knistern und stehen ab!« Puh! Wenn es weiter nichts ist, dachten wir erleichtert (wenn man das Kind zum ersten Mal in die Welt schickt, sind auch die

Eltern aufgeregt). Aber unser Sohn war noch nicht fertig: »Und das Schlimmste ist: Wenn ich eine Tür anfasse, kriege ich einen Stromschlag.«

Wer hätte gedacht, dass auf einer fünfstündigen Zugreise nicht Verspätungen und volle Züge am meisten nerven, sondern die Physik? Genauer: die elektrostatische Aufladung. Sie sorgt dafür, dass Haare an Kopfstützen kleben oder dass wir einen Stromschlag bekommen, wenn wir über einen Teppich laufen und anschließend an eine Türklinke fassen. Die elektrostatische Aufladung steht am Anfang einer eskalierenden Reihe von Elektrizitäts-Phänomenen, die uns allesamt das Leben schwer machen. Stromschläge, Funken, Blitze: Sie können wirklich stören und auch richtig gefährlich sein. Gleichzeitig ist Strom wahnsinnig nützlich, und niemand von uns würde ohne ihn leben wollen.

Es ist nicht leicht, genau zu verstehen, was Strom präzise ist. Spannung, Stromstärke, Leistung: Schon diese Begriffe sind verwirrend. Fangen wir mit der nervigen Kopfstütze und den aufgeladenen Haaren an: Jeder Körper (Mensch oder Gegenstand) trägt elektrische Ladungen, positive und negative. Davon merken wir aber nichts, denn normalerweise hebt sich die Wirkung der positiven und negativen Ladung gegenseitig auf. Damit sind wir neutral. Neutral bedeutet also nicht, dass keine Ladung vorhanden ist, sondern, dass sich positive und negative Ladungen ausgleichen – wie eine Waage, die im Gleichgewicht hängt. Stellen Sie sich eine alte Kaufmannswaage vor, eine mit zwei Schalen, in die man Gewichte legt. Da ist es egal, ob in den beiden Schalen nichts liegt oder jeweils fünf Kilo: Solange in beiden Schalen das gleiche Gewicht liegt, ist die Waage im Gleichgewicht.

Stören können die Ladungen in unserem Körper nur, wenn geladene Teilchen dazukommen oder uns entrissen werden. Dann ist das Gleichgewicht futsch. Und das passiert dauernd. Negativ geladene Teilchen, die Elektronen, spazieren auf unseren Körper hinauf oder von ihm herunter. Der Grund ist folgender: Alle Stoffe bestehen aus Atomen. Diese haben einen positiv geladenen Kern, um den herum negativ geladene Elektronen schwirren. Die negative Ladung der Elektronen gleicht sich mit der positiven Ladung des Atomkerns aus (wir denken an die Waage).

Die Elektronen aber sind wesentlich beweglicher als der Kern. Wenn sich unsere Haare an der Kopfstütze im ICE reiben, werden Elektronen von den Haaren auf die Kopfstütze verschoben. Jetzt haben die Haare zu wenige Elektronen, während die Kopfstütze zu viele hat. Beide Seiten sind also jetzt geladen: Die Kopfstütze negativ, denn sie hat ja mehr negativ geladene Elektronen dazubekommen. Unsere Haare sind positiv geladen, denn sie haben Elektronen abgegeben, und der positiv geladene Atomkern hat nun quasi Übergewicht.

Um einen Körper aufzuladen, muss man also entweder Ladung auf ihn übertragen oder von ihm wegnehmen. Das ist ein physikalischer Grundsatz, der später in diesem Kapitel noch mal wichtig wird, wenn es um richtig viel Spannung geht, beispielsweise bei Blitzen: Elektrische Ladung wird nie, wirklich NIE, »erzeugt« oder auf irgendeine phantastische Weise hergestellt. Sie ist vorhanden und wird immer nur umverteilt.

Reibung ist eine einfache Art, Ladung zu übertragen. Schon im alten Griechenland, ungefähr 600 v. Chr., hat Thales von Milet entdeckt, dass Bernstein, den man an Wolle reibt, danach kleine Dinge anzieht. Sie können diesen Versuch selbst machen, wenn Sie sich beispielsweise Omas Bernsteinkette ausleihen und damit über einen Pulli reiben. Danach zieht der Bernstein Papierschnipsel an, oder getrocknete Gewürze. Das griechische Wort für Bernstein, Elektron, findet sich also völlig zu Recht im Wort »Elektrizität« wieder. Manche Leute sprechen auch von Reibungselektrizität. Ganz korrekt ist das nicht, denn eigentlich reicht schon die Berührung aus, damit Ladungen von einem Gegenstand auf einen anderen übergehen. Reibung ist einfach nur eine sehr intensive Berührung!

Den ganzen Tag lang nehmen wir über zahlreiche Berührungen Elektronen auf oder geben welche ab: Wenn wir gehen, wenn wir von der Stuhlkante rutschen oder mit einem Lappen den Tisch abwischen. Das lässt sich gar nicht verhindern und stört auch niemanden. Denn genau so, wie Elektronen unbemerkt auf unseren Körper gelangen, fließen sie auch heimlich wieder ab, wenn wir Gegenstände berühren.

Nervig wird es nur, wenn wir uns so gut isolieren, dass die aufgenommene Ladung nicht mehr abfließen kann. Zum Beispiel mit Turnschuhen mit Gummisohle. Laufen wir damit über einen Teppich, nehmen wir negativ geladene Elektronen auf. Diese Ladung können wir nicht wieder in den Boden abgeben, denn Gummi leitet ja nicht. Wir sind nicht geerdet. Die Ladung bleibt also auf uns und lauert auf eine Gelegenheit abzufließen. Sobald wir dann ein Material berühren, das gut leitet, nutzt sie diese Chance, und es kommt zur elektrostatischen Entladung: Türklinke angefasst – Stromschlag. Autotür berührt – ein kleiner Funke springt über.

Dabei entstehen erstaunlich hohe Spannungen. Spürbar ist die Entladung ab 3.500 Volt, unter ungünstigen Bedingungen können jedoch weit höhere Spannungen entstehen. Das ist vor allem bei trockener Luft der Fall, wie sie in vielen Büros herrscht.

Gefährlich sind die kleinen Stromschläge an der Türklinke für uns Menschen nicht. Sie nerven einfach nur. Aber stellen Sie sich vor, Sie hantieren mit kleinen elektronischen Bauteilen, z.B. weil Sie gerade ein Handy reparieren. Wenn nun im falschen Moment ein Funke auf ein Elektronikbauteil überspringt, ist die Wahrscheinlichkeit hoch, dass die Energie, die unseren Finger höchstens ein bisschen zucken lässt, die ultrakleinen Leiterbahnen eines Computerchips auf ewig demoliert.

Oder wenn Sie Ihr Auto tanken. Sie steigen aus, greifen nach der Zapfpistole und bekommen vielleicht einen gewischt. Macht nix, ist ja wie an der Türklinke, die Zapfpistole ist schließlich geerdet und

Sie damit auch. Jetzt füllen Sie den Tank. Während Sie auf die Tankfüllung warten, setzen Sie sich kurz in Ihren Wagen, um danach wieder auszusteigen, nicht ohne noch einmal mit Ihrer Kleidung den Autositz zu streifen. Sie fassen an den Zapfhahn, bekommen wieder einen gewischt, und ein Feuer bricht direkt vor Ihren Augen aus, weil die Benzindämpfe sich durch den Funken entzündet haben. Zum Glück reagieren Sie schnell genug und entkommen den Flammen. Solche Unfallhergänge wurden schon häufiger von Überwachungskameras dokumentiert und können leider wirklich passieren, wenn auch selten.

Deshalb haben wir hier einige Tipps, was Sie gegen die elektrostatische Aufladung unternehmen können.

1. Sich absichtlich entladen: Wenn Sie häufiger an einen Heizkörper oder einen anderen, leitfähigen Gegenstand fassen, fließen jedes Mal kleinere Mengen Ladung ab. Sie staut sich nicht mehr an, und Sie bekommen keinen gewischt, wenn sie eine Türklinke berühren (oder Sie wissen es zumindest vorher und können sich darauf einstellen). Dafür sind Ihre Kolleginnen möglicherweise ein bisschen irritiert, wenn Sie ständig fühlen, ob die Heizung es noch tut.

2. Lüften! Wenn die Luftfeuchtigkeit unter 20 Prozent liegt, kann ein Mensch auf mehr als 20.000 Volt aufgeladen werden. Das ist eine ganze Menge (auch wenn die kleinen Stromschläge, wie gesagt, ungefährlich sind). Liegt die Luftfeuchtigkeit über 65 Prozent, sinkt die mögliche Aufladung auf unter 1.500 Volt. Vor allem liegt das daran, dass bei hoher Luftfeuchtigkeit alle Oberflächen mit einem extrem dünnen Feuchtigkeitsfilm belegt werden und dann die Ladung abführen können.

3. Einen Teppich mit Metallfäden kaufen. Die gibt es wirklich! Einige Hersteller bieten so etwas an, um Stromschlä-

ge zu vermeiden. Wir kennen aber niemanden, der so etwas zu Hause hat.

4. Spezialwerkzeug I: Im Online-Versand kann man bekanntlich alles kaufen, so auch Anti-Statik-Schlüsselanhänger. Die sehen aus wie eine kleine Taschenlampe, nur dass vorn kein Licht dran ist, sondern ein Metallkontakt. Den hält man an die Türklinke, bevor man sie anfasst. Es gibt einen kleinen Funken im speziell dafür vorgesehenen Guckfensterchen des Schlüsselanhängers, und Sie können die Tür gefahrlos öffnen.

5. Spezialwerkzeug II: Sie kaufen den Anti-Statik-Schlüsselanhänger *nicht* und nehmen stattdessen einfach einen Schlüssel. Das vordere, etwas spitzere Ende des Schlüssels macht genau das Gleiche wie der Metallkontakt von Spezialwerkzeug I und sorgt dafür, dass die Ladungen kontrolliert von Ihnen auf die Türklinke übertreten.

All diese Möglichkeiten nutzten wir leider nicht, als uns die elektrostatische Aufladung bei einem großen Experiment für eine Fernsehshow richtig in die Quere kam. In monatelanger Arbeit hatten wir für die Sendung »Frag doch mal die Maus« einen drei Meter langen Tisch gebaut, über den nonstop eine sehr lange Papierbahn lief, immer herum, wie das Kassenband im Supermarkt. Das Ziel war herauszufinden, wie viele Meter man mit einem Bleistift schreiben kann.

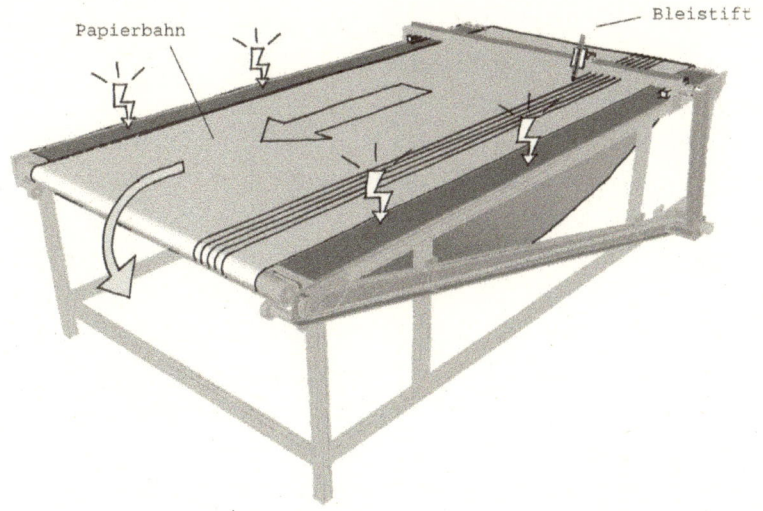

Papierbahn   Bleistift

Alles war fertig für die Aufzeichnung, Marcus wollte nur noch schnell etwas essen gehen und schob gerade die erste Gabel in den Mund, als das Handy klingelte. Am Apparat war sein Kollege Nils: Das Experiment funktioniere nicht. Hektisch suchten wir nach dem Fehler und bemerkten, dass das Papier wie am Tisch festgeklebt war. Es bewegte sich kein Stück mehr. Ganz offensichtlich hatte die elektrostatische Aufladung zugeschlagen: Band und Tisch hatten sich so sehr aneinandergerieben, dass nun die eine Seite stark negativ und die andere stark positiv geladen war. Beide zogen sich so stark gegenseitig an, dass das Band nicht mehr lief. Wir mussten irgendwie eine Schutzschicht zwischen Papier und Tisch bringen.

Wir lösten das Papier vorsichtig und strichen den Tisch mit den Händen ab (im Nachhinein wurde uns klar, dass wir beim Berühren der nächsten Türklinke besser vorsichtig gewesen wären, aber glücklicherweise ist nichts passiert). Dann klebten wir den Tisch komplett mit Gaffa-Klebeband ab. Damit kann man, wie man im Showgeschäft lernt, nämlich alles reparieren, was nicht bei drei auf den Bäumen ist. Das Klebeband hat eine raue Oberfläche, die wenig Reibung ermöglicht. Und dann, wenige Minuten vor dem Start der Aufnahme, lief es wieder!

Warum war das beim Bau des Experiments und bei den Proben noch nie passiert? Genau wissen wir es nicht, aber wir haben zwei Vermutungen: Erstens war die Luft im Studio viel trockener als in unserer Lagerhalle. Zweitens stand direkt neben dem Tisch eine Wand aus Plexiglas (schließlich tobte die Corona-Pandemie, und niemand sollte sich anstecken). Diese Wand war mit einer dünnen Folie beklebt, um Kratzer zu vermeiden. Kurz vor der Aufzeichnung war die Folie abgezogen worden. Das wiederum erzeugte so starke Berührungselektrizität, dass wir es richtig knistern hörten. Möglicherweise war dadurch viel elektrostatische Ladung im Raum, die sich begeistert auf unseren Tisch mit dem Papierband legte. Nach dem Abkleben mit Gaffa-Band war die Reibung zwischen Papier und Tisch deutlich reduziert, und das Experiment funktionierte wunderbar (und wir wissen jetzt, dass man mit einem Bleistift mehr als 14 Kilometer schreiben kann).

Auch Stromschläge können nützlich sein

Wir haben den Ehrgeiz, für jedes Phänomen, das uns das Leben schwer macht, auch angenehme Beispiele zu finden – Situationen, in denen es nützlich ist, oder (noch besser) lustig. Um ehrlich zu sein: Bei der elektrostatischen Aufladung hatten wir Zweifel, ob das klappt. Sie schien einfach überall zu stören. Aber es gibt sie, die Momente, in denen auch statische Ladung nützt. Viele Laserdrucker würden ohne sie nicht funktionieren – also genau die Dinger, die uns davor bewahren, 14 km mit einem Bleistift schreiben zu müssen.

Vereinfacht gesagt funktioniert ein Laserdrucker so: Im Inneren des Druckers dreht sich eine Bildtrommel, um das Blatt zu bedrucken. Diese Trommel wird elektrisch aufgeladen und anschließend mit einem Laser belichtet. Die von ihm belichteten Stellen werden dadurch elektrisch entladen. Zurück bleibt Ladung auf den Bereichen, die am Ende eingefärbt werden sollen. Dann dreht sich die Trommel am ebenfalls aufgeladenen Toner vorbei. Der haftet nur an den Stellen, die noch aufgeladen sind. Auf der Trommel befindet sich nun ein genaues Abbild dessen, was wir drucken möchten. Sie wird über ein Papier geführt und lädt den Toner darauf ab. Jetzt ist unser Dokument bereits gedruckt. Damit es nicht verschmiert, wird es anschließend noch mit einer Rolle unter Druck und Hitze fixiert – das ist der Grund, warum Papier immer ein bisschen warm ist, wenn es aus dem Laserdrucker kommt. Bei uns im Büro hatte der Drucker einmal einen Defekt bei diesem letzten Arbeitsschritt. Er druckte zwar nach wie vor, aber man konnte die Farbe einfach mit der Hand verwischen.

Außer beim Drucken kann elektrostatische Aufladung auch beim Putzen sehr nützlich sein. Allerdings nicht zu Hause im Badezimmer, sondern in großen Industrieanlagen. Hier werden Elektrofilter eingesetzt, um Staub oder Ruß aus der Luft zu filtern. Grob gesagt funktioniert das so: Elektrisch aufgeladene Drähte sprühen Elektronen in die zu reinigenden Gase. Diese treffen dort auf Staub und laden den ebenfalls auf. Die geladenen Staubteilchen streben eilig zu einer anderen, positiv geladenen Elektrode und lagern sich dort ab. Man muss nur noch den Strom abstellen und sie abklopfen.

Der brutale Stromkrieg

Auch wenn elektrostatische Aufladung nervt: Großen Schaden richtet sie zumindest an unseren Körpern nicht an. Anders als Strom, der aus der Steckdose kommt. Der kann richtig gefährlich werden.

Bestimmt kennen Sie auch von klein auf die Warnungen: Lass keinen Föhn in die Badewanne fallen! Fass nicht an ein unisoliertes Kabel! Steck keine Gabel in die Steckdose! Diese Warnungen sind auf jeden Fall mehr als berechtigt. Aber warum eigentlich? Wenn schon beim Laufen über einen Teppich in trockener Luft bis zu 20.000 Volt entstehen können und wir die auch überleben, was ist dann so schlimm an 220 Volt aus der Steckdose?

Der wichtigste Grund, warum ein Föhn in der Badewanne keine gute Idee ist: **Der Föhn arbeitet mit Wechselstrom.** Wie Sie vielleicht wissen, hat Thomas Edison Ende des 19. Jahrhunderts die elektrische Glühlampe erfunden. Edison wollte, dass die Glühlampen mit Gleichstrom funktionierten, dass der Strom also im Stromkreis wie auf einer Einbahnstraße in eine Richtung floss. Außerdem wollte er mit seinen Gleichstrom-Patenten und seinen Stromzählern, die nur Gleichstrom zählen konnten, möglichst viel Geld verdienen. Ein großes Problem hatte Edison allerdings: Auf langen Strecken ging mit Gleichstrom viel Energie verloren. Auf dem wachsenden Strommarkt wollte er das Problem eigentlich sogar für sich nutzen und zusätzlich an den vielen notwendigen Stromerzeugungsstationen verdienen. Allerdings verlor er im Laufe der Zeit immer mehr an Boden gegenüber seinen Konkurrenten von der Wechselstrom-Fraktion. Der Erfinder und Unternehmer George Westinghouse hatte sich mit dem genialen Physiker Nikola Tesla zusammengetan. Sie setzten auf Wechselstrom, der 50- bis 60-mal in der Sekunde seine Fließrichtung ändert. Der Vorteil: Wechselstrom lässt sich leicht auf hohe Spannungen hoch- und wieder heruntertransformieren. Mit sehr viel weniger Verlusten als Gleichstrom kann man ihn dann über Hunderte von Kilometern transportieren. Der Nachteil: Er ist für Lebewesen ungleich gefährlicher, wenn er durch sie hindurchfließt. Trotz dieses Nachteils verkauften Westinghouse und Tesla ihre Patente immer breiter.

Edison startete einen makabren Feldzug gegen den Wechselstrom, indem er in öffentlichen Vorführungen Tiere mit Strom-
schlägen tötete und an dessen traurigem Höhepunkt er einen Mitarbeiter beauftragte, einen elektrischen Stuhl für die amerikanische
Regierung zu bauen, um zu demonstrieren, wie tödlich Wechselstrom sein könne.

Genützt hat das nichts: Wechselstrom hat sich durchgesetzt und
kann so Energie für alle elektrischen Geräten bei uns liefern, entweder bequem über einen Transformator oder direkt, unter anderem
eben auch in dem Föhn.

Was aber macht Wechselstrom so gefährlich? In unserem Körper spielen sich permanent kleine elektrische Vorgänge ab. Zum
Beispiel wird das Herz auf diese Weise zum Schlagen angeregt. In
jedem Herzschlag-Zyklus gibt es jedoch eine Phase, während der
das Herz besonders empfindlich für Störungen ist, die sogenannte vulnerable Phase. Wenn uns in diesem Moment ein Stromstoß
trifft, entsteht das lebensgefährliche Kammerflimmern. Beim
Wechselstrom fließen die elektrischen Impulse 50-mal in der Sekunde in beide Richtungen – und die Gefahr, dass uns ein Stromstoß genau in der vulnerablen Phase trifft, ist ungleich höher als bei
Gleichstrom. Nützlich ist diese Anfälligkeit des Herzens natürlich,
wenn der Impuls genau im richtigen Moment und in der richtigen
Stärke kommt. Auf diese Weise retten Herzschrittmacher täglich
Leben.

Und einen weiteren Grund gibt es, warum wir keinen Föhn in
die Wanne werfen sollten: **Wasser leitet schlechter, als wir denken.**

Ein Föhn im Wasser ist angeblich deshalb so gefährlich, weil
Wasser den Strom leitet. Diese Erklärung haben wir alle früher von
unseren Eltern gehört. Sie ist nicht falsch, allerdings auch nicht
ganz richtig. Korrekt ist: Ein Föhn in der Badewanne ist deshalb
so gefährlich, weil der menschliche Körper den Strom *besser* leitet

als das Wasser. Leitungswasser leitet zwar Strom ganz ordentlich, gehört aber nicht zu den besten Leitern. Kupfer zum Beispiel ist 1 Milliarde Mal leitfähiger. Auch der menschliche Körper ist leitfähiger, denn wir bestehen nicht nur aus Wasser, sondern auch noch aus vielen Salzen. Deshalb leiten wir den Strom besser als unser Badewasser – es sei denn, wir haben Badesalz darin verteilt oder hineingepinkelt (auch wenn das natürlich niemand tut). Fällt der Föhn ins Wasser, kann sich der Strom also leichter in unserem Körper ausbreiten als im Wasser selbst. Gesteigert wird dieser Effekt noch dadurch, dass wir mit unserem ganzen Körper im Badewasser liegen. Die Kontaktfläche für den Strom ist also sehr, sehr groß.

Schlimmer geht immer: Blitze

Gefühlt noch gefährlicher als Strom aus der Steckdose ist ein Blitzschlag. Die Spannung zwischen Gewitterwolke und Erde beträgt einige 10 Millionen Volt. Im Blitz kann ein Strom von mehreren 100.000 Ampere fließen – und die möchte man ja wirklich nicht abkriegen. Wie vielen Menschen in Deutschland das trotzdem passiert, ist unklar. Die Schätzungen liegen zwischen 100 und 250 Blitzunfällen jedes Jahr. Doch nur 5–7 davon sterben.

Sind Blitze also harmloser als gedacht? Nicht wirklich – aber Menschen bringen eine Reihe von Eigenschaften mit, die sie zu weniger leichten Opfern werden lassen als beispielsweise Kühe.

Erstens fließt beim Blitz der Strom kurz, aber heftig. Wenn er uns trifft, kommt uns der sogenannte Skin-Effekt zugute: Der Strom fließt außen an unserem Körper entlang, dringt aber nicht tief ein (»skin« heißt zwar auf Englisch »Haut«, dies hat aber nichts mit der menschlichen Haut zu tun). Der Skin-Effekt greift bei allen leitfähigen Körpern. Hochfrequente oder sehr kurz gepulste Ströme wie

Blitze fließen außen entlang und dringen nur wenig ins Innere des Körpers ein).

Zweitens treffen Blitze uns Menschen meistens nicht direkt, und wir bekommen nicht die volle Ladung ab. Ein direkter Einschlag in den Menschen ist mit sehr hoher Wahrscheinlichkeit tödlich. Er kann einen treffen, wenn man selbst der höchste Punkt in der Umgebung ist. Denn dort entlädt sich ein Blitz am liebsten. Wir wollten einmal im Urlaub eine Wattwanderung machen. Es nieselte ein bisschen, und viele Leute hatten einen Regenschirm dabei. Dann zog ein Unwetter auf. Der Wattführer trat sofort den Rückzug an – denn etwas Dümmeres, als mit Regenschirmen als Blitzableitern aufrecht im Watt zu stehen, könnte man bei Gewitter kaum tun. Allerdings sollte man sich auch nicht unter Bäumen in Sicherheit bringen. Seltsame Bauernregeln wie »Buchen sollst du suchen, Eichen sollst du weichen« sind kompletter Unsinn: Wenn es gewittert, sollten Sie sich von Bäumen grundsätzlich fernhalten. Wenn hier der Blitz einschlägt, bekommt zwar der Baum die meiste Ladung ab, durch einen sogenannten Überschlag kann aber ein Teil davon auf Sie übergehen. Auch das kann sehr gefährlich und sogar tödlich sein. Da hilft es auch nichts, wenn Ihre Schuhe Gummisohlen haben. Die isolieren zwar ein bisschen, ein Blitzschlag ist aber so stark, dass er einfach durch die Sohle ginge. Flüchten Sie also lieber in ein Haus, eine Hütte oder am besten in ein Auto.

Wenn das gar nicht möglich ist und Sie draußen bleiben müssen, sollten Sie sich hinhocken und die Füße möglichst eng zusammenstellen. Nicht hinlegen! Das ist gefährlich. Stellen Sie sich einen Blitz vor, der auf einem freien Feld einschlägt. Wir gehen von einem perfekten, frisch gemähten Feld aus. Hier wird der Strom schön symmetrisch in alle Richtungen nach außen abfließen. Hocken Sie nun in dem Bereich, wo der Strom vom Blitz aus nach außen fließt, mit den Füßen eng beieinander, hat der Strom wenig Lust, durch Sie hindurchzufließen. Obwohl Sie ein passabler elektrischer Leiter sind, würde der Umweg durch Ihren Körper einen höheren Widerstand bedeuten als das sehr kurze Stück durch den Boden.

Anders ist es natürlich, wenn Sie die Beine spreizen oder – das wäre wirklich dumm – gerade Liegestütze machten. Jetzt ist der Weg durch Ihren Körper für den Strom eine Abkürzung, bei der er sicher auch einen gefährlichen Blick auf Ihr Herz wirft. Je kürzer also der Abstand zwischen Ihren Füßen ist, desto geringer ist die Gefahr, dass so etwas passiert. Und das ist auch der Grund, warum Kühe häufig Schäden durch Blitzeinschläge erleiden: Der Blitz schlägt zwar nicht direkt in die Kuh ein, aber sie schafft es einfach nicht, ihre Füße eng genug zusammenzustellen, um die Schrittspannung zu minimieren.

Woher kommt der Blitz?

Physikalisch sehr spannend ist die Frage, wie ein Blitz überhaupt entsteht. Die genauen Abläufe sind in jedem Einzelfall immer noch nicht komplett geklärt. Grob gesagt entsteht ein Blitz, weil die Natur keine Ungleichgewichte mag. In einer Gewitterwolke stoßen kleine Eisteilchen mit dickeren Graupel- oder Hagelkörnern zusammen. Die leichten Eiskristalle wollen nach oben, die schweren Hagelkörner nach unten. Bei ihren Zusammenstößen werden Elektronen von den Eiskristallen auf die Hagelkörner übertragen. Oben haben wir in der Folge nun eine positive Ladung, unten eine negative.

Wie schon gesagt: Die Natur mag keine Ungleichgewichte. Sie möchte das Ladungsgefälle ausgleichen. Hier kommt nun ein physikalisches Prinzip ins Spiel, das wie eine Krankheit klingt: die Influenz. Das ist eine Art elektrische Fernwirkung. Die negative Ladung der Wolkenunterseite stößt Elektronen im Erdboden ab. Diese fließen aus dem betreffenden Bereich ab und hinterlassen eine positive Ladung. Zwischen dem negativ geladenen unteren Teil der Wolke und dem positiven Erdboden entsteht ein Blitzkanal – und schon ist es passiert: Ein Blitz entlädt sich mit gewaltigen Stromstärken und einer Temperatur von etwa 30.000 Grad Celsius.

Wer solch eine Naturgewalt unmittelbar abbekommt, wird häufig meterweit durch die Luft geschleudert. Schuhsohlen werden abgerissen, Kleider zerfetzt. Ketten oder Gürtelschnallen können schmelzen oder verdampfen. Und als wäre das nicht schon gruselig genug, ist auf der Haut von überlebenden Blitzopfern gelegentlich die sogenannte »Lichtenbergsche Blitzfigur« zu sehen. Dieses baumartige Muster wurde nach Blitzschlägen auch schon auf Golfrasen, einem Lederhandschuh und Gehwegplatten gefunden. Glücklicherweise verblasst es nach einiger Zeit wieder.

Einer der dramatischsten Gewitterschäden überhaupt könnte der Absturz des Luftschiffs »Hindenburg« gewesen sein. Der Zeppelin war zusammen mit seinem Schwesterschiff eines der beiden größten Luftschiffe, die jemals gebaut wurden. Mit Hakenkreuzflaggen »geschmückt« und 97 Menschen an Bord schwebte die Hindenburg am 3. Mai 1937 von Frankfurt am Main nach Lakehurst bei New York. Knapp drei Tage dauerte die Reise, und sie war fast geschafft, als kurz vor der Landung über New York ein Gewitter aufzog. Der Kapitän der Hindenburg verschob die Landung, um eine Schleife zu drehen und das Unwetter durchziehen zu lassen. Das gelang auch, doch die Physik schlug zu, als die Hindenburg etwa 60 Meter über dem Landemast ihr Tau auswarf, um sich festbinden zu lassen. In dem Moment, als das Tau den Boden berührte, entzündete sich oben an einem kleinen Leck ein Wasserstoff-Luft-Gemisch. Das Traggas stand in Flammen, es kam zur Explosion.

Was den Brand genau ausgelöst hat, darüber wurde viel spekuliert und sogar ein Film gedreht (ein Anschlag?). Logisch und wahrscheinlich ist, dass die Hindenburg durch den Flug durch die Umgebung des Gewitters tatsächlich elektrostatisch aufgeladen war. Als das nasse Tau den Boden berührte, wurde sie schlagartig geerdet.

Der Hindenburg ist also vermutlich genau das passiert, was wir erleben, wenn wir mit Gummisohlen über den Teppich gehen und dann an eine Türklinke fassen. Darüber wollen wir uns doch jetzt nicht mehr beschweren, oder?

Alltags-Störfaktor
Lifehack-Faktor
Katastrophenpotenzial

Fingernägel auf der Tafel

Wie wir das Handy mithilfe von Eigenfrequenzen verstärken können und warum manche Geräusche so fies sind

Es gibt Geräusche, die lassen einem die Haare zu Berge stehen. Quietschende Kreide auf der Tafel. Styropor, das aneinanderreibt. Gabelkratzen auf dem Teller – vielleicht bekommen Sie auch bei einem dieser Geräusche eine Gänsehaut? Den meisten Menschen geht das so.

Eigentlich ein bisschen übertrieben von unserem Körper – schließlich passiert uns ja nichts, wenn die Kreide auf der Tafel quietscht. Aber das weiß unser Gehirn nicht. Für das limbische System und die Amygdala bedeuten hohe Töne zwischen 2.000 und 5.000 Hertz Gefahr. Könnte ja sein, dass eine unserer Stammesschwestern vor Angst schreit, weil sich ein Angreifer nähert. Da stellen wir lieber unseren Pelz auf, um für die Feinde imposanter zur wirken. Klappt natürlich nicht: Mit Gänsehaut sehen wir nicht Furcht einflößend aus, sondern eher ein bisschen wie Weicheier. Aber früher, als wir noch mehr Körperhaare hatten, war das bestimmt sehr beeindruckend!

Was sind die unbeliebtesten Geräusche, also die mit dem höchsten Gänsehaut-Faktor? Das empfindet jeder unterschiedlich. Der eine hasst es, wenn Luftballons gegeneinanderreiben, der andere nimmt das ganz cool. Vermutlich hat das mit schlechten Erfahrungen zu tun, die wir mit dem jeweiligen Geräusch gemacht haben. Ergebnis unserer Recherche: Ganz oben auf der Liste der Gänsehaut-Geräusche steht die quietschende Kreide auf der Tafel (was sagt uns das über unsere Erfahrungen mit Schule?).

Dieses Geräusch ließe sich eigentlich leicht verhindern, denn es entsteht nur dadurch, dass die Kreide in einem ungünstigen Winkel gehalten wird. Dadurch kann sie nicht mehr gleichmäßig über die Tafel gleiten, sondern bleibt immer wieder für einen kurzen Augenblick stehen, verbiegt sich ein bisschen und rutscht dann wieder los. »Haft-Gleit-Effekt« heißt dieses Phänomen. Jedes Mal, wenn die Kreide stecken bleibt, wird sie verbogen und entspannt sich wieder, sie gerät also in Schwingung. Dieses Schwingen hören wir als Kreischen oder Quietschen. Sehen können wir die stockende Bewegung und das Wieder-Losgleiten nicht, dafür passiert es zu schnell. Aber glauben Sie uns, liebe Lehrerinnen und Lehrer: Es ist da! Halten Sie die Kreide einfach in einem günstigeren Winkel. Oder setzen Sie sich an Ihrer Schule für Smartboards und Tablets ein! Sie tun vielen Schülerinnen etwas Gutes.

Am liebsten aus dem Fenster springen

Am anderen Ende der Frequenzskala quält uns ein Geräusch, das so fies ist, dass zumindest Judith am liebsten aus dem fahrenden Auto springen würde: Das dumpfe Wummern, wenn das Autofenster nur einen Spaltbreit offen ist. Wissen Sie, was wir meinen? Diese Welle, die durch den Wagen wummert und auf die Ohren drückt: »Wwp, wwp, wwp, wwp, wwp« – unerträglich! Meist geschieht das, wenn man die Fenster beim Losfahren einen Spaltbreit öffnet und dann immer schneller fährt. Woher kommt das widerliche Wummern? Und wie kann man es verhindern?

Wir schauen uns das Problem einmal in großem Maßstab an – nicht in einem Auto, sondern in einem Haus. Sie sitzen in Ihrem Wohnzimmer, das Fenster ist auf Kipp, und draußen fährt ein dicker Lkw vorbei. Im Wohnzimmer beginnt es beängstigend zu knattern, und die Geräusche, die plötzlich von überallher kommen, bringen wörtlich die Gläser im Schrank zum Klirren. Die Gläser klirren nicht etwa, weil das ganze Haus wackelt (das schafft ein Lkw dann doch nicht). Aber Lastwagen haben starke Motoren, in denen wie in allen Autos ständig kleine Explosionen ablaufen. Dabei entstehen Gase, die sich ausdehnen und durch das Auspuffrohr nach außen sausen. Die Frequenzen dieser Ausdehnung sind unterschiedlich, je nachdem, wie schnell der Lkw fährt. Vor allem, wenn die dicken Lastwagen in Wohngebieten anfahren und beschleunigen, durchlaufen sie dabei einen ganzen Bereich verschiedener Frequenzen.

Wenn dann das Fenster offen steht (oder auch nur auf Kipp), passiert Folgendes: Die Schallwellen dringen durchs Fenster, schwingen fröhlich durch den Raum und knubbeln sich an den Wänden. Dort erzeugen sie einen Überdruck. Der entlädt sich, und die Luft schwingt mit Schmackes zurück, durchs offene Fenster nach draußen. Jetzt fehlt im Raum Luft – ein Unterdruck entsteht. Sofort strömt neue Luft nach. Dieser Wechsel passiert wieder und immer wieder – und die Gläser im Schrank tanzen im Takt dazu. Im Wohnzimmer bildet sich eine stehende Welle.

Das Gleiche passiert auch im Auto, wenn wir mit halb geöffnetem Fenster anfahren: Irgendwann strömt die Luft so schnell ins Auto, dass die Wellenlänge genau der Eigenfrequenz des Autos entspricht. Das halb geöffnete Fenster erfüllt dabei die Funktion der Stimmlippe an der Blockflöte. Unser Auto spielt quasi Flöte. Wir könnten jetzt darüber streiten, ob es schlimmer ist, wenn Autos Flöte spielen oder wenn eine Blockflöte aus Plastik im Anfängerunterricht quietscht. Aber stattdessen schauen wir lieber, ob wir den störenden Effekt für uns nutzen können!

Podcast aus der Vase

Wenn ein Auto zum Instrument werden kann, dann können wir doch auch andere Haushaltsgegenstände als Verstärker nutzen! Das würde uns sehr helfen, denn wir haben aktuell ein Problem. Auf der

Fensterbank in unserer Küche steht ein altes Radio, das uns seit vielen Jahren beim Spülen die Zeit vertreibt. Doch jetzt sind seine Tage gezählt, denn zwei Dinge haben sich verändert. Erstens: Wir haben nun einen Kater, der das Haus am liebsten durchs Küchenfenster betritt und verlässt. Dafür müssen wir das Radio von der Fensterbank nehmen. Tun wir das nicht, rempelt der Kater dagegen und schubst das Radio in die Spüle (er macht das mit Absicht!). Darum nimmt immer wieder jemand aus unserer Familie das Radio vom Fensterbrett und zieht dabei versehentlich den Stecker heraus. Dann sind alle Sender gelöscht – was uns beim nächsten Abwaschen wahnsinnig nervt, denn wir bemerken es erst, wenn wir schon nasse, schaumige Hände haben und nichts mehr verstellen können.

Zweitens ist bei uns jetzt die Podcast-Sucht ausgebrochen – und die kommen nun mal nicht aus dem Radio, sondern aus dem Lautsprecher des Handys. Podcasts hören ist ein bisschen, als belausche man im Café das Gespräch am Nachbartisch. Mal ist es spannend, mal witzig und fast immer sehr lang. Die längste Folge unseres Lieblingspodcasts dauerte sieben Stunden und 39 Minuten, und bei diesem Ausmaß macht es nichts, wenn man nicht jedes Wort versteht, weil man nebenbei Geschirr spült, Staub saugt oder Auto fährt.

Dann aber gerieten wir an einen Wirtschafts-Podcast. Es ging um Thermostate und wie man damit reich wird – ein absolut nischiges und gerade deshalb faszinierendes Thema. Wie es sich für ein Wirtschaftsthema gehört, sprach der Gast mit ruhiger, sonorer Stimme, ohne viele Höhen und Tiefen. Und das wurde besonders bei Autofahrten zum Problem. Wir verstanden kein Wort des Podcasts, denn Bluetooth war noch nicht erfunden, als unser Autoradio gebaut wurde. Schnell gingen wir unsere Optionen durch: ein neues Auto kaufen (zu teuer), auf dem Seitenstreifen halten und den Podcast zu Ende hören (dauert zu lang) oder schnell einen besseren Lautsprecher bauen.

Wackelpudding und Bleistift

Physikalisch gesehen erfüllt ein Lautsprecher hauptsächlich eine Funktion: Er wandelt elektrische Signale in Schall um – also in Schwingungen der Luft. Das ist schwierig, wenn der Lautsprecher so klein ist wie in einem Handy. Stellen Sie sich die Luft als riesengroßen Wackelpudding vor und die Membran im Handylautsprecher als spitzen Bleistift. Nun möchten Sie den riesigen Wackelpudding zum Wackeln bringen, indem Sie ihn mit der Spitze des Bleistifts anpiksen. Das wird den Wackelpudding wenig beeindrucken. Er wird sich höchstens ein bisschen bewegen, wenn überhaupt. Leichter wäre es, wenn Sie mit dem dicken Radiergummi am anderen Ende des Bleistifts stupsen würden. Oder mit etwas noch Größerem, einem Kartoffelstampfer zum Beispiel.

Deshalb haben gute, leistungsfähige Lautsprecher in der Regel große Membranen. Je größer die Membran ist, desto leichter gelingt es, viel Energie auf eine große Menge Luft zu übertragen, also die Luft stärker in Schwingung zu versetzen. Und umso mehr Wumms hat der Lautsprecher.

Jetzt, im Auto, gab es keine große Membran, an die man das Handy anschließen könnte. Darum blieb zunächst nur ein Ausweg: Wir mussten die kleine Menge Schall, die das Handy von sich gab, dorthin lenken, wo wir sie haben wollten. Konkret: Die sonore Stimme des Thermostat-Millionärs sollte an unsere Ohren gelangen. Wenn man das Handy einfach auf den Beifahrersitz legt, verbreitet sich der Schall aus dem kleinen Lautsprecher in alle Richtungen, und nur ein kleiner Teil davon kommt bei uns an.

Das wollten wir ändern. Hierbei kam uns zugute, dass Schallwellen sich nicht so einfach von einem Medium ins andere bewegen. Eine Betonwand zum Beispiel schützt relativ gut davor, Gespräche aus der Nachbarwohnung mithören zu können. Denn der meiste Schall wird an der Wand reflektiert und kann in Beton nicht so leicht eindringen. Wir sagen hier bewusst »nicht so leicht«, denn komplett schalldicht sind Wände natürlich nicht – unsere Nachbarn, deren Wohnzimmer an die Wand mit unserem Klavier grenzt, können ein Lied davon singen… Wäre die Wand aber nur aus Holz, wäre das Klavier drüben noch lauter zu hören. Und im Zelt spielt aus gutem Grund überhaupt niemand Klavier.

Warum ist es im Zelt so laut?

Um die Frage zu beantworten, müssen wir uns klarmachen, was Schall überhaupt ist: nämlich Schwingungen. Solche Schwingungen können in jedem Medium entstehen – in Wasser, in Pudding und natürlich in der Luft. Im Handylautsprecher schubst ein elektrischer Impuls ein paar Luftmoleküle an, die geraten in Bewegung und stoßen die nächsten Moleküle an und so weiter. So wandert der Schall in einer Art Kettenreaktion durch die Luft. Sie können sich das vorstellen wie eine Metall- oder Plastikfeder, mit denen Kinder manchmal spielen (diese Dinger, die man die Treppe herunterklettern lassen kann): Wenn Sie die Feder leicht auseinanderziehen und dann an der einen Seite einen Impuls geben, geht dieser wie eine Welle durch alle Windungen.[19]

---

19 Für Detail-Fans: Schubst man die Feder in Richtung der Feder an, spricht man von einer Longitudinalwelle. Wenn man der Feder seitlich einen Impuls gibt, breitet sich seitlich eine Beule entlang der Feder aus. Das nennt man dann Transversalwelle. In Luft kann sich der Schall jedoch nur als Longitudinalwelle ausbreiten.

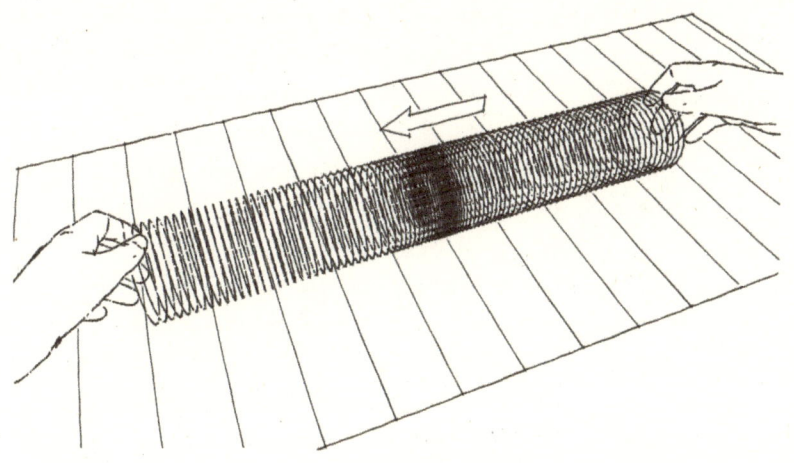

Schall hat aber noch eine Eigenschaft, die uns beim Bau eines improvisierten Auto-Lautsprechers sehr zugutekommt: Er ist – salopp gesagt – ein bisschen faul. Er wechselt nicht gern von einem Medium ins andere. Wenn Sie schon einmal in der Badewanne untergetaucht sind, während jemand vor der Wanne stand und mit Ihnen gesprochen hat, wissen Sie: Der Schall aus der Luft taucht nicht gern ins Wasser. Darum hören Sie die Stimme unter Wasser nur dumpf.

Physiker rechnen ja gern Dinge aus. Um zu errechnen, wie gut Schall von einem Medium ins andere wechselt, haben sie einen Begriff eingeführt – die Impedanz. *(Und Achtung: Hier kommen wir jetzt in wirklich komplexe Sphären der Physik. Halten Sie durch, Sie können wirklich stolz auf sich sein!)* Für die Impedanz spielen zwei Dinge eine Rolle: die Dichte eines Stoffes und die Geschwindigkeit, mit der Schallwellen sich in diesem Stoff bewegen.

Luft hat keine besonders hohe Dichte, sie ist ja ein Gas. Wirklich schnell ist Schall in der Luft auch nicht. Er bewegt sich mit einer Geschwindigkeit von ungefähr 340 Metern pro Sekunde (m/s). Durch andere Stoffe bewegt sich Schall viel schneller! In Kunststoff kann sich Schall mit 2.300 m/s bewegen. Gleichzeitig hat Kunststoff auch noch eine höhere Dichte als Luft. Die Impedanz von Luft und Kunststoff ist also sehr unterschiedlich. Und je unterschiedlicher die Impedanz ist, desto weniger gern wechselt Schall von einem Medium ins andere. Das bedeutet: Der Schall bewegt sich nicht gern von der Luft in Kunststoff.

Das ist sehr praktisch für den Bau unseres Lautsprechers! Stellen Sie sich vor, unsere Podcast-Schallwelle schwingt gemütlich durchs Auto. Plötzlich prallt sie auf das Armaturenbrett, denn das ist ja aus Kunststoff. Was macht die Schallwelle nun? Genau das, was wir auch tun, wenn wir nicht angeschnallt sind und eine Vollbremsung machen: Sie knallt gegen das Armaturenbrett und prallt von dort wieder ab. Für den menschlichen Körper wäre das mindestens schmerzhaft, den Schall beeindruckt das wenig. Wenn Kunststoff den Schall abprallen lässt, sollte er also in der Lage sein, ihn gezielt an unsere Ohren zu lenken. Und so ist es auch: Unser Auto hat auf der Ablage unter der Windschutzscheibe ein kleines Fach für eine Sonnenbrille. Wenn man das Handy dort hineinlegt und die Klappe offen lässt, wird der Schall von der Klappe reflektiert und landet in den Ohren des Fahrers (wer kein Sonnenbrillenfach hat, kann das Handy in eine Vertiefung in der Mittelkonsole stellen. Dann kommt die sonore Stimme des Wirtschaftsexperten zwar von etwas weiter unten, ist aber auch gut zu hören).

Kein Lautsprecher aus Pappe!

Dieser selbst gebaute Lautsprecher funktioniert immer dann, wenn das verwendete Material eine deutlich andere Impedanz hat als Luft. Glas und Porzellan klappen gut, Pappe und Styropor schlecht. Als wir zu Hause ankommen, wissen wir dank des selbst gebauten Lautsprechers alles über Thermostate. Aber eigentlich sind uns die schon längst egal: Wir möchten wissen, aus welchem Gefäß im Haushalt sich der beste Verstärker für das Handy bauen lässt.

Testobjekt 1: unsere größte Vase. Sie ist fast kniehoch, und meistens stellen wir Sonnenblumen hinein. Der Podcast plappert los: Die Stimme klingt aus der Vase tatsächlich lauter, dafür aber auch ziemlich dumpf. Marcus topft das Handy um in Testobjekt 2: eine etwas kleinere Vase, die in der Mitte tailliert ist und oben breit auseinanderläuft. Es klingt ganz okay. So hören wir uns durch eine Vase nach der anderen. Schnell steht fest: Auf die Größe kommt es nicht an. Höhere und breitere Vasen machen den Ton nicht unbedingt lauter. Oft klingen sie sogar schlechter als die kleinen.

Testsieger nach zwei Stunden: unsere kleinste Vase. Sie ist ungefähr 15 cm hoch und hat oben einen Durchmesser von 12 cm. Aus ihr klingt der Podcast genauso laut wie aus den größeren, zusätzlich aber ist der Ton viel klarer. Noch lauter wird es nur, als wir den Lautsprecher des Handys unten an eine Vuvuzela halten, die noch aus der Zeit in unserem Keller liegt, als in Südafrika die Fußballweltmeisterschaft stattfand. Die lief natürlich außer Konkurrenz, denn man braucht zwei Hände, um die Vuvuzela ans Handy zu halten, und eine gehörige Verrenkung, um seine Ohren vor den Schalltrichter zu bekommen. Freie Hände zum Abwaschen hat man dann auch nicht mehr.

Der Sound leerer Becher

Was hat die kleine Vase, was die Großen nicht haben? Erstens hat sie eine hilfreiche, konische Form. Der Boden hat einen kleinen Durchmesser, und nach oben wird die Vase konstant breiter. Durch diese Trichterform wird auch die Schallfront immer breiter, was die Lautstärke konstant verstärkt (Fanfaren, Trompeten oder Posaunen sehen nicht ohne Grund so aus, wie sie aussehen). Die Trichterform dient also dazu, die unten eingebrachte Energie möglichst gut auf die Luft zu übertragen.

Zweitens hat sie die perfekte Größe. Jeder Gegenstand hat eigene Frequenzen, in denen die darin befindliche Luft besonders gerne schwingt, abhängig von Form und Größe. Wenn ich mein Handy in eine dicke Bodenvase stecke, werden andere Tonhöhen verstärkt als in einem Saftglas.

Diese unterschiedlichen Eigenfrequenzen kann man übrigens hören, wenn man sein Ohr über einen leeren Becher oder ein leeres Glas legt. Vielleicht haben Sie ja gerade einen Kaffee oder Tee neben sich stehen. Sofern der Becher nicht mehr voll mit einem dampfenden Getränk ist, legen Sie Ihr Ohr ruhig einmal über die Öffnung: Erst hören Sie ein Rauschen, wie früher bei den gewundenen »Rauschmuscheln« am Strand (als Kinder dachten wir, wir würden das Meer rauschen hören, bis wir erfuhren, dass es das Blut in unseren Ohren sein sollte). Hören Sie einfach weiter – dann merken Sie, dass Sie wirklich einen Ton hören, der je nach Behältnis verschieden ist. Man kann diesen Ton sogar mitsingen.

Warum hören Sie einen Ton? Der Becher macht ja selbst keine Geräusche – und Sie haben (hoffentlich) auch keinen Tinnitus. Es ist so: Alle Umgebungsgeräusche, die um Sie herum sind, strömen in den Becher, kurze und längere Wellen, alle möglichen Frequenzen durcheinander. Aber nur Geräusche mit einer bestimmten Wellenlänge regen den Becher zum Schwingen an, weil sie genau die passende Frequenz treffen, nämlich die Eigenfrequenz des Bechers.

Die Lage ist die gleiche wie bei der stehenden Welle im Wohnzimmer. Eine Druckwelle breitet sich im Becher aus, und an dessen Boden staut sich für einen kurzen Moment die Luft. Dort entsteht kurzfristig ein Überdruck. Der entlädt sich wieder und schiebt die Luft nach oben – und zwar extrem schnell, nämlich mit Schallgeschwindigkeit. Weil unser Becher eine große Öffnung hat (wir wollen ja bequem daraus trinken), hat die Luft freie Bahn: Wie jede Masse ist auch sie träge, und einmal angeschoben hält sie nicht so gern wieder an. So kommt es, dass schnell zu viel Luft aus dem Becher geschoben wird. Oben geht mehr raus, als eigentlich drin war. Unten im Becher haben wir nun statt eines Überdrucks einen Unterdruck. Den gleicht die Umgebungsluft aus, indem sehr schnell neue Luft in den Becher strömt – die sich wieder unten staut und für einen Überdruck sorgt. So schwingt die Druckwelle immer hin und her, und zwar in dem Rhythmus, der genau zum Becher passt.

Die Höhe des Bechers bestimmt, wie die Luft hin und her schwingt. Ist der Becher sehr hoch, braucht der Druck länger, um sich zu entladen und wieder aufzuladen. Ist der Becher niedrig, geht das schneller. Die Luft schwingt also in der Eigenfrequenz des Bechers – oder der Vase. Töne, die in diesem Bereich liegen, werden sauber verstärkt und klingen gut.

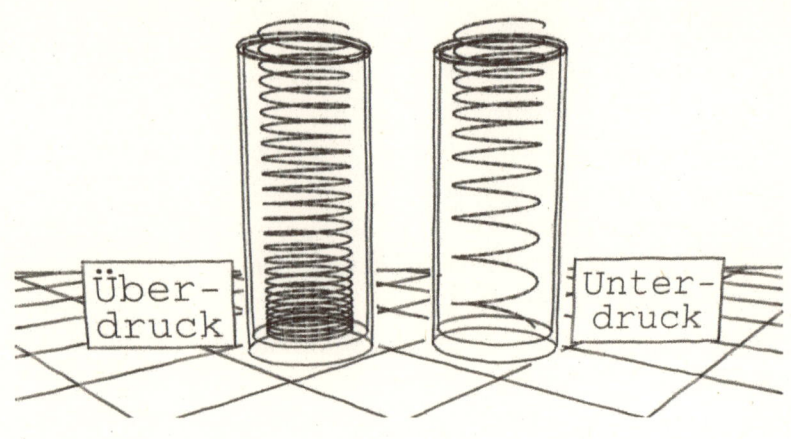

Über-
druck

Unter-
druck

Podcast ja, Musik nein

Unsere Testsieger-Vase mit einer Höhe von 15 cm eignet sich gut, um gesprochene Sprache zu verstärken. Auch ein noch kleinerer Behälter, zum Beispiel ein breites Glas, tut hier gute Dienste (im Internet finden sich zudem viele kreative, selbst gebaute Handyverstärker, aus Rohren, Bechern oder Gläsern). Sie verstärken die Frequenzen gesprochener Sprache.

   Das gilt nur für Sprache, wohlgemerkt! Unsere Tochter nahm unseren Testsieger, die konische Vase, mit ins Bad, um in der Dusche endlich richtig laut ihre Lieblingsband zu hören. Laut war die Musik auch, aber sie klang grauenhaft. Dumpf, scheppernd – einfach unangenehm. Das war aus der Sicht einer 13-Jährigen wahnsinnig enttäuschend, aus physikalischer Sicht aber hochinteressant! Der Vasen-Lautsprecher eignet sich nicht für Musik, weil sie zu viele unterschiedliche Frequenzen enthält. Wer gut Musik hören möchte, muss die große Bodenvase aus dem Keller holen. Oder beim Geschirrspülen das alte Küchenradio einschalten. Das bleibt auf jeden Fall auf seinem Ehrenplatz in der Küche, zum Musikhören. Es hat so einen schönen Lautsprecher, aus dem alle Töne gut klingen. Der Kater soll gefälligst einen Bogen darum machen!

Alltags-Störfaktor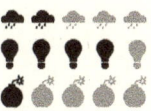
Lifehack-Faktor
Katastrophenpotenzial

Beschlagene Brillen und blinde Spiegel

Wie man Luftfeuchtigkeit austrickst und dadurch besser sieht

Luftfeuchtigkeit – was für ein langweiliges Thema … denken Sie! Aber lösen Sie doch erst mal dieses Rätsel: Was, denken Sie, ist schwerer: feuchte Luft oder trockene Luft? Die Auflösung gibt's am Ende des Kapitels.

Vorher wird es aber erst mal so richtig lästig. Es geht um beschlagene Brillen. Besonders störend ist das, wenn man im Winter von draußen in die warme Wohnung kommt. Ist ja klar, kennt jeder – und wäre bis vor Kurzem keine Erwähnung in einem Buch wert gewesen. Doch dann kam Corona. Mit der Pflicht zum Tragen einer Mund-Nasen-Maske wurden beschlagene Brillen vom Nischenthema zum allgemeinen Problem. Denn Brillen beschlagen mit Maske ständig, auch wenn es nicht kalt ist, einfach weil der feuchte Atem vom Stoff nach oben abgeleitet wird.

Besonders genervt davon war unser Sohn, der täglich acht Stunden mit Brille und Maske in der Schule verbrachte. Er schob die Brille bis auf die Nasenspitze, aber das half auch nicht. Er nahm eine Maske mit Metallbügel, die er eng an sein Gesicht presste – kein Erfolg. Er kaufte Anti-Beschlag-Spray, aber außer einer verschmierten Brille hatte er davon nichts. Am Ende setzte er seine Brille im Unterricht meistens einfach ab (nicht gut für die Augen, und auch nicht für die Schulnoten, denn nun konnte er die Tafel sehen, aber nicht immer alles lesen).

Durch das permanente Schimpfen unseres Sohnes wurde uns bewusst, wie sehr Luftfeuchtigkeit manchmal nervt. Dieser Wasserdampf, der sich in der Luft befindet und sich dort mit anderen Bestandteilen unserer Atemluft mischt, wie beispielsweise Sauerstoff oder Stickstoff. Wie kann man den in den Griff kriegen? Gibt es physikalische Tricks gegen beschlagene Brillen?

Die Wurzel des Übels ist die Tatsache, dass warme Luft mehr Wasserdampf halten kann als kalte. Unter der Maske, nahe an unserem Gesicht, ist die Luft sehr warm (= viel Feuchtigkeit). Außerdem atmen wir unter der Maske aus (= noch mehr Feuchtigkeit). Diese warme, feuchte Luft dringt durch die kleinen Lücken zwischen Maske und Nase nach oben und trifft auf die Brille. Hier ist es kälter, denn die Brille ist ja im Kontakt mit der kühleren Luft um uns herum. Die ausgeatmete Luft kühlt sich an der Brille ab und erreicht ihren Taupunkt. Das ist die Temperatur, bei der die Luft, salopp gesagt, »das Wasser nicht mehr halten kann«. Feuchtigkeit beginnt, sich an einem Gegenstand abzusetzen. In diesem Fall an den Brillengläsern.

Eine Nummer größer erleben wir das an unserem Badezimmerspiegel. Nach dem Duschen sieht man nichts mehr. Das ist erst mal unlogisch. Wir heizen das Bad zum Duschen muckelig warm, und warme Luft kann doch mehr Wasserdampf halten als kalte. Genau: mehr – aber nicht unendlich viel. Beim Duschen gelangt extrem viel Wasserdampf in die Luft, viel mehr, als selbst Heizungsluft stemmen kann. Irgendwann ist der Taupunkt erreicht, und die relative Luftfeuchtigkeit liegt bei 100 Prozent. Das bedeutet, dass die Luft nicht noch mehr Wasserdampf aufnehmen kann. Der Wasserdampf kondensiert am Spiegel, an den Fliesen oder am Fenster. So eine hohe Luftfeuchtigkeit herrscht sonst nur im tropischen Regenwald, wo sie relativ konstant bei 90–100 Prozent liegt.

Was ist schlechte Luft?

Richtig angenehm ist der Aufenthalt im vernebelten Bad oder im schwülen Regenwald nicht. Wir Menschen empfinden in der Regel eine Luftfeuchtigkeit von 50–60 Prozent als angenehm. Das reicht, um die Schleimhäute in Mund und Nase feucht zu halten. Gleichzeitig ist diese Luft trocken genug, dass wir selbst Wasser an sie abgeben können. Denn das tun wir ständig, auch wenn wir das nicht immer merken. Klar, wer Sport macht, schwitzt spürbar. Aber auch sonst transpirieren wir unablässig. Ungefähr einen halben Liter Wasser pro Tag geben wir an die Luft ab, etwa einen weiteren halben Liter atmen wir aus. (Das erklärt, warum es wirklich sinnvoll ist, ausreichend zu trinken!)

In unserem Fall gelangen allein aus den Körpern unserer sechsköpfigen Familie täglich sechs Liter Wasser in die Luft unserer Wohnung. Kann die Luft überhaupt all diese Feuchtigkeit aufnehmen? Es gibt zwei physikalisch korrekte Wege, das herauszufinden. Entweder wir machen ein Experiment: Wir schließen uns drei Tage ein und öffnen in dieser Zeit weder ein Fenster noch die Tür. Oder wir rechnen das aus.

Weil uns das Experiment selbst in Zeiten von Corona-Lockdowns mühsam erschien, haben wir uns für die Rechnung entschieden. Unser Wohnzimmer ist 20 Quadratmeter groß. Bei einer Deckenhöhe von 2,40 m enthält der Raum 48 Kubikmeter Luft. Jetzt müssen wir natürlich wissen, wie viel Wasserdampf ein Kubikmeter Luft aufnehmen kann. Das hängt, wie gesagt, von der Temperatur ab. Je wärmer die Luft wird, desto mehr Wasserdampf ist nötig, um sie zu sättigen. Stellen Sie sich vor, Sie stünden in einer rund 35 Grad heißen Wüste, wo 7,6 ml Wasser in einem Kubikmeter Luft unterwegs sind. Wahrscheinlich würden Sie die Wüstenluft als sehr trocken empfinden – zu Recht, denn dieser Wert entspricht einer relativen Luftfeuchtigkeit von nur 20 Prozent. Das bedeutet: Die Luft hat lediglich 20 Prozent der Wassermenge aufgenommen, die sie aufnehmen könnte. Mehr ist in der Wüste eben nicht zu kriegen.

Aber dann wird es Nacht, und unsere Wüste kühlt radikal ab. Große Temperaturunterschiede sind beispielsweise in der Sahara ja nichts Seltenes. Nehmen wir an, unsere Wüste ist jetzt rund 7 Grad

Celsius kalt. Immer noch sind 7,6 ml Wasser pro Kubikmeter Luft unterwegs. Aber die Luft hat sich so weit abgekühlt, dass sie viel weniger Wasser aufnehmen kann. Die 7,6 ml schafft sie gerade noch so. Darum liegt die relative Luftfeuchtigkeit plötzlich bei 100 Prozent. Bei gleicher Wassermenge! Auf diese Weise lässt sich in Wüsten übrigens Wasser gewinnen. Man breitet am Abend eine Folie auf dem Boden aus und erntet in den frühen Morgenstunden das in der kühlen Luft kondensierte Wasser. Wer im Sommer sein Auto mit einer Klimaanlage runterkühlt, hätte deshalb eigentlich eine Menge Kondenswasser an den Scheiben. Die Konstrukteure der Klimaanlage haben aber vorgesorgt: Das kondensierte Wasser fließt über einen Schlauch ab, und unser Auto ist schön kühl, mit angenehmer Luftfeuchtigkeit.

Ob Wasser kondensiert, hängt also nicht nur von der absoluten Menge des Wasserdampfs in der Luft ab, sondern ebenso von der Temperatur. Wenn morgens der Nebel über einer Wiese hängt, ist es einfach noch so kalt, dass die Luft etwas von ihrer Feuchtigkeit dort parken musste. Erwärmt sie sich, nimmt sie die Feuchtigkeit wieder auf, und der Nebel verschwindet.

Eiswüste Gefrierfach

Eindrücklich beobachten kann man diesen Effekt auch im Gefrierfach unseres Kühlschranks. Das ist immer völlig vereist: Die Wände sind überzogen mit Schneekristallen, vergessene Packungen mit Fischstäbchen sind wie Fossilien in diese Schicht eingefroren. Der Kühlschrank samt Eisfach steht in der Küche, dem wärmsten Raum in unserem Haus. Hier kochen und backen wir, und das allein verursacht so viel Wärme, dass wir die Küche nie heizen müssen. Beides sorgt aber auch für eine Menge Luftfeuchtigkeit. Beim Kochen wird bis zu 1.500 ml Wasserdampf pro Stunde in die Luft abgegeben, das ist sogar mehr als beim Duschen (bis zu 800 ml). Wenn wir das Gefrierfach öffnen, strömt die warme, feuchtigkeitshaltige Luft in das eiskalte Fach – und kondensiert sofort zu wunderschönen, aber auch sehr störenden Eiskristallen. Die einzige Lösung für dieses Problem besteht darin, das Fach nicht mehr zu öffnen. Dann wären vermutlich keine Eiskristalle darin – oder vielleicht doch? Wir wüssten es ja nicht, da wir das Fach nicht öffnen würden. Die Situation wäre ein bisschen wie mit Schrödingers berühmter Katze …

Aber zurück in unser Wohnzimmer. Bei 20 Grad Celsius und einer angenehmen Luftfeuchtigkeit von 60 Prozent enthält jeder Kubikmeter Luft 10 Milliliter Wasser. Wir haben 48 Kubikmeter Luft im Raum, also sind dort 480 ml Wasser unterwegs. Ein knapper halber Liter. Wenn wir abends mit Freunden zu viert im Wohnzimmer sitzen und ein Spiel spielen, gibt jeder von uns pro Stunde ungefähr 50 ml Wasserdampf ab (wir stufen »ein Spiel spielen« jetzt mal als leichte körperliche Aktivität ein, wir spielen ja nicht Völkerball). Das sind pro Stunde 200 ml Wasserdampf mehr. Die relative Luftfeuchtigkeit steigt also stetig an. In den ersten zwei Stunden ist das kein Problem, wir waren ja bei 60 Prozent gestartet. Aber wenn wir lange dort sitzen und nicht lüften, wird es unangenehm.

Tatsächlich braucht man nicht unbedingt technische Geräte, die Luftfeuchtigkeit messen, man merkt das ganz gut selbst. Wenn wir alle zusammensitzen, kommt es häufig vor, dass irgendjemand darum bittet, einmal kurz zu lüften. Täten wir das nicht, läge die relative Luftfeuchtigkeit irgendwann bei 100 Prozent. Die Feuchtigkeit würde sich im Raum absetzen – auf Möbeln, Kleidung, an den Wänden und an den Fenstern. Und wenn wir das länger so durchziehen würden, hätten wir irgendwann Schimmel. Schimmelpilze lieben es feucht und gedeihen bevorzugt dort, wo die relative Luftfeuchtigkeit über längere Zeit bei mehr als 80 Prozent liegt.

Die Feuchtigkeit, die wir Menschen erzeugen, muss also raus. Das ist ein wesentlicher Sinn regelmäßigen Lüftens. Man lässt Kohlendioxid hinaus und wird Feuchtigkeit los. Das funktioniert natürlich nur, solange es draußen nicht noch feuchter ist. Im Sommer zum Beispiel bringt die warme Luft viel Feuchtigkeit hinein, einfach, weil sie mehr Wasserdampf enthält. Deshalb ist es sinnvoll, im Sommer nachts oder früh am Morgen zu lüften, wenn die Luft noch kühl ist. Dann hat sie einen Teil ihres Wasserdampfs als Tau auf der Wiese abgelegt und schleppt ihn nicht zu uns rein.

Richtig lüften

Im Winter ist das egal, da kann man den ganzen Tag lang immer mal wieder lüften. Trotzdem ist man im Winter versucht, die Fenster geschlossen zu lassen – es wird ja so unangenehm kalt! In unserer Familie gibt es zwei Fraktionen: Frischluftfanatiker und T-Shirt-Träger. Die einen wollen mehrmals am Tag alle Schotten aufreißen, egal ob es draußen friert. Die anderen möchten vor allem nicht frieren. Ein klassischer Morgen verläuft deshalb so: Judith ist als Erste in der Küche und reißt das Fenster auf. Marcus kommt eine Minute später und schließt es. Unsere Tochter erscheint und öffnet das Fenster wieder, worauf sich ihr Bruder beschwert – und so weiter. Für die T-Shirt-Träger spricht, dass jedes Lüften im Winter die Wohnung natürlich abkühlt. Daher muss sie wieder geheizt werden, und das kostet Geld. Deshalb raten Experten, die Fenster kurz und kräftig aufzureißen und dann wieder zu schließen, also auf keinen Fall »auf Kipp« lassen. Mit unserem chaotischen Hin und Her beim morgendlichen Lüften kommen wir also ohne Absicht dem perfekten Luftaustausch ziemlich nahe.

Der Erfinder der schlechten Luft

Ob wir uns in einem Raum wohlfühlen, hängt natürlich nicht nur von der Luftfeuchtigkeit ab. Es gibt ja auch noch Luftbestandteile wie Sauerstoff, Kohlendioxid usw. Ihre Konzentration entscheidet darüber, ob in einem Raum »schlechte Luft« ist oder nicht. Der Wissenschaftler Max Pettenkofer hat diese Faktoren bereits im Jahr 1858 intensiv untersucht.[20] Pettenkofer ist quasi der Erfinder der »schlechten Luft«. Er beschäftigte sich mit Hygiene und ihren Auswirkungen auf die menschliche Gesundheit. Außerdem war er ein großer Freund von Experimenten. Berühmt ist sein Selbstversuch, in dem er eine Kultur von Cholera-Erregern schluckte, um zu beweisen, dass nicht sie allein die Krankheit auslösen. Er kam mit einem leichten Durchfall davon.

Pettenkofer dichtete einen Raum möglichst gut ab und hielt fest, bei welcher Luftzusammensetzung sich seine Versuchspersonen darin wohlfühlten. So fand er heraus, dass Menschen es mögen, wenn weniger als 0,1 Prozent Kohlendioxid in der Luft sind. Das entspricht 1.000 Kohlendioxid-Molekülen auf 1 Million Luftteilchen. Bei dieser Menge, fand Pettenkofer heraus, war auch die Geruchsbelästigung durch andere Menschen am geringsten. Diese »Pettenkofer-Zahl« galt sehr lange als Maßstab für gute Luft und wurde erst in jüngster Zeit durch differenziertere Maßstäbe ersetzt.

Auf das Lüften verzichtete Pettenkofer in seinem Versuch. Er nahm an, dass die Wände wesentlich zum Luftaustausch beitragen. In Versuchen zu »atmenden Wänden« dichtete er einzelne Seiten von Ziegelsteinen ab und fand heraus, dass Luft trotzdem noch hindurchgepresst werden konnte. Der Luftaustausch durch die Wände,

---

20 Max Pettenkofer: *Über den Luftwechsel in Wohngebäuden*. Cottaesche Buchhandlung, München 1858.

folgerte er, trage wesentlich zur guten Raumluft bei. Das ist nicht ganz so,[21] denn Pettenkofer arbeitete mit sehr hohem Druck, der im Alltag in unseren Wohnungen nicht vorliegt. Bemerkenswert ist aber, dass er schon damals schrieb, der Luftaustausch funktioniere schlechter bei Wänden moderner Häuser. Das ist auch heutzutage der Fall: Je besser unser Haus isoliert ist, desto mehr müssen wir aufpassen, dass die Luftfeuchtigkeit drinnen nicht kondensiert. Denn ein gut isoliertes Haus hält draußen, was draußen ist, und drinnen, was drinnen ist.

Wer genervt ist vom ständigen Lüften, Heizen und Brilleputzen, der kann sich die positiven Effekte der Kondensation vor Augen halten. Ohne sie gäbe es beispielsweise keine Wolken. Wolken entstehen, weil die Luft sich in größerer Höhe abkühlt. Dann kann sie die Feuchtigkeit nicht mehr halten, und der Wasserdampf kondensiert. Das sind beachtliche Mengen Wasser, die da über uns schweben! Je nach Größe der Wolke kommt da locker ein Gewicht von 100 Tonnen Wasser zustande, so viel wie 20 Elefanten. Und die fallen uns irgendwann auf den Kopf: Wenn die Wolke zu schwer wird, regnet es. Dies ist ein absolut positiver Aspekt der Luftfeuchtigkeit, denn auf Regen möchten wir ja wirklich nicht verzichten (besonders in den letzten sehr heißen Sommern ist auch uns der Wert des Regens noch einmal bewusst geworden).

Außerdem ist der Show-Effekt von feuchter Luft nicht zu unterschätzen! In unserer Wissenschaftsshow gibt es ein Experiment, bei dem wir flüssigen Stickstoff mehrere Meter hoch in die Luft spritzen. Der Stickstoff verdampft, kühlt die Luft stark ab, und der darin enthaltene Wasserdampf kondensiert zu einer Wolke. Die Wirkung dieses Effektes schwankt zwischen »ganz ansehnlich«, wenn die Luft

---

21 H. Künzel: *Kritische Betrachtungen zur Frage des Feuchtehaushaltes von Außenwänden.* Gesundheits-Ingenieur, 1970.

eher trocken ist, und »Wow, Wahnsinn!«, wenn durch feuchte Luft eine wirklich dichte Wolke entsteht, die anschließend langsam zu Boden sinkt. Ähnlich verhält es ich übrigens auch, wenn Sie ein Eis frisch aus der Tiefkühltruhe holen. Häufig sieht man Nebel unter dem Eis nach unten strömen. Je feuchter die Luft, desto ausgeprägter der Effekt. In komplett trockener Luft wird davon jedoch nichts mehr zu sehen sein.

Heizbare Brillen und andere Tricks

Auch wenn wir die Kondensation an nervigen Stellen nicht verhindern können, so können wir sie doch zumindest ein wenig austricksen. Eine Möglichkeit, das zu tun, ist es, die Luft an kritischen Stellen zu erwärmen, damit sie mehr Feuchtigkeit aufnehmen kann. Ich kann zum Beispiel meinen Badezimmerspiegel föhnen. Das dauert lange, funktioniert aber. Alternativ kann ich ihn mit einem Handtuch abwischen, aber meistens beschlägt er dann sofort wieder. Eine clevere Lösung entdeckten wir bei einer beruflichen Reise nach Japan: Dort war hinter dem Spiegel im Hotel eine kleine Heizspirale befestigt. Die beheizte eine briefpapiergroße Fläche, die dann nicht mehr zu den kältesten Punkten im Raum zählte und nicht beschlug. Wer mit dem Handtuch ähnlich erfolgreich sein will, kann einen vergleichbaren Effekt erzielen: Man muss nur stark genug reiben, dann erwärmt sich die Scheibe ein wenig und bewirkt das Gleiche.

Eine super Idee, die leider bei einer beschlagenen Brille nicht funktioniert (obwohl – so ein heizbarer Rahmen …?). Wer möchte, kann stattdessen den Seifentrick ausprobieren: Nehmen Sie ein trockenes Stück Seife oder ein Tröpfchen Spüli und reiben Sie damit vorsichtig über die Brillengläser. Anschließend polieren Sie die Brille mit einem weichen Tuch, einem Brillenputztuch oder einem anderen Tuch aus Mikrofaser (Vorsicht, dass die Gläser nicht zerkratzen). Jetzt sollte es etwas besser sein mit dem Beschlagen. Denn von der Seife bleibt ein hauchdünner Film zurück. Der verhindert zwar nicht, dass Wasser kondensiert, aber es bilden sich keine Tröpfchen, sondern nur ein sehr gleichmäßiger Wasserfilm. Die Seife setzt die Oberflächenspannung des Wassers herab und verhindert so, dass es sich Wasser-Tröpfchen auf der Brille gemütlich machen. Das klappt auch mit dem Badezimmerspiegel. In beiden Fällen muss man den Seifenfilm alle paar Tage erneuern.

Wenn Sie nichts von beidem zur Hand haben, gibt es noch ein biologisches Zaubermittel: Spucke. Vielleicht kennen Sie den Trick aus dem Schwimmbad. Dort beschlagen die Schwimm- oder Taucherbrillen, und zwar aus den oben beschriebenen Gründen: Die Luft unter der Brille wird nach und nach immer feuchter und kondensiert an den kühleren Gläsern der Brille. Wenn Sie kräftig hineinspucken und den Speichel verreiben, hat sich das Problem erledigt.

Unsere Spucke besteht zwar größtenteils auch aus Wasser, aber eben nicht nur. Sie enthält auch Proteine, die uns hier sehr helfen. Die entscheidenden Proteine heißen Mucine. Mucine sind im Grunde nichts anderes als Schleim. Sie werden von Pflanzen genauso gebildet wie von Tieren, und eben auch von uns Menschen. Der Schleim hilft zum Beispiel dabei, beim Essen die zerkauten Speisen durch die Speiseröhre in den Magen rutschen zu lassen. Nicht appetitlich, aber sehr praktisch!

Wenn Sie nun in Ihre Taucherbrille spucken, verteilen sich die Proteine auf den Gläsern und sind mit Wasser nicht so leicht wieder abzuspülen (versuchen Sie mal, einen Teller mit Resten einer proteinhaltigen Käse-Sahne-Sauce ohne Spülmittel sauber zu kriegen). Die kondensierten Wassertröpfchen perlen einfach ab, und Sie haben freie Sicht. Diesen Vorschlag haben wir auch unserem Sohn gemacht für sein Problem mit Brille und Gesichtsmaske in der Schule. Wir waren nicht überrascht, als er ablehnte (»Ich spucke doch nicht auf meine Brille!«). Aber rein physikalisch wissen wir: Es hätte funktioniert.

Zum Schluss sind wir Ihnen noch die Lösung des Rätsels vom Kapitelanfang schuldig. Was ist nun schwerer: trockene oder feuchte Luft? Vielleicht haben Sie gedacht, dass es nur die trockene Luft sein kann, wenn wir schon so fragen. Und Sie haben recht! Physikalisch richtig ausgedrückt: Trockene Luft hat eine höhere Dichte als feuchte Luft. Uns hat diese Tatsache erst überrascht. Wenn man jedoch ein bisschen darüber nachdenkt, wird es plausibel.

Stellen wir uns mit Wasserdampf gesättigte Luft bei 20 Grad Celsius vor. Ein Kubikmeter Luft enthält dann 17,3 g Wassermoleküle,[22] die zwischen den anderen Molekülen der Luft durch die Gegend schwirren. Die Luftfeuchtigkeit ist nur ein kleiner Bestandteil der Luft, aber immerhin ist jedes 43. Teilchen in der Luft ein Wassermolekül. Die anderen Moleküle sind Stickstoff, Sauerstoff und Argon. Die Spurengase (Kohlendioxid und so weiter) können wir hier außer Acht lassen.

Lassen Sie uns unsere feuchte Luft nun trocknen – zum Beispiel, indem wir einen Entfeuchter wie von der Baustelle hineinstellen. Praktisch bedeutet dies, dass alle Wasserteilchen, also jedes 43. Teilchen, aus unserem Luftvolumen verschwindet. Von außerhalb strömen nun, um den Druck auszugleichen, Luftteilchen nach. Letztlich wird jedes Wasserteilchen gegen irgendein Luftteilchen ausgetauscht. Das können wir uns wirklich so vorstellen, denn das Volumen des Gases ist fast unabhängig davon, aus welchen Teilchen es besteht, solange nur die Anzahl gleich bleibt.

Ein Wassermolekül wiegt 18 u (»u« ist die Maßeinheit, mit der man das Gewicht von Atomen und Molekülen misst). Ein anderes, durchschnittliches Luftteilchen ist schwerer: Es wiegt im Schnitt 28,9 u. Wenn wir also unsere leichten Wassermoleküle gegen schwe-

---

22 Bei einem Luftdruck von 1013 hPa, was dem normalen Umgebungs-druck entspricht.

rere Kollegen austauschen, muss trockene Luft tatsächlich schwerer sein als feuchte. Auf einen Kubikmeter Luft bezogen, macht dieser Unterschied immerhin etwa 10 Gramm aus.

Trotzdem fühlt sich warme, schwüle Gewitterluft im Sommer schwer an. Die Feuchtigkeit legt sich auf unsere Haut, und das Transpirieren wird schwieriger. Angenehm ist das nicht – da nützt es auch nichts, zu wissen, dass trockene Luft noch schwerer wäre.

Alltags-Störfaktor
Lifehack-Faktor
Katastrophenpotenzial

Ruhe in Frieden, Handy!

Warum iPhones durch Diffusion einen schrecklichen Tod sterben, uns derselbe Effekt aber knackige Möhren beschert

Wer Helium einatmet, bekommt eine Stimme wie Micky Mouse: hell, quietschig und künstlich, sehr witzig. Helium ist ein leichtes Gas, in dem sich der Schall schneller ausbreitet als in Luft (nur Wasserstoff hat eine noch geringere Dichte). Darum klingt unsere Stimme viel höher. Weil das so viel Spaß macht, dürfen unsere Kinder manchmal Helium einatmen, wenn sie uns in der Werkstatt besuchen. Allerdings nur wenig und kontrolliert, denn ungefährlich ist das nicht. Als leichtes Gas entweicht Helium zwar von selbst wieder aus der Lunge, aber wenn man zu viel davon einatmet, kann es passieren, dass zu wenig Luft in der Lunge ist. Es ist schon vorgekommen, dass Leute dadurch ohnmächtig geworden sind, hingefallen und sich den Kopf angestoßen haben. Also: Vorsicht beim Einatmen von Helium!

Für eine Fernsehsendung wurden wir darum gebeten, einen sicheren Weg zu finden, wie prominente Gäste Helium einatmen könnten. Mit dabei war der großartige Comedian und Moderator Wigald Boning. Der Plan war, eine begehbare Box zu bauen, in der Helium und Sauerstoff in einem gesunden Verhältnis vorliegen. In diese Kiste sollten Wigald Boning und seine Kollegen schlüpfen. Hier war es praktisch, dass Helium ein so leichtes Gas ist: Wir konnten den Boden der Box einfach weglassen und sie auf Ständern aufstellen, sodass Herr Boning von unten hineintauchen konnte. Das Helium schwebte ja brav oben.

Die Box war ein voller Erfolg! Wigald Boning klang wie Micky Mouse, wir waren zufrieden, der Sender auch – bis Wigald Boning uns ansprach (nach der Sendung, wieder mit normaler Stimme). Sein Handy sei kaputt, seit es in der Box gewesen wäre. Ein iPhone 6, damals neu, sehr ärgerlich.

Wir wunderten uns sehr – waren wir uns doch keiner Schuld bewusst. Helium ist ein Edelgas und extrem reaktionsträge. Es reagiert nicht mit Sauerstoff, brennt nicht und geht auch mit anderen Stoffen keine Verbindungen ein. Zudem: Auch wir waren bei den Proben mit unseren Handys in der Box gewesen, ohne jeglichen Schaden an Menschen oder Geräten. Einer unserer Mitarbeiter hatte sogar ebenfalls ein Apple-Gerät, welches das Bad im Helium unbeschadet überlebt hatte.

Also antworteten wir freundlich, dass wir uns den Schaden nicht erklären könnten. Wir schlossen mit der Sache ab, behielten sie aber als kuriose Anekdote im Hinterkopf. Ein paar Monate später stießen wir zufällig auf einen Bericht über Erik Wooldridge, Systemspezialist im Morris Hospital bei Chicago. Er hatte 2018 gerade ein neues MRT-Gerät im Krankenhaus installiert, als sich Ärzte und Pfleger mit Problemen an ihn wandten: In der Nähe des Geräts gaben Handys reihenweise den Geist auf. Und nicht nur sie, auch Smartwatches waren betroffen. Erik Wooldridges erster, erschrockener Gedanke war, dass das MRT elektromagnetische Strahlung abgab. Das wäre ein riesiges Problem gewesen! Doch in diesem Fall wären ja nicht nur die Handys betroffen gewesen, sondern auch andere medizinische Geräte rund um das MRT. Davon gab es einige, und sie alle erfreuten sich bester Gesundheit.

Wooldridge sah sich die beschädigten Handys an und stellte fest, dass es sich ausnahmslos um Apple-Geräte handelte – Telefone und Uhren, insgesamt 40 Stück. Woran konnte das liegen? Wooldridge postete das Problem im Internetforum »reddit«, wo andere Systemadministratoren schnell die Vermutung äußerten, es könne am Helium liegen, mit dem das MRT gekühlt wurde. Schließlich werden in diesen Geräten mehrere Hundert Liter flüssiges Helium benötigt, um die supraleitenden Magnete zu kühlen. Und tatsächlich! Wooldridge fand ein kleines Helium-Leck. Das klärte allerdings nicht, warum die iPhones so allergisch darauf reagierten. Als er die »Patienten« nebeneinanderlegte, war deutlich sichtbar: Je jünger sie waren, desto schwerer »erkrankten« sie. Alle betroffenen iPhones waren vom Typ 6 und höher, die Apple Watches Typ 0 und höher. Das einzige iPhone 5, das auf der Station noch in Gebrauch war, funktionierte einwandfrei.

An dieser Stelle wurden wir hellhörig. Wir fragten unseren Mitarbeiter, welches Gerät er nutzte: iPhone 5, offenbar gerade alt genug, um das Heliumbad zu überleben, im Gegensatz zu Wigald Bonings neuem Modell. Jetzt fragt es sich natürlich, was anders ist an den neueren Geräten? Was macht sie so allergisch auf Helium?

Warum sterben nur neue iPhones?

Wenn der Deutschlandachter ein Rennen fährt, braucht er starke Ruderer, das ist ja klar. Aber er braucht auch einen Schlagmann, der den Takt angibt. So ein Taktgeber befindet sich im Inneren jedes Computers und auch in Smartphones. Dort heißt der Taktgeber Oszillator. Der Oszillator bekommt kleine elektrische Impulse, durch die er in Schwingung gerät. Der Takt dieser Schwingung gibt die Frequenz der Rechenschritte im Prozessor des Handys vor.

Jetzt stellen Sie sich vor, der Schlagmann des Deutschlandachters besäuft sich vor einem Rennen. Benebelt von den Drogen, gibt er den Takt nicht mehr richtig an: Erst zählt er viel zu schnell, dann lässt er sich nach hinten fallen und schläft tief und fest ein. So gerät der ganze Achter in Unordnung, besonders, wenn der Schlagmann plötzlich doppelt so schnell zählt, sind die Ruderer nach kurzer Zeit erschöpft. So geht es den iPhones, wenn sie Helium ausgesetzt sind.

Warum ist ausgerechnet der Schlagmann der iPhones so leicht zu irritieren? Kurz gesagt: Er ist ein bisschen zartbesaitet. Das liegt an der Art der Oszillatoren, die bei Apple verbaut sind. In den meisten modernen Computern erfüllen kleine Quarzkristalle diese Aufgabe. Das sind kleine Klötze, die sich unter Spannung sehr schnell ausdehnen und wieder schrumpfen. Sie werden mit elektrischen Impulsen zum Schwingen angeregt. Eine tolle Technik, die präzise den Takt halten kann.

Leider haben Quarzkristalle ein paar Nachteile: Sie sind verhältnismäßig dick. Zudem sind sie sehr empfindlich, was Wärme, Kälte, Schmutz, Feuchtigkeit und Erschütterungen angeht. Davor müssen die Kristalle zum Beispiel durch Keramikgehäuse geschützt werden, die wiederum teuer und aufwendig zu produzieren sind. Außerdem wollen wir alle unsere Smartphones ja handlich und flach haben. Wie alle anderen Hersteller ist auch Apple deshalb auf der Suche nach möglichst kleinen Bauteilen.

Gefunden hat Apple MEMS-Chips. Diese Abkürzung steht für den sperrigen Begriff »Mikro-Elektro-Mechanische Systeme«. Es handelt sich um winzige Bauteile (die komplette Seitenlänge beträgt nur einen Millimeter), in denen noch winzigere Lamellen aus Silizium hin und her schwingen. Die Lamellen sind so klein, dass man sie nur mit einem Elektronenmikroskop noch vernünftig sehen kann.

Die MEMS-Oszillatoren haben Quarz gegenüber viele Vorteile. Sie sind genauer, günstiger, widerstandsfähiger und kälteunempfindlicher. Ihre Achillesferse ist aber, Sie ahnen es, Helium. Während einem Quarz-Kristall die Anwesenheit irgendwelcher Gase herzlich egal ist, wandern die Heliumatome bei MEMS-Oszillatoren einfach hinein in den Chip, und zwar erstaunlich schnell. Schon nach vier bis acht Minuten gaben die Telefone in Tests keinen Mucks mehr von sich.

Wasser nein, Helium ja

Die meisten Smartphones mögen wasserdicht sein, aber Gase können trotzdem eindringen, besonders wenn es sich um ein leichtes Gas wie Helium handelt. Der physikalische Vorgang dahinter heißt Diffusion. Einfach gesagt bedeutet Diffusion, dass sich die Teilchen in Gasen oder Flüssigkeiten durchmischen, bis überall gleich viele vorhanden sind. Das ist sehr praktisch, denn auf diese Weise verteilt sich Sauerstoff überall in unserer Atemluft. Ansonsten könnte es vorkommen, dass da, wo ich stehe, reiner Sauerstoff ist, während Sie zwei Meter neben mir nur Stickstoff atmen. Das wäre schlecht.

Die gemischten Teilchen hat 1827 der schottische Botaniker Robert Brown entdeckt, als er unter seinem Mikroskop Blütenstaub beobachtete. Er sah, dass die Staubpartikel sich immerzu bewegten und verteilten. Diese Theorie heißt nach ihrem Entdecker »Brownsche Bewegung«. Albert Einstein setzte darauf auf, als er 1905 seine grundlegende Arbeit zur »molekularkinetischen Theorie« veröffentlichte. Einstein folgerte, dass es in Flüssigkeiten und Gasen winzige, unsichtbare Teilchen geben musste, welche den Blütenstaub hin und her schieben. Die »Brownsche Bewegung« ist also ein Beweis dafür, dass es Atome und Moleküle gibt und dass diese sich ständig bewegen.

Wenn nun Wigald Boning mit seinem neuen iPhone in die Heliumbox steigt, ist rund um das Handy viel Helium und im Oszillator-Chip in seinem Inneren keines. Hier herrscht nämlich normalerweise ein Vakuum (produziert werden diese Komponenten in einer Atmosphäre aus Wasserstoff. Anschließend werden sie bei wenig Wärme gebacken, der Wasserstoff entweicht, und zurück bleibt das Vakuum). Schnell diffundiert nun Helium in den Chip, um das Konzentrationsgefälle auszugleichen.

Das plötzliche Auftauchen des Heliums bringt den Oszillator völlig durcheinander. Die Lamellen schwingen nun nicht mehr im Vakuum, sondern in einem dünnen Gas. Die Frequenz verändert sich. Die Elektronik, die die Schwingung kontrolliert, reagiert konfus. Der Schlagmann des Handys ordnet langsamere Schläge an oder schnellere, und irgendwann gibt er erschöpft auf. In Tests konnte gezeigt werden, dass die Stoppuhr der Smartphones erst schneller läuft, dann langsamer – und dann gar nicht mehr.

Praktisch ist diese Gefahr für die meisten iPhone-Nutzer gering. Denn nur die wenigsten arbeiten in der Nähe einer Heliumquelle. Apples Entscheidung für einen Oszillator aus Silizium ist also nachvollziehbar. Apple geht zudem offensiv damit um und erwähnt das Problem sogar in seinen Gebrauchsanweisungen. Hier wird empfohlen, ein Handy, das ins Helium-Koma gefallen ist, einfach ein paar Tage in Ruhe zu lassen. Nach einer Woche sollte das Helium einfach aus dem Oszillator-Chip hinausdiffundiert sein.

Spaß mit Diffusion

Während Sie als Betroffener darauf warten, dass das Gas aus Ihrem Handy krabbelt, könnten Sie zu Hause ein paar sehr nette Experimente mit Diffusion machen (es ist ja nun viel Zeit frei geworden, in der Sie nicht Nachrichten checken oder Videoclips auf Instagram schauen können). Zum Beispiel kann man mit Diffusion schlappe Möhren wieder knackig machen.

So geht's:
Füllen Sie ein hohes Glas mit Wasser und stellen Sie die Möhren hinein. Verstauen Sie das Glas im Kühlschrank und warten Sie einen Tag (maximal zwei). Dann sind die Möhren wieder knackig.

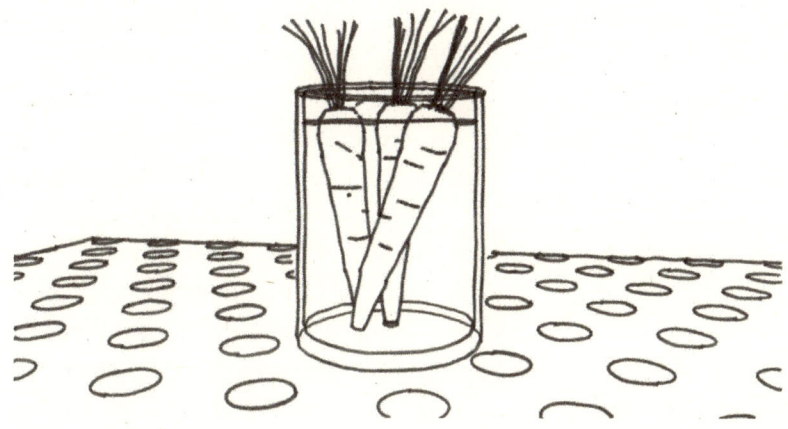

Hier ist das Gleiche passiert wie mit Wigald Bonings Handy im Helium – nur mit Absicht. Die Möhren waren schon ein wenig vertrocknet. Im Glas war nun viel Wasser um sie herum. Etwas davon ist in die Möhren hineindiffundiert und hat sie wieder knackig gemacht. Wenn die Möhren Wasser aufnehmen, werden sie übrigens etwas dicker. Deshalb sollten Sie das Glas nicht zu klein wählen. Es kann sonst passieren, dass Sie die wieder erfrischten Möhren nicht rausbekommen.

Kochen mit Osmose

Jetzt warten wir leider schon auf zwei Dinge: das Handy und die Möhren. Die Mühlen der Physik mahlen langsam. Rastlos wandern wir durchs Haus, und wie immer, wenn uns langweilig ist, denken wir an Essen. Was könnten wir schnell kochen? Im Keller steht noch ein Glas Würstchen. Wir legen die Würstchen in einen Topf, füllen Wasser dazu und stellen die Herdplatte an. Böser Fehler! Die Würstchen platzen und sehen nicht mehr lecker aus. Danke, Physik!

Denn natürlich haben wir nicht bedacht, dass Diffusion auch beim Kochen eine Rolle spielt – genauer gesagt, eine Erweiterung der Diffusion, die Osmose. Hierbei dringt Wasser durch eine teilweise durchlässige Schicht, die einige Stoffe durchlässt und andere nicht (Wissenschaftler sprechen von einer semipermeablen Membran). Sie können sich diese vorstellen wie ein Sieb, mit dem Kinder im Sandkasten kleine Steinchen aus dem Sand sieben. Oder wie der Kinderdurchgang bei den sehr teuren Toiletten an vielen Autobahnraststätten: Wer größer ist als 1,10 m, passt nicht aufrecht durch das ausgesägte Loch (wobei dieses Beispiel hinkt, weil sich auch größere Kinder hindurchducken können. Das ist für eine sechsköpfige Familie wie unsere nicht unwichtig, da sonst jeder Gang aufs Klo sechs Euro kostet).

Die Pelle unserer Wiener Würstchen ist so eine semipermeable Schicht. Sie lässt Wasser hindurch, Salze aber nicht. In den Würstchen befinden sich viele Salze, im Wasser drum herum nicht. Salz abgeben kann das Würstchen nicht, es kommt ja nicht durch die

170

Pelle. Deshalb bleibt nur eine Möglichkeit, um das Salz-Konzentrationsgefälle auszugleichen: Das Würstchen muss mehr Wasser aufnehmen. Das tut es auch. Wasser strömt hinein, bis die Pelle platzt. Hätten wir die Würstchen doch bloß direkt im Salzwasser erwärmt, oder in der Einlegeflüssigkeit aus dem Glas. Wenn im Wasser genauso viel Salz ist wie in der Wurstmasse, findet keine Osmose statt.

Bei Würstchen schmeckt man den Unterschied zwischen einem perfekt erwärmten und einem geplatzten möglicherweise nicht, deshalb noch ein Beispiel aus der gehobenen Küche: Tafelspitz! Wenn Sie ein möglichst schmackhaftes Stück Siedefleisch zubereiten möchten, sollte die Kochflüssigkeit möglichst genau den Salzgehalt des Fleisches aufweisen, damit keine Geschmacksstoffe austreten. Genau andersherum ist es, wenn Sie eine Brühe kochen. Hier möchten Sie, dass der Geschmack aus den Knochen ins Wasser gelangt. Darum ist es sinnvoll, das Wasser nicht zu salzen. Anders ist das, wenn Sie Nudeln kochen: Hier sollten Sie das Wasser zu Beginn der Zubereitung salzen, damit die Nudeln nicht ihr weniges Salz abgeben. Grünen Salat sollte Sie dagegen lieber erst direkt vor dem Servieren mit dem Dressing würzen. Er wird matschig, wenn er länger im Dressing liegt, denn er gibt bereitwillig sein Wasser an die salzig-saure Umgebung ab.

Schrumpelhände und Schrumpeleier

Während wir den Würstchentopf abwaschen, betrachten wir unsere Hände im Spülwasser. Die Fingerspitzen sind schrumpelig.

Häufig liest man, auch daran sei die Osmose schuld. Die Theorie: In unserem Körper ist mehr Salz gelöst als im Wasser. Deshalb ströme Wasser in unsere Hautzellen und lasse sie aufquellen, besonders dort, wo Hornhaut ist. Diese Erklärung ist nicht logisch, denn in diesem Fall müsste ja unser ganzer Körper schrumpelig werden, nicht nur die Finger und Zehen. Und eigentlich sehen die Fingerspitzen ja auch nicht aufgequollen aus, sondern eher eingezogen!

Wissenschaftler kamen einer anderen Erklärung auf die Spur, als ihnen auffiel, dass Menschen mit Nervenschädigungen so lange baden können, wie sie wollen, ohne Schrumpelfinger zu bekommen. Es musste also etwas mit den Nerven zu tun haben! Der aktuelle Stand der Erkenntnis ist: Wenn wir längeren Kontakt mit Wasser haben, sorgt das sympathische Nervensystem dafür, dass sich die Blutgefäße an Zehen und Fingerspitzen zusammenziehen. Die Haut wird nach innen gezogen.

Schiff gesunken durch Osmose

Die Menschen, die Osmose am meisten hassen, sind vermutlich Segler. Osmose kann Schiffe versenken, und es ist nicht verwunderlich, dass Segler von ihr sprechen wie von einer schlimmen Krankheit. Ein Schiff hat »Osmose« oder »ist von Osmose befallen«. Konkret geht es um den Rumpf der Schiffe, der unter Wasser liegt. Besonders ältere Schiffe sind häufig aus GFK, glasfaserverstärktem Kunststoff. Hierin ist Harz verarbeitet, das nicht dauerhaft wasserbeständig ist. Darum kommt es vor, dass Wasser in die Wand des Schiffes diffundiert. Dort sammelt es sich in kleinen Hohlräumen, die im Laminat immer vorhanden sind. Das Harz zersetzt sich und bildet eine Säure. Diese zieht – durch ihr Bestreben, sich zu verdünnen – weitere Feuchtigkeit in den Hohlraum. Die Flüssigkeit drückt den Lack des Schiffes (das sogenannte Gelcoat) als Blase nach außen. Wenn diese Blase platzt, ist das Laminat schutzlos dem Meerwasser ausgesetzt. Es geht mehr und mehr kaputt. Wird das nicht bemerkt, sinkt das Boot irgendwann.

Tatsächlich haben solche Schäden schon Todesopfer gefordert – meist bei Schiffen, die über Jahre im Wasser liegen. Segler, die nur im Frühling und Sommer unterwegs sind und ihr Boot im Winter aufs Trockene holen, haben weniger Probleme: Hier besteht wenigstens die Chance, die Osmoseschäden an Land zu erkennen. Wer also auf große Fahrt gehen möchte, sollte sich besser ein moderneres Boot kaufen. Hier werden zumeist andere Harze verwendet, die deutlich wasserfester und resistenter gegen Osmose sind. Muss man auch erst mal wissen.

Wigald Boning hat uns den Unfall mit seinem iPhone inzwischen verziehen. Er hat nicht gewartet, bis das Helium von selbst entwichen ist, sondern ist mit seinem kaputten Handy in einen Apple-Shop gegangen und hat es untersuchen lassen. Diagnose: Wasserschaden. Er bekam ein neues.

Alltags-Störfaktor
Lifehack-Faktor
Katastrophenpotenzial

Das leuchtet so schön!

Wir sind ständig radioaktiver Strahlung ausgesetzt, wir essen sogar radioaktiv belastete Lebensmittel. Aber ist das gefährlich?

Eigentlich erzählen wir diese Geschichte sehr ungern – aber wenn sie irgendwo erzählt werden muss, dann in einem Kapitel über Radioaktivität. Schließlich geht es um einen Atomunfall, und zwar um einen selbst verursachten.

Es geschah an einem Labortag am Ende des Studiums. Vorlesungen, Übungen und Praktika waren bestanden, jetzt fehlte nur noch die Abschlussarbeit. Marcus' Thema: Medizinphysik und die Frage, ob radioaktive Implantate Tumore im Auge bekämpfen können. Hauptbestandteil dieses Experiments waren Gamma-Seeds – kleine, strahlende Kapseln, ungefähr so groß wie ein Reiskorn. Sie bestehen aus einer Titanhülle, in die radioaktive Iod-125-Kügelchen eingearbeitet sind. Beim Zerfall von Iod-125 entsteht Gammastrahlung, die im menschlichen Körper heftige Schäden verursachen kann.

Um die Strahlung zu messen, müssen diese radioaktiven Reiskörner im Labor auf einen Kunststoffblock geklebt werden – natürlich unter strengen Sicherheitsvorkehrungen, die das Ganze zu einer Art Geschicklichkeitsspiel machten: Zwischen Marcus und der Arbeitsfläche war eine rund 40 Zentimeter hohe Mauer aus Bleiziegeln aufgebaut, darauf lag eine Bleiglasscheibe als schräges Dach. Um diese Scheibe musste Marcus herumgreifen – natürlich nicht mit bloßen Händen, sondern mit dicken Bleihandschuhen, mit denen er zwei lange Pinzetten hielt. Sie können sich das vorstellen wie beim Kindergeburtstag, wenn man mit dicken Handschuhen, Schal und Mütze mit Messer und Gabel eine Tafel Schokolade auswickelt. Schokoladenwettessen mit Radioaktivität.

Und wie beim Schokoladenwettessen verliert man irgendwann – in diesem Fall ein radioaktives Reiskorn. Es flutschte einfach von der Pinzette, klick, weg war es. Das war, ohne Übertreibung, wohl der schlimmste Moment des ganzen Physikstudiums.

Denn wie findet man ein millimetergroßes, unscheinbar silbernes Teilchen, wenn man eine Schutzbrille trägt und sich über Bleiwände beugen muss? Einfach suchen schien aussichtslos. Nach einigen Schockminuten meldete sich glücklicherweise das logische Denken zurück: Was tun radioaktive Stoffe? Sie strahlen! Marcus holte einen Geigerzähler und bewegte ihn langsam über die Arbeitsfläche. Und tatsächlich: In einer Ecke zeigte das Gerät deutlich mehr Radioaktivität an als in den anderen. Und dort, ganz am Rand der Arbeitsfläche, lag die verlorene Titankapsel!

Wenn Sie nun denken: Gott sei Dank habe ich nicht Physik studiert, da muss ich mich mit radioaktiver Strahlung nicht herumschlagen, müssen wir Sie enttäuschen. Radioaktive Strahlung ist ein Teil unserer Umwelt, und wir alle sind ihr ausgesetzt – wenn wir über Kopfsteinpflaster gehen, in den Urlaub fliegen oder Bananen essen. Jawohl, Bananen. Die enthalten nicht nur radioaktives Kalium, sondern außerdem auch noch Alkohol, und wir fragen uns langsam, warum sie nach Äpfeln das beliebteste Obst der Deutschen sind (oder vielleicht gerade deshalb?).

Warum enthält die Banane radioaktives Material und der Apfel nicht? Das hat mit den Atomkernen zu tun, die in den beiden Obstsorten enthalten sind (die Atomkerne, nicht die Apfelkerne!). Die Kerne der allermeisten Atome, die uns umgeben, sind stabil. Sie bleiben, wie sie sind, egal ob sie in der Luft herumschwirren, in einer Handybatterie stecken oder eben in einem Apfel. Diesen stabilen Atomkernen ist egal, welche chemische Verbindung das ganze Atom eingeht.

Bestimmte Arten von Atomkernen haben aber die Eigenschaft, spontan zu zerfallen. Dann werden sie Radionuklide (= Radio-»Kerne«) genannt. Beim Zerfall entstehen sehr energiereiche Strahlen oder Teilchen, die sich mit hoher Geschwindigkeit ausbreiten. Diese **ionisierende Strahlung** ist in der Lage, anderen Atomen oder Molekülen Elektronen zu entreißen oder sie chemisch zu verändern. Dabei gibt es mehrere Eskalationsstufen, je nachdem, wie viel Power die Strahlung hat und wie viel Schaden sie anrichten kann.

1. *Alphastrahlung* entsteht zum Beispiel durch den Zerfall des Gases Radon, das in der Luft vorkommt. Dabei entstehen doppelt positiv geladene Heliumkerne, die keine große Reichweite in der Luft haben. Ein Blatt Papier genügt, um sich vor ihnen zu schützen. Alphastrahlung ist deshalb für uns Menschen verhältnismäßig wenig gefährlich, es sei denn, die radioaktive Substanz wird eingeatmet oder gelangt auf andere Art direkt in den Körper.

2. *Betastrahlung*: Wenn natürlich vorkommendes Kalium 40 in Kalzium 40 zerfällt, entweicht aus dem Atomkern ein Elektron. Es hat eine deutlich größere Reichweite als die Helium-Kerne, erstens, weil es viel kleiner ist, und zweitens, weil sich das Elektron anfangs fast mit Lichtgeschwindigkeit bewegt. Um sich vor Beta-Strahlung zu schützen, braucht man härtere Geschütze als Papier. Kapseln aus Metall, am besten Blei, sind da eher angesagt.

3. *Gammastrahlung* ist eine elektromagnetische Strahlung. Sie ist sozusagen die große Schwester des UV-Lichts, nur dass ihre Wellenlänge noch viel kürzer ist und die Strahlung viel mehr Energie besitzt. Gammastrahlung ist die ionisierende Strahlung mit der höchsten Reichweite. Beim radioaktiven Zerfall entsteht sie, wenn ein angeregter Atomkern seinen Zustand ändert und dabei Energie abgibt. Mit dieser Strahlung arbeiteten wir im Labor, als das radioaktive Reiskorn verloren ging.

Besonders Gammastrahlung dringt leicht durch die meisten Stoffe, unter anderem den menschlichen Körper. Darum können wir uns röntgen lassen, wenn wir uns ein Bein gebrochen haben (in einem Röntgengerät wird die Gammastrahlung allerdings mithilfe von Hochspannung erzeugt, deshalb braucht man darin kein radioaktives Material).

Heute wissen wir, dass man mit Röntgenstrahlung möglichst sparsam umgehen sollte. Als wir Kinder waren, war das noch ein bisschen anders. Beim Schuhekaufen zum Beispiel ließen wir immer unsere Füße röntgen, um herauszufinden, ob die Schuhe passen. Klingt unglaublich? War aber so: In einigen Schuhgeschäften (zum Beispiel im Schuhladen Rosche im niedersächsischen Schüttorf) stand in den 70er-Jahren eine mit Holz verkleidete Kiste, vor die man sich stellte und seine Fußspitzen hineinsteckte.

Guckloch

Von oben konnte man dann in diese Kiste hineinspähen und sah ein physikalisches Wunder: Das Röntgenbild unserer Füße. Live. Von unten wurde nämlich Röntgenlicht, also Gammastrahlung, durch die Füße geschickt und direkt oberhalb der Füße auf eine Art Fernsehbildschirm gestrahlt. Auf dieser grünlich leuchtenden Glasplatte wurde sichtbar, wie die Füße denn so in den neuen Schuhen stecken und ob wir noch mit unseren Zehen wackeln konnten. Klar, dass wir als Kinder immer sehr viele Schuhpaare anprobiert haben. Unsere Füße haben damals einiges an Strahlung abbekommen – und wir denken heute mit Schaudern an die Schuhverkäuferinnen, die ohne jegliche Schutzkleidung den ganzen Tag neben dem Apparat standen und Kunden berieten. Damals jedoch: mega!

Auch ohne Füße zu röntgen, sind wir regelmäßig ionisierender Strahlung ausgesetzt. Sie befindet sich in der Luft, in Gesteinen, im Essen und kommt sogar vom Himmel! Obwohl die Quellen so vielfältig sind, lässt sich doch, der Physik sei Dank, alles miteinander vergleichen. So wird die Größe der Strahlenbelastung in der Einheit Sievert gemessen. Und in dieser Einheit wird auch ein extrem wichtiger Wert angegeben, den wir Ihnen nun verraten. Diesen Wert kann man zurate ziehen, um die Gefährlichkeit verschiedenster Strahlungsquellen einzuordnen. Es ist die *durchschnittliche natürliche Strahlenbelastung* durch ionisierende Strahlung in Deutschland: **2,1 mSv pro Jahr**. »Natürlich« – damit ist gemeint, dass gerade kein Reaktorunfall in Tschernobyl passiert ist und dass Sie sich nicht röntgen lassen. All das käme noch obendrauf.

Woher kommt die natürliche ionisierende Strahlung? Etwa zur Hälfte aus der Luft, wo sich das radioaktive Gas Radon befindet. Der Rest teilt sich auf in terrestrische Strahlung durch verschiedene Mineralien, radioaktive Stoffe in unserer Nahrung und kosmische Strahlung.

Die Strahlendosis von 2,1 mSv pro Jahr ist deshalb natürlich nur ein Mittelwert. Je nachdem wie und wo Sie leben, gibt es große Schwankungen. Im Süden Deutschlands ist die Radonkonzentration zum Beispiel um ein Vielfaches höher als im hohen Norden, was an den unterschiedlichen Gesteinen liegt, aus denen das Gas an die Oberfläche gelangt. Wenn Sie Ihren Fußboden komplett mit Granitplatten verschönern, werden Sie sich auch eine leicht höhere Strahlenbelastung ins Haus holen, denn Granit enthält mehrere Radionuklide, unter anderem einen winzigen Anteil Uran. Wenn Sie Paranüsse lieben, dann nehmen Sie das wichtige Spurenelement Selen auf, allerdings auch einige Radionuklide. Wenn Sie hoch oben in den Bergen leben, bekommen Sie mehr kosmische Strahlung ab, als wenn Sie auf einem Nordseedeich stehen.

Wir haben einige Strahlungsquellen mal in eine Tabelle gefasst, so ähnlich wie eine Kalorientabelle für Radioaktivität:

Strahlungsquelle	Jahresdosis in mSv pro Jahr
Radon	1,1
terrestrische Strahlung	0,4
Nahrung	0,3
kosmische Strahlung	0,3
Summe natürliche Strahlung	**2,1**[23]

Ereignis	Dosis in mSv pro Ereignis
Verzehr einer Banane	0,0001
Eine Stunde auf Kopfsteinpflaster laufen	0,0002

---

23 Bundesministerium für Umwelt, Naturschutz und nukleare Sicherheit (BMU), Umweltradioaktivität und Strahlenbelastung, Jahresbericht 2018.

Ereignis	Dosis in mSv pro Ereignis
Verzehr einer Paranuss	0,0004
Röntgenaufnahme Arm	0,005
Röntgenaufnahme Lunge	0,02
Computertomografie Körperrumpf	8
Röntgenaufnahmen beim Eingriff zur Erweiterung von Herzkranzgefäßen	15–20
Flüge Frankfurt–New York und zurück	0,1
½ Jahr Aufenthalt auf der ISS	120
Grenzwert für medizinisches Personal pro Jahr	20

Wie Sie sehen, lässt sich die ionisierende Strahlung von Bananen tatsächlich messen. Eine Banane entspricht 0,1 Mikrosievert. Das ist ein 21-Tausendstel der durchschnittlichen Jahresdosis. Angeblich haben in einem US-amerikanischen Hafen schon mal die Detektoren angeschlagen, als eine Schiffsladung Bananen ankam.

Wenn Sie sich jetzt fragen, wie viele Bananen Sie essen dürfen, ohne Krebs zu bekommen, ist die gute Nachricht: so viele, wie Sie möchten! Denn das radioaktive Kalium bleibt nicht im Körper, sondern wird ausgeschieden. Wissenschaftler haben trotzdem (vielleicht aus Spaß) den Begriff »Bananenäquivalentdosis« eingeführt. Mit dem Bananenäquivalent (= 0,1 MikroSievert) können wir andere radioaktive Quellen im Alltag vergleichen. Eine Stunde auf Kopfsteinpflaster laufen: zwei Bananen, denn Kopfsteinpflaster besteht aus Granit. Nach Amerika fliegen: bis zu 1.000 Bananen.

Danke, kosmische Strahlung

Rund 3.000 Bananen kommen jedes Jahr aus dem All zu uns, in Form von kosmischer Strahlung. Klingt nach Superhelden, doch hinter dem Begriff verbirgt sich ein Strom aus Protonen und Helium-Kernen, den Alpha-Teilchen. Wenn diese Teilchen mit der Erdatmosphäre in Kontakt kommen, kollidieren Sie mit Luftmolekülen und beschleunigen diese. So entstehen ganze Schauer weiterer Teilchen, die aber nur zu einem kleinen Teil die Erdoberfläche erreichen. Der Rest schwirrt weiter im All herum. An Bord der ISS ist die kosmische Strahlung deshalb 800-mal stärker als auf dem Boden.

Obwohl die kosmische Strahlung im Alltag nur eine kleine Rolle spielt, sollten wir ihr dankbar sein. Wissenschaftler vermuten, dass sie einen Beitrag zur Entstehung des Lebens auf der Erde geleistet haben könnte. Damit komplexe chemische Verbindungen entstehen können, braucht es Energie und ein gewisses Chaos, zu dem die Strahlung aus dem Weltall möglicherweise beigetragen hat.

Auch in niedrigeren Schichten unserer Atmosphäre sorgt die kosmische Strahlung noch für das Auftreten elektrisch geladener Teilchen. Die greifen bei Gewittern ins Geschehen ein. Die hohen Spannungen in Gewitterwolken können sich nämlich nur entladen, wenn es genügend bewegliche Ladungen gibt: Voilà! Da auch Blitzen eine Rolle bei der Evolution des irdischen Lebens zugesprochen wird, zeigt sich einmal mehr, dass kosmische Strahlung ziemlich cool ist.

Gefährlich? Ja – aber!

Ist die natürliche radioaktive Strahlung nun für uns gefährlich? Kurz gefasst: Ein »Ja«, versehen mit einem dicken »ABER«. Zunächst zum »Ja«: Die Gefahr, die von ionisierender Strahlung ausgeht, ist, dass sie Moleküle verändert. Trifft die Strahlung eine Körperzelle, ist es möglich, dass diese Zelle stirbt, sich nicht mehr vermehren kann oder ihr Erbgut verändert wird. In letzterem Falle kann daraus unter Umständen eine Krebserkrankung oder Leukämie entstehen. Dafür reicht theoretisch ein einzelnes Teilchen schon aus, das uns ungünstig trifft.

Jetzt aber schnell zum »ABER«. Die Wahrscheinlichkeit einer gefährlichen Erbgutveränderung ist sehr, sehr klein. Die aus der natürlichen ionisierenden Strahlung resultierende zusätzliche Sterblichkeit ist sehr schwierig zu beziffern, weil man bei Krebserkrankungen im Nachhinein prinzipiell nicht feststellen kann, ob sie durch chemische Einflüsse, Viren, Strahlung oder ohne äußere Einflüsse entstanden sind. Außerdem spielen Alter, Geschlecht und das betroffene Organ eine große Rolle.

So offensichtlich, wie beispielsweise Vielfliegen das Krebsrisiko erhöhen könnte, so schwierig ist es, das nachzuweisen. Zwar gibt es eine Studie, die ein erhöhtes Risiko bei Flugpersonal festgestellt hat,[24] allerdings könnte es auch sein, dass der unregelmäßige Schlafrhythmus und Chemikalien in der Fluggastkabine ihren Teil zur Statistik beigetragen haben. Das ist immer das Problem bei ionisierender Strahlung: die Statistik. Ein Flug zum Mars würde für eine Astronautin oder einen Astronauten ziemlich viel Strahlung bedeuten. Das damit einhergehende Krebsrisiko ist aber immer noch geringer als das eines Kettenrauchers, an seiner Sucht zu sterben.

Wegen all dieser Schwierigkeiten lassen sich die Folgen von schwacher und über einen langen Zeitraum wirkender ionisierender

---

24 Cancer prevalence among flight attendants compared to the general population. Eileen McNeely, Irina Mordukhovich, Steven Staffa, Samuel Tideman, Sara Gale & Brent Coull, Environmental Health volume 17, Article number: 49 (2018).

Strahlung nur grob abschätzen.[25] Die meisten Daten stammen dabei von Überlebenden der Atombombenabwürfe in Nagasaki und Hiroshima, Beobachtungen bei Strahlenuntersuchungen und -behandlungen und bei Menschen, die beruflich mit Strahlung zu tun haben. Daraus lässt sich näherungsweise errechnen, dass die natürliche ionisierende Strahlung für etwa 3–4 Prozent der 230.000 jährlichen Sterbefälle durch Krebs in Deutschland verantwortlich ist.

Noch einmal: Diesem Risiko sind wir natürlicherweise ausgesetzt, ob wir wollen oder nicht. Und es ist sehr gering. Aber die Höhe der natürlichen Strahlungsdosis ist ein guter Wert, um zu entscheiden, wie viel zusätzlicher Strahlung man sich aussetzen möchte.

Selbst gemachte Radioaktivität

Von schrecklichen Atomunfällen wie in Fukushima abgesehen, widerfuhren Menschen besonders dann schlimme Strahlenschäden, wenn sie nicht wussten, dass sie erhöhter radioaktiver Strahlung ausgesetzt waren. Die Röntgenstrahlung und erste radioaktive Elemente wurden erst Ende des 19. Jahrhunderts durch Henri Becquerel sowie Marie und Pierre Curie entdeckt, doch Strahlenschäden gab es schon viel früher. Der berühmte Arzt Paracelsus beschrieb schon im 16. Jahrhundert die Schneeberger Krankheit, eine bestimmte Art des Lungenkrebses, die vor allem bei Bergleuten vorkam. Sie förderten verschiedenste Erze zutage. Auch darunter: das damals noch unbekannte Uran.

---

25 Recommendations of the International Commission on Radiological Protection. ICRP Publication 60. International Commission on Radiation Protection, Oxford, England: Pergamon Press.

Was macht die Strahlung mit uns?

Tötet ionisierende Strahlung Zellen ab? Meistens nicht direkt. Es ist vielmehr so, dass sie ihrem Namen gerecht wird und das Wasser oder andere Bestandteile in den Zellen ionisiert. Es bilden sich Radikale, also geladene Molekülstückchen, die verschiedenste Veränderungen in der Zelle bewirken können. Im schlimmsten, aber unwahrscheinlichsten Falle werden beide Stränge der DNA durchtrennt und diese dadurch zerstört. Wenn nicht zu viele Radikale in einer Zelle entstehen, schafft es der Körper fast immer, die Schäden selbst zu reparieren. Gelingt es ihm nicht, kann die Zelle sich entweder nicht mehr teilen und steuert in den Zelltod, oder sie mutiert. Im letzteren Fall kann daraus ein Tumor entstehen. Dort, wo sich die Zellen im Körper am schnellsten vermehren, z. B. in der Magenschleimhaut, ist deshalb auch das Krebsrisiko durch Strahlung am größten.

Glücklicherweise erholen viele Krebszellen sich selbst nur schwer von Strahlung. Genau das machen sich Ärzte zunutze, wenn sie Tumore bestrahlen. Die Kunst liegt darin, dem betroffenen Gewebe eine so hohe Dosis zu verpassen, dass die gesunden Zellen die Reparatur einigermaßen hinbekommen, die Tumorzellen aber so gerade eben nicht. So kann es gelingen, den Tumor zu töten. Das gesunde Gewebe trägt zwar auch Schäden davon, diese zeigen sich aber erst später – und in der gewonnenen Zeit kann der Patient noch zufrieden leben.

Aktuell sehr weitverbreitet sind spezielle Röntgengeräte, die hochenergetisches Röntgenlicht für die Bestrahlung erzeugen und stark beschleunigte Elektronen. Früher kamen auch radioaktive Stoffe zum Einsatz, deren Strahlung man einfach nur genügend lange auf die zu behandelnde Stelle richten musste. Mit diesen Strahlungsquellen musste dann natürlich besonders sorgsam umgegangen werden. Denn sie waren auch dann noch sehr gefährlich, wenn sie schon lange nicht mehr im Einsatz waren.

1987 (als die Röntgengeräte in Schuhläden sicherlich schon wieder abgebaut worden waren) hörten zwei Schrottsammler in der brasilianischen Stadt Goiânia Gerüchte, dass auf dem Gelände einer stillgelegten Klinik wertvolles Equipment zurückgelassen worden sei. Sie durchsuchten das Gelände und fanden ein ausrangiertes Bestrahlungsgerät, das sie mit einfachen Werkzeugen auseinanderbauten. Heraus nahmen sie einen Metallzylinder, der ihnen wertvoll erschien. In einer Schubkarre transportierten sie ihn nach Hause und legten ihn unter einen Mangobaum im Garten.

Schon nach ein bis zwei Tagen fühlten die beiden sich nicht gut. Ihnen war übel, und sie waren sehr schlapp. Ärzte diagnostizierten eine allergische Reaktion auf verdorbenes Essen. Den Metallzylinder verkauften die beiden Schrottsammler an einen befreundeten Alteisenhändler.

Der bemerkte ein »hübsches, blaues Licht« aus dem Zylinder. Er brach den Zylinder mit Hammer und Brecheisen auf und legte einen leuchtenden Stein frei, den er mit ins Haus nahm. Das Metall verkaufte er, unter anderem an einen Farmer und eine Druckerei. Niemand von ihnen ahnte: Was die Schrottsammler gefunden hatten, war hochgradig radioaktives Cäsium-137, ein Beta-Strahler, der zur Behandlung von Tumoren eingesetzt worden war.

Tagelang wurde das Cäsium nichts ahnend herumgereicht, begutachtet und angefasst, ein kleines Mädchen rieb sich mit dem leuchtenden Pulver die Arme ein. Alle wurden krank oder starben. Trotzdem dauerte es zwei Wochen, bis die Frau eines Betroffenen den Metallzylinder verdächtigte. Gemeinsam mit einem Bekannten brachte sie ihn zu einem Arzt (im Bus, in einer Schultertasche). Auch dort lag er einige Zeit, bis der Arzt sich entschloss, Rücksprache mit einem Kollegen zu halten, der sich mit radioaktivem Material auskannte. Zusammen alarmierten sie die Behörden – und kamen gerade noch rechtzeitig zurück zum Haus des Arztes, um die Feuerwehr davon abzuhalten, den radioaktiven Zylinder in einen Fluss zu werfen.

Der Unfall hatte schreckliche Folgen für die Menschen in Goiâ-nia. Hunderte wurden verstrahlt, mehrere starben, noch heute sind in der Gegend erhöhte Strahlendosen messbar.

Das ist das Problem an radioaktiver Strahlung: Es darf nichts schief-gehen. Und wenn es das doch tut, dann geht es gleich richtig schief. Besonders Cäsium verzeiht keine Fehler, denn es ist chemisch sehr re-aktiv und geht daher sehr leicht Verbindungen mit allen möglichen Stoffen ein. Schon durch die verhältnismäßig kleine Menge an radio-aktivem Cäsium, die in Goiânia freigesetzt wurde, wurden 85 Häu-ser kontaminiert. Mehrere mussten abgerissen werden. Insgesamt entstanden 3.500 m³ radioaktiv belasteter Abfall, das sind etwa 1.000 Lastwagen voll. All dieser Müll muss für 180 Jahre sicher gelagert wer-den. So lange dauert es, bis die Strahlung, die von dem Müll ausgeht, so schwach ist, dass sie als unbedenklich bezeichnet werden kann.

Radioaktive Stoffe hören nämlich im Prinzip niemals auf zu strah-len. Schauen wir uns doch mal ein einzelnes Cäsium-137-Atom an. Es ist nicht stabil, was bedeutet, dass es irgendwann zerfallen wird. Wie groß diese Wahrscheinlichkeit ist, kann durch die Halbwerts-zeit angegeben werden. Bei Cäsium-137 beträgt sie 30,17 Jahre. Für unser Cäsium-Atom heißt das, dass die Wahrscheinlichkeit, dass es innerhalb von 30,17 Jahren in das stabile und harmlose Barium-137 zerfällt und dabei ein Elektron durch die Gegend schießt, genau 50 Prozent beträgt. Vielleicht tut es das aber auch nicht. Und dann geht es wieder von vorne los. Sie wissen selbst, dass man manchmal sehr lange würfeln muss, bis man bei »Mensch ärgere dich nicht« raussetzen darf. Hier würfelt der liebe Gott, wenn man so will, und zwar mit sehr vielen Würfeln, die gleichzeitig eine Sechs zeigen müs-sen. Auf unseren mit Cäsium-137 gefüllten Zylinder bedeutet dies: Nach 30,17 Jahren ist rechnerisch die Hälfte des Cäsiums zerfallen, die andere Hälfte ist aber noch da. Nach weiteren 30,17 Jahren ist noch ein Viertel davon da und so weiter. Alle 30,17 Jahre halbiert sich also der Anteil an Cäsium-137. Richtig harmlos ist der Stoff erst, wenn seine Strahlung so stark abgeklungen ist, dass sie sich im Bereich der natürlichen Radioaktivität bewegt.

Für einen radioaktiven Stoff sind 30,17 Jahre noch nicht einmal besonders lang. Jod-129 hat eine Halbwertszeit von 17 Millionen Jahren, bis es zerfallen ist. Das macht die Suche nach einem wirklich guten Endlager für Atommüll so schwierig. Gesucht wird nach einem Ort, an dem der Atommüll eine Million Jahre lagern kann. Diese Zeit können wir Menschen uns kaum vorstellen.

Aus einigen Bereichen ist Radioaktivität trotz dieser Gefahren nicht wegzudenken. Einer davon ist die Raumfahrt. Der Mars-Rover Perseverance, der unseren Nachbarplaneten erforscht, ist mit Radionuklidbatterien ausgestattet. Das sind Batterien, in denen Plutonium zerfällt. Hierbei wird viel Wärme erzeugt, die wiederum mit einem Thermoelement in Strom umgewandelt wird. Anders ließe sich eine Energieversorgung über lange Zeit kaum sicherstellen.

Und dann gibt es noch die Menschen, die sich freiwillig ein bisschen ionisierende Strahlung ans Bein binden – oder an die Hand. In Uhren zum Beispiel. Es gibt Uhren, in denen ein schwach radioaktiver Stoff langsam zerfällt. Dabei entsteht Alpha- oder Betastrahlung. Diese regt einen anderen, fluoreszierenden Stoff an, sodass die Uhr dauerhaft leuchtet. Ohne Batterien. Das ist erst mal kein Problem, solange die Strahlung in der Uhr bleibt. Das tut sie auch größtenteils. Schwierig ist aber die sogenannte Bremsstrahlung. Wenn schnelle Elektronen an Atomkernen vorbeifliegen, werden sie sehr stark abgelenkt. Dabei entsteht Strahlung, und die kann entweichen und die Träger der Uhr treffen. Diese Bremsstrahlung ist aber in einer Uhr sehr gering: 0,02 Millisievert pro Jahr, also ein Hundertstel dessen, was man sowieso abkriegt. Um es in Bananen auszudrücken: schlappe 200 Stück.

Alltags-Störfaktor
Lifehack-Faktor
Katastrophenpotenzial

Für Klugschnacker – leuchten radioaktive Stoffe wirklich?

Wer Homer Simpson kennt, die Hauptfigur der Zeichentrickserie, der im Springfielder Kernkraftwerk arbeitet, weiß, dass radioaktive Stoffe hellgrün leuchten. Leider ist Homer nicht sehr klug. Sonst wüsste er, dass das grüne Leuchten fast immer von einer radioaktiven Leuchtfarbe ausgeht. Solch eine Farbe wird auf den Zifferblättern mancher Armbanduhren verwendet (s. o.) – aber nicht in Kernreaktoren.

Kernreaktoren leuchten blau

Was bei dem Comic-Helden eigentlich zu sehen sein müsste, ist das geisterhaft wirkende blaue Leuchten von Kernbrennstäben im wassergefüllten Reaktorbecken. Das gibt es nämlich wirklich. Es entsteht durch den sogenannten *Tscherenkow-Effekt*. Der tritt immer auf, wenn sich ein geladenes Teilchen in einem nicht leitfähigen Medium schneller bewegt, als das Licht es im selben Medium tut.

Zum Beispiel in Wasser: Hier wird das Licht immer wieder an Wasserteilchen gestreut, deshalb breitet es sich in der Summe 25 Prozent langsamer aus als im Vakuum. Das ist zwar immer noch sehr schnell. Aber die Elektronen, die aus dem Kernreaktor entweichen, sind noch schneller. Tatsächlich sind sie fast so schnell, wie das Licht im Vakuum wäre: fast 300.000 km/s.

Wenn die Elektronen nun in dieser wahnwitzigen Geschwindigkeit durchs Wasser rasen, verschieben sie kurzzeitig die elektrischen Ladungen im Wasser. Diese Ladungsverschiebung erzeugt eine schwache elektromagnetische Strahlung, die sich in alle Richtungen ausbreitet. Diese elektromagnetischen Wellen überlagern sich zu einer kegelförmigen Wellenfront, die das Elektron hinter sich herzieht. Dies ist die Tscherenkow-Strahlung.

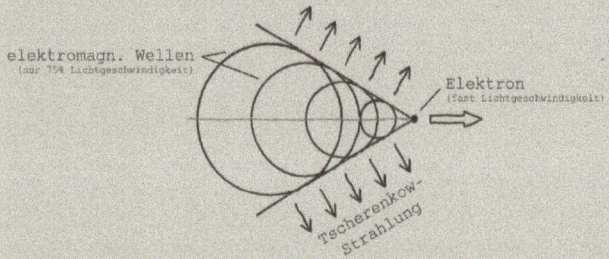

Die Wellenfront erinnert ein wenig an die v-förmige Bugwelle einer Ente oder eines Schiffes. In der Tscherenkow-Strahlung sind kürzere Wellenlängen stärker vertreten als längere, daher leuchtet sie bläulich.

Auch bei dem oben beschriebenen Atomunfall in Goiânia beschrieben Zeugen, dass das radioaktive Material bläulich geleuchtet habe. Vermutlich hat dazu auch der Tscherenkow-Effekt beigetragen, denn beim Zerfall von Cäsium-137 entstehen schnelle Elektronen. Der Stoff selbst ist durchsichtig, und das Licht bewegt sich in ihm zwei Fünftel langsamer als im Vakuum.

Weil sich das Tscherenkow-Licht weit ausbreitet, eignet es sich besonders gut, wenn man seltene, sehr energiereiche Elementarteilchen beobachten möchte. Im Eis der Antarktis hat man für das IceCube genannte Experiment 5.160 Lichtsensoren tief ins Eis eingelassen. Damit kann man kosmische Neutrinos nachweisen, die Lichtblitze hervorrufen. Auch die sind blau. Nicht grün.

Knallende Krebse und sinkende Schiffe

Wie Kavitation auf den Meeren stört und in der Küche hilft

Die »HMS Daring« sollte das schnellste Schiff der Welt werden. Die britische Royal Navy hatte dem Zerstörer eine extra große Schraube eingebaut und drei Dampfkessel. Damals, 1893, war das Hightech. Vorn am Bug war extra ein großer Torpedo angebracht, um die Feinde sofort zur Strecke zu bringen.

So weit die Theorie. In der Praxis wühlte die extra große Schraube zwar auf Hochtouren, das Boot fuhr aber nur langsam daher. Egal, wie stark man die Maschine hochfuhr: Das Superschiff schlich übers Meer. Die Ingenieure suchten lange vergeblich nach der Ursache, bis sie schließlich unter dem Rumpf nachschauten. Dort sah es aus wie in einem Whirlpool. Rund um die Schraube wirbelten Unmengen von Blasen. Das kam den Ingenieuren merkwürdig vor: Woher stammten diese Blasen? Die Schiffsschraube befand sich doch unter Wasser, abgeschlossen von der Luft.

Die britischen Schiffsbauer waren auf ein physikalisches Phänomen gestoßen, das sie extrem nervte – aber auch sehr spannend ist: die Kavitation. Das Wort kommt aus dem Lateinischen und bedeutet »Hohlraum«. Und solche Hohlräume hinderten das »schnellste Schiff der Welt« daran, das schnellste Schiff der Welt zu sein.

Mit der Kavitation ist es so: Immer, wenn Gegenstände schnell durch eine Flüssigkeit gleiten, entsteht hinter ihnen ein Unterdruck. Vielleicht kennen Sie das Gefühl, wenn Sie nah an einer Straße stehen und ein Lastwagen rauscht ganz nah vorbei (abgesehen davon, dass man sich furchtbar erschreckt)? Man wird von einem Sog erfasst. Das liegt daran, dass die Luft extrem schnell hinter dem Lkw herströmt. Dadurch ist hinter ihm für einen winzigen Moment zu wenig Luft. Wo wenig Luft ist, ist auch wenig Luftdruck: Der Druck ist an dieser Stelle geringer, und um das auszugleichen, strömt aus der Umgebung sehr schnell Luft nach.

Das Gleiche passiert, wenn die Schiffsschraube durch das Wasser schneidet – nur, dass keine Luft strömt, sondern Wasser. Die Blätter der Schraube erzeugen einen kräftigen Sog. Es entstehen sehr schnelle Strömungen, und hinter der Schraube sinkt der Druck.

Und so bilden sich die seltsamen Blasen, in denen die Schraube der HMS Daring so kräftezehrend herumwühlte: Es handelt sich um Wasserdampf. Blasen aus kochendem Wasser! Das klingt erst mal unglaublich, denn natürlich ist das Wasser im Meer kalt. Allerdings ist der Druck hinter der Schiffsschraube stark gesunken – und vom Umgebungsdruck hängt ab, bei welcher Temperatur Wasser kocht.

Der normale Luftdruck auf der Erde beträgt 1.013 mbar. Bei diesem Druck siedet Wasser, wie wir alle wissen, bei 100 Grad Celsius. Senken wir den Druck, sinkt auch die Siedetemperatur. Auf dem Mount Everest beträgt der Luftdruck nur 325 mbar – und Wasser siedet schon bei 70 Grad Celsius. Zahlreiche physikalische Publikationen beschäftigen sich mit Fragen wie »Warum man auf dem Mount Everest keine Eier kochen kann«. Eben, weil das Wasser zwar blubbert und siedet, die Temperatur aber zum Garen nicht ausreicht. Sollten Sie also einmal den Mount Everest besteigen wollen, bringen Sie sich Ihr Frühstück besser aus dem Basislager mit. Getränke müssen Sie nicht unbedingt schleppen: Für einen grünen Tee reicht die Siedetemperatur des Wassers dort oben noch.

Sie können diesen Effekt selbst beobachten, wenn Sie sich aus der Apotheke eine Spritze besorgen und folgendes Experiment machen:

Sie brauchen:

- eine Einwegspritze, gern etwas dicker und mit Verschluss für die Öffnung
- lauwarmes Wasser

So geht's:

Ziehen Sie die Spritze zu etwa einem Drittel voll mit lauwarmem Wasser.

Verschließen Sie die Öffnung mit einer Kappe (wenn Sie keine haben, funktioniert auch Knete oder Ihr Finger).

Nun ziehen Sie den Stopfen der Spritze kräftig nach unten, als wollten Sie mehr Flüssigkeit in die Spritze ziehen. So erzeugen Sie in der Spritze einen Unterdruck. Das Wasser beginnt zu kochen.

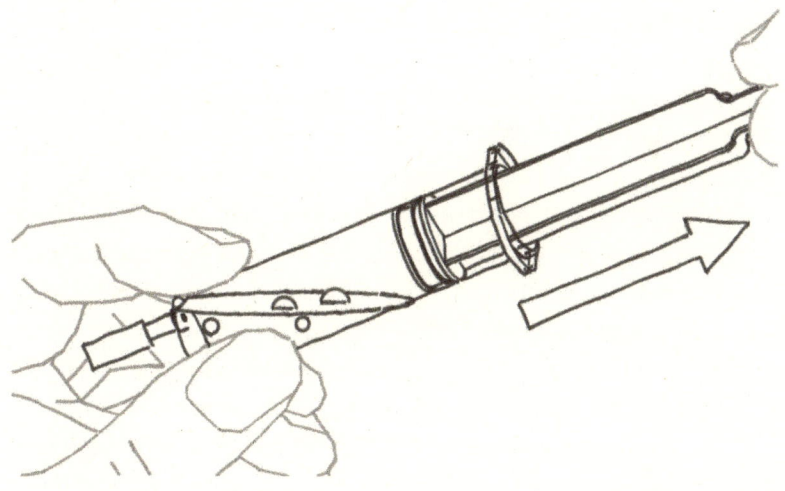

Aber es geht ja nicht um den Mount Everest, sondern ums Meer, wo das »schnellste Schiff der Welt« 1893 schwamm. Wie sieht es da mit dem Druck aus? Tief unten im Meer herrscht hoher Druck, das wissen alle Taucher. Je mehr Wasser über ihnen ist, desto höher ist der Druck. Aber die Schiffsschrauben befinden sich nur knapp unter der Wasseroberfläche, wo der Druck nicht besonders groß ist. Entsprechend niedrig ist auch die Siedetemperatur des Wassers. Und durch die Kavitation sinkt der Druck ja punktuell noch weiter ab. So kommt es, dass hinter der Schraube tatsächlich Wasser siedet und lauter kleine Blasen aus Wasserdampf entstehen. Kavitationsblasen nennen Physiker sie.

Natürlich halten diese Blasen nicht lange, denn es lastet ja der Druck des Wassers auf ihnen. Und nicht nur das, denn von oben drückt ja auch noch die Luft auf die Meeresoberfläche. Innerhalb von Millisekunden implodieren sie – und dann geht es voll ab! Wenn so eine kleine, runde Blase in sich zusammenkracht, wirken alle Kräfte des sie umgebenden Wassers und der Strömung auf einen einzigen, winzigen Punkt hin – nämlich den vorherigen Mittelpunkt der Blase. Das ist etwas sehr Ungewöhnliches, was sonst in der Natur selten passiert. Und dadurch werden ungeheure Kräfte frei!

Wenn die Blase platzt, bilden sich irrsinnig schnelle, kleine Strömungen, die sogenannten Mikrojets. Die sind zwar winzig, schießen aber mit unglaublicher Wucht voran – Sie können sich das vorstellen wie unzählige Nadelstiche. Mit einer harten, spitzen Nadel kann man eine Menge kaputtmachen, denn der ausgeübte Druck konzentriert sich ja auf die winzige Spitze. Wenn man lange genug pikt, kann man mit einer Nadel durchaus einen Basketball zerstören, oder eine Holzplatte oder sogar Metall … Die Schrauben großer Schiffe jedenfalls sehen ziemlich demoliert aus, wenn sie lange den Kräften der Kavitation ausgesetzt sind. Das Metall ist abgeplatzt und zerdellt, man kann sich tatsächlich ausmalen, dass es wie mit heftigen Nadelstichen bearbeitet wurde.

Das lauteste Tier der Welt

Was in der Schifffahrt stört, ist im Tierreich allerdings sehr nützlich. Einige Tiere jagen mithilfe der Kavitation Beute oder verteidigen sich gegen Angreifer. Das beste Beispiel dafür ist der Pistolenkrebs, ein 5cm großes Tierchen aus der Familie der Garnelen. Er wird zu Recht auch Knallkrebs genannt, denn er knallt seine Feinde einfach um! Mit seiner Pistolenschere erzeugt er ein Geräusch, das lauter ist als ein Düsenjet: 200 Dezibel schafft der Krebs. Damit ist er das lauteste Tier der Welt. Kleine Tiere fallen in Ohnmacht, größere Angreifer hauen schnell ab. Sogar das Sonar von U-Booten kann durch den Knall gestört werden. Auch das schafft der Krebs durch Kavitation. Er klappt seine Pistolenschere explosionsartig schnell zu und schießt damit einen Wasserstrahl auf seine Angreifer ab. Hinter dem Strahl bildet sich die oben beschriebene, mit Wasserdampf gefüllte Blase, die knallend implodiert.

Lustig ist, dass der Pistolenkrebs seinen Mega-Knall möglicherweise selbst gar nicht hört. Forscher haben bei den Krebsen keine Hörorgane gefunden. Aber vielleicht ist das bei dem wahnsinnigen Knall auch besser so.

Außerdem erzeugt der Krebs mit seiner Schere nicht nur Donner, sondern auch einen Blitz: Wenn die Kavitationsblase implodiert, wird so viel Energie frei, dass es zu einer Sonolumineszenz kommt. Dieser Begriff bezeichnet einen Lichteffekt, der entsteht, wenn Flüssigkeiten starken Druckschwankungen unterworfen sind. Leider können wir Menschen den Blitz nicht mit bloßen Augen sehen. Wenn man den Superkrebs aber mit einer Kamera filmt, die eine sehr, sehr langsame Zeitlupe schafft, ist die Sonolumineszenz sichtbar. Das sieht wirklich unglaublich aus! Die Entdecker und Entdeckerinnen des Effektes waren so entzückt, dass sie ihn sogar »Shrimpolumineszenz[26]« tauften.

Generell ist der Pistolenkrebs ein so faszinierendes Tier, dass man allein über ihn ein ganzes Buch schreiben könnte. Privat ist er nämlich ein total sozialer Typ, der gerne mit kleinen Fischen oder Seeanemonen zusammenwohnt. Häufig lebt er zusammen mit der Wächter-

---

26 Lohse, D., Schmitz, B. & Versluis, M. Snapping shrimp make flashing bubbles. *Nature* 413, 477–478 (2001).

grundel in einer Höhle, einem kleinen, gestreiften Fisch. Der Krebs baut den ganzen Tag an der Höhle, die kleine Grundel schwimmt draußen vor dem Eingang herum und passt auf, dass keine Feinde kommen. Wenn dann zum Beispiel ein Krake angeschwommen kommt, flitzt die kleine Grundel zurück in die Höhle und fängt vor Angst an zu zittern. Das ist das Zeichen für den Krebs: Er stürzt aus der Höhle und knallt den Angreifer mit seiner Pistolenschere ab.

Und sollte er mal im Kampf den Kürzeren ziehen und seine Pistolenschere verlieren, repariert er sich einfach selbst: Die normale Greifschere auf der anderen Seite wird zur Pistole umgebaut, und auf der verletzten Seite wächst eine Greifschere nach.

Endlich ein schnelles Schiff

So eine großartige Selbstheilung kommt natürlich für ein Schiff wie die HMS Daring nicht infrage. Hier mussten 1893 die Ingenieure ran, um die störende Kavitation zu überlisten. Und sie schafften es! Statt einer großen Schraube, die sich sehr schnell drehte, bekam das Schiff mehrere kleinere Schrauben mit etwas weniger Power. Schon strömte das Wasser nicht mehr ganz so schnell, und es kam zu weniger Kavitation. Auf diese Weise fuhr das Boot am Ende mit 32 Knoten durchs Meer, was für die damalige Zeit Ende des 19. Jahrhunderts wirklich sehr flott war. Die Zeitungen schrieben endlich vom »schnellsten Schiff der Welt«, und die Ingenieure waren zufrieden.

Nur eine Kleinigkeit mussten sie später noch umrüsten: Sie hatten vorn im Bug ein Torpedorohr angebracht, um feindliche Boote zu beschießen. Das erwies sich als unpraktisch, denn die HMS Daring war nun so schnell, dass sie Gefahr lief, den eigenen Torpedo zu überholen.

Das ist mehr als 100 Jahre her, und inzwischen gibt es viele ausgefuchste Lösungen, um Schiffe vor Kavitationsschäden zu schützen.

Einige Schiffsschrauben sind so gebaut, dass aus ihren Rändern Luft herausblubbert. Die vielen kleinen Luftbläschen funktionieren dabei wie ein Dämpfer. Strömt das Wasser zu schnell hinter der Schraube und wird der Druck zu niedrig, dehnen sie sich aus und verhindern damit das Entstehen von Kavitationsblasen. Für Kriegsschiffe ist diese Technik außerdem praktisch, weil sie die Boote leiser macht. Denn platzende Blasen sind, wie wir vom Pistolenkrebs wissen, ganz schön laut. Da kann es schon mal passieren, dass man vom Sonar des Feindes geortet wird.

Schöner kochen mit Kavitation: Lassen Sie die Physik für sich arbeiten!

Wenn Sie allerdings nicht gerade Soldat sind oder ein großes Schiff besitzen, können Sie sich das Phänomen der Kavitation zunutze machen und sogar eine Menge Spaß damit haben. Beim Kochen zum Beispiel! Jeder von uns hat schon mal in der Küche gestanden und verzweifelt versucht, ein Glas saure Gurken aufzuschrauben. Oder Würstchen oder Rotkohl. Ganz egal, ob man feuchte Hände hat oder zu wenig Kraft, jedenfalls sitzt der Deckel bombenfest und lässt sich nicht abschrauben. Freunde von uns haben für diese Fälle ein großartiges Werkzeug in der Küche, eine Art Zange, mit der man den Deckel greifen und dann mithilfe der Hebelwirkung aufdrehen kann.

So etwas haben wir leider nicht, und deshalb bleibt uns nur die Methode von Judiths Oma Anni: das Gurkenglas umdrehen und mit der flachen Hand beherzt auf den Boden schlagen. Auf den Boden des Glases natürlich, nicht den der Küche! Oma Anni hatte zusammen mit Opa Heinz einen Kleingarten mit sehr viel Obst und Gemüse. Jeden Sommer nach der Ernte wurde eingekocht: riesige Gläser voller Kirschen, Roter Bete oder Kürbis. Wenn Oma Anni in der Küche das Essen vorbereitete, hörte man aus der Küche immer das charakteristische klatschende, schmatzende Geräusch, wenn sie auf den Boden der Weckgläser schlug – und kurz danach das Knacken, wenn der Deckel sich endlich abschrauben ließ.

Viele wissen, dass das funktioniert. Aber nicht, warum. Die gängige Vermutung ist: Durch den Schlag üben wir Druck auf das Glas aus, das Glas drückt auf die Gurkenflüssigkeit und die wiederum auf den Deckel, worauf sich dort das Vakuum löst. Ganz sicher sind sich Experten (Physikerinnen wie Hausmänner) hier aber nicht. Eine Leserin der »Zeit« gab die Frage deshalb einmal an die Redaktion weiter. In der großartigen Rubrik »Stimmt's?« fragte sie: »Ich halte das nämlich für ein Gerücht, weil ich nicht glaube, dass man das Vakuum herausbekommt. Aber ich bin gern bereit, meinen Irrtum einzugestehen, wenn mir jemand kompetent eine plausible Erklärung liefern kann.«

Die Redaktion machte sich an die Arbeit. Sie recherchierte bei Herstellern von Drehverschlüssen und Einmachgläsern. Die lieferten gleich drei Erklärungen: Der Deckel ist verklebt und lockert sich durch den Schlag. Die sauren Gürkchen drücken auf den Deckel und lassen von außen Luft einströmen. Der Schlag setzt Sauerstoff im Gurkenwasser frei, der den Unterdruck vermindert.

All diese Erklärungen klingen plausibel, sind aber falsch. Tatsächlich hilft die Kavitation, den Deckel zu lockern. Im Gurkenwasser entstehen implodierende Blasen wie beim Angriff des Knallkrebses. Weil das mit bloßem Auge nicht sichtbar ist, haben wir das getestet und in Zeitlupe gefilmt.

Wenn wir auf den Boden des Glases schlagen, bewegt sich das Glas mit der Geschwindigkeit des Schlags ein Stück nach unten. Dabei lässt sie Gurken und Flüssigkeit quasi in der Luft zurück. Denn die sind träge: Sie werden von unserem Schlag nicht mitgenommen und bleiben noch einen winzigen Moment an der alten Stelle. Sie können sich das vorstellen, wie wenn man eine Tischdecke sehr schnell wegzieht und die Teller auf dem Tisch bleiben.

Das Glas ist nun unten, die Flüssigkeit nicht: So entsteht unten am Deckel für sehr kurze Zeit ein Unterdruck. Die Flüssigkeit fängt an zu kochen, sodass sich Blasen bilden, die innerhalb von Millisekunden platzen – und all die Kräfte freisetzen, die auch eine Schiffsschraube verbeulen können. Diese drücken auf den Deckel und lockern ihn ein winziges bisschen. Wir hören das Klacken und das schmatzende Geräusch – und können das Glas anschließend leichter aufschrauben.

Das funktioniert immer dann, wenn der Inhalt des Glases einigermaßen flüssig ist. Ein Marmeladenglas können wir auf diese Weise nicht öffnen. Marmelade ist zu stark geliert. Sie klebt fest am Boden des Glases. Wenn Sie mit Apfelgelee Kavitation erzeugen möchten, müssen Sie das Glas so lange schütteln, bis das Gelee sich komplett gelöst hat. Dann funktioniert zwar der physikalische Effekt, appetitlich sieht es dann aber nicht mehr aus.

Deshalb empfehlen wir Ihnen lieber ein anderes Experiment, das außerdem noch spektakulärer ist: den Boden einer Flasche mittels Kavitation herausschlagen.

Experiment: Flaschenboden abplatzen lassen

Sie brauchen:
- eine Glasflasche (Sprudel, Limonade, Bier – ganz egal), gern mit Verschluss
- etwas Wasser
- einen Gummihammer oder ein Stück Holz (z. B. ein Holzscheit)
- einen Eimer
- einen Arbeitshandschuh zu Ihrem Schutz
- etwas Mut

So geht's:

Füllen Sie die Flasche bis knapp unter den Rand mit Wasser. Halten Sie die Flasche über einen Eimer. Mit einer Hand (die bitte durch den Handschuh geschützt ist) halten Sie die Flasche am Hals, mit der anderen den Hammer. Schlagen Sie kräftig oben auf die Flaschenöffnung. Der Boden der Flasche bricht heraus, und das Wasser ergießt sich in den Eimer. Wenn es nicht sofort klappt: einfach wacker noch mal probieren, wie man im Ruhrgebiet sagt. Irgendwann klappt es!

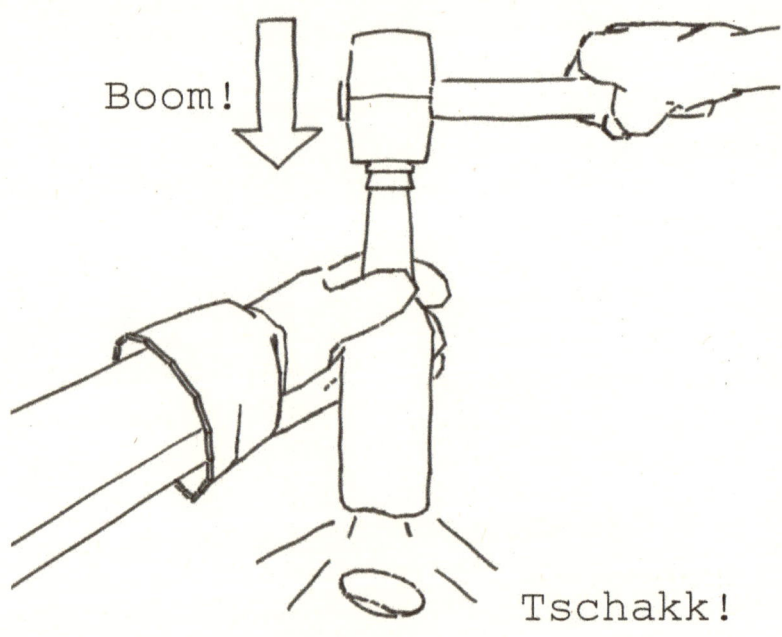

Auch in diesem Experiment sieht man zunächst nur, dass die Flasche kaputtgeht. Filmt man mit einer Hochgeschwindigkeitskamera, sieht man aber, dass am Boden mehrere Blasen entstehen, die nach kürzester Zeit implodieren und den Boden herausschießen. Der Pistolenkrebs lässt grüßen!

Im Internet kursieren Videos, in denen kräftige Männer den Boden von Flaschen auf diese Weise herausschlagen. Als Erklärung heißt es häufig, der Druck durch den Schlag sei so stark, dass die Luft in der Flasche auf das Wasser drückt und diese den Boden herausbricht. Das stimmt so nicht – dafür müsste man 3 Liter Luft komprimiert in die Flasche pressen. Das ist schwer zu schaffen. Außerdem klappt der Trick auch mit Verschluss.

Nicht möglich ist es dagegen, auf diese Weise den Boden aufgesprudelter Getränke herauszuschlagen. Versuchen Sie es einmal mit Mineralwasser oder mit Limonade: keine Chance! Das in den Getränken befindliche Kohlendioxid übernimmt hier die Aufgabe des Dämpfers. Es dehnt sich aus und sorgt dafür, dass keine so starken Druckschwankungen entstehen. Und wo kein Unterdruck ist, entstehen auch keine Kavitationsblasen.

Kavitation ist aber grundsätzlich überall möglich, wo viel Flüssigkeit vorhanden ist. Also auch im menschlichen Körper – denn wir bestehen ja zum größten Teil aus Wasser. Und Körperzellen tut es nicht gut, wenn in ihnen kleine Bläschen mit viel Wumms implodieren. Die Diätindustrie versucht, das auszunutzen. Ärztinnen oder Kosmetiker bieten an, mit Ultraschall auf all die Zellen zu schießen, die ihre Kunden nicht mehr haben möchten: Fettzellen an den Oberschenkeln, am Bauch oder an der Hüfte. Das Ziel ist es, diese Zellen kontrolliert platzen zu lassen. Zurück bleibt ein Fett-Wasser-Gemisch, das vom Lymphsystem abtransportiert, ausgeschieden oder von der Leber verwertet wird. Wie gut das funktioniert, haben wir nicht recherchiert. Sicher ist, dass man einige Sitzungen braucht und ungefähr 1.000 Euro für die Therapie einplanen muss. Experten geben außerdem zu bedenken, dass die Therapie nur im Zusammenhang mit Ernährungsumstellung, Massagen und Sport hilft – Maßnahmen, die auch ohne Kavitation in der Regel dazu beitragen, dass man abnimmt.

Spannender ist die Wirkung von Kavitation in der heilenden Medizin. Hier kann Kavitation wirklich helfen – nämlich in der Krebstherapie. Ärzte beschießen Tumore gezielt mit hoch fokussierten Ultraschallwellen. Im Gewebe entstehen Kavitationsbläschen, die implodieren und dem Tumor die Blutzufuhr abdrehen. Die Methode ist noch relativ jung, wird aber weiter erforscht und zeigt offenbar bereits Erfolge. Und angesichts dessen können wir der Kavitation doch verzeihen, dass sie bei der Schifffahrt stört, oder?

Alltags-Störfaktor
Lifehack-Faktor 
Katastrophenpotenzial

Danke!

Ein Buch zu schreiben konfrontiert einen mit einem spannenden physikalischen Thema: der Zeit! Die ist, wie wir wissen, relativ: Am Anfang des Projekts scheint es so, als hätte man unfassbar viel davon. Dann vergeht die Zeit immer schneller, bis man sich richtig ranhalten muss, während die Zeit an allen Ecken des Lebens fehlt. Deshalb bedanken wir uns von Herzen bei Jannik, Swantje, Josephina und Michel, die uns moralisch unterstützt, reihum essen gekocht und es toleriert haben, wenn am Tisch auch noch über Physik gesprochen wurde.

Herzlichen Dank an unseren Agenten Peter Molden und Jessica Hein von Penguin Random House für die tolle Betreuung und an Kanut Kirches und Stefan Heusler für das konstruktive, scharfsinnige Lektorat. Auf wissenschaftlicher Seite hatten wir großartige Unterstützung von Svetlana Gutschank, Tobias Happe, Gerhard Heywang, Bernhard Niemann und Thomas Seidensticker.

Einen Teil des Buches durften wir unter sehr besonderen Bedingungen schreiben: mit Blick aufs Wattenmeer, während im Lockdown der Schulunterricht direkt ins Inselhaus gestreamt wurde. Herzlichen Dank, Margot und Joachim, dass das möglich war. Man kann kaum schöner unter Zeitdruck geraten als an einem einsamen Nordseestrand.

MATHE-MAGIE

Der große Doppelband: Verblüffende Tricks für blitzschnelles Kopfrechnen und ein phänomenales Zahlengedächtnis

Das Buch

Wären Zahlen doch nur immer so zauberhaft gewesen! Der Mathematikprofessor und Bestsellerautor Arthur Benjamin lädt zu einer faszinierenden Reise durch alle Gebiete der Mathematik ein. Ob Logik oder Algebra, ob kleinste Brüche oder riesigste Gleichungen: Immer steht die praktische Anwendbarkeit im Vordergrund – denn Mathematik ist die Magie des Alltags. Und Arthur Benjamin zeigt sie uns. Mit dabei sind die erstaunlichen Eigenschaften der Zahl 9, die verblüffende Unendlichkeit von Pi sowie jede Menge fabelhafte Tricks und wunderbare Kniffe – **für jeden Leser zwischen 11 und ∞.**

Die verblüffendsten Mathetricks für alle Rechenarten erleben und sehen, dass Mathematik wirklich richtig Spaß macht. Versprochen!

Arthur Benjamin, M. Shermer

MATHE-MAGIE
DER GROSSE DOPPELBAND

704 Seiten, illustriert
ISBN: 978-3-96269-139-4
Hardcover, 120 x 190 mm

€ 16,95

DIE KINDER-UNI

Forscher erklären die Rätsel der Welt
Alle 3 Bücher in einem: Erstes Semester | Zweites Semester | Drittes Semester

Das Buch
Wer sich nicht abgewöhnen will, »Warum?«
zu fragen, für den ist *Die Kinder-Uni* ein
unterhaltsames und gelehrtes Wissensbuch.
Hier findet man verständliche Antworten auf
Probleme, die manche Forscher ein ganzes
Leben lang beschäftigen.

Fundiert, leicht verständlich und zauberhaft
illustriert wird grundlegendes Wissen zu
verschiedenen Themenbereichen vermittelt.
So macht Lernen Spaß!

Alle 3 Bücher der Reihe in einem - Erstes bis
Drittes Semester. Illustriert von Klaus
Ensikat.

*Die Erfolgsreihe erhielt zahlreiche
Auszeichnungen und ist in zwölf Sprachen
übersetzt.*

Ulrich Janßen, Ulla Steuernagel

**DIE KINDER-UNI
ALLE 3 BÜCHER IN EINEM**

672 Seiten, durchgehend in Farbe
ISBN: 978-3-96269-154-7
Hardcover, 165 x 240 mm

€ 24,95